❧ 作 者 学 经 历 简 介 ❧

杨 晴 辉

学历：东吴大学社研所硕士（1989）

　　　东海大学社会学系（1983）

经历：1.（TOYOTA）国瑞汽车股份有限公司 ：人事课

　　　2.东和钢铁股份有限公司 ：管理部

　　　3.楠梓电子股份有限公司 ：行政部

　　　4.致韦计算机股份有限公司 ：总经理

　　　5.铭仁关系企业集团：总经理特别助理

　　　6.同乔实业集团：人资顾问

　　　7.树人医护管理专校推广教育班兼任讲师（2002－2004）

　　　8.树德科技大学国际企业与贸易系兼任讲师（2002）

　　　9.树德科技大学创新育成中心顾问（2002－2004）

　　　10.高雄市工业会人资顾问（2004－2013）

　　　11.劳动力发展署 TTQS（台湾训练质量系统）辅导顾问（2007－现在）

　　　12.台南科学园区南科产学学会人资课程讲师（2004、2012）

　　　13.高雄生产力中心人资课程讲师（2012－现在）

着 作

薪酬福利的规划、设计、分析与管理

职能与人力资源（Competence in Human Resource）

KPI 的能为与不能为

讲 授 课 程

（数据化）绩效考核

薪资政策与薪资设计

组织诊断与人力发展

教育训练体系规划建立

工作分析与职能发展

企业目标管理

劳动法规

人力资源各项制度建立

2004 年至现在，在企业、大学、训练中心讲课百余场

企 业 辅 导

台湾南部数家企业中长期人资顾问（三至五年）三家，二十余家企业短期辅导顾问。

联 络

e-mail：t2272@ms58.hinet.net

手机：886-921591870

专线电话：886-7-3879099

作 者 序

・・●・・

「新常态」（new normal）作为一个描述经济状况的概念，首先是由前美国太平洋基金管理公司（PIMCO）总裁埃瑞安（Mohamed El-Erian）于 2009 年提出的。过去经济学家观察景气的复苏常呈现 "V" 型复苏，但 Erian 观察金融海啸后欧、美、日等经济发达区域的复苏，却是缓慢复苏；因而指出世界也许再也无法回到金融危机前稳定的「正常」状态。造成金融海啸的深层原因来自于全球经济与金融市场的严重失衡，导致经济复苏速度趋缓，修复期将远比过往经验来得慢。Erian「新常态」的概念，意在解释后金融危机时期，西方发达经济体通缩长期化的趋势。也就是说，经济学家原本认为，危机后的通货紧缩理应是短期现象，现在却进入了长期化的稳定状态。

在中国，「新常态」一词首次由习近平总书记提出表述，是于 2014 年 5 月在河南考察时所提出。习近平总书记指出：中国经济发展仍处于重要战略机遇期，我们要增强信心，从当前我国经济发展的阶段性特征出发，适应新常态，保持战略上的平常心态。2014 年 7 月 29 日，习近平总书记在和党外人士的座谈会上又一次提出，要正确认识中国经济发展的阶段性特征，进一步增强信心，适应新常态。

新常态之「新」意味着不同以往的高经济成长，新常态之「常」意味着相对稳定，主要表现为经济增长速度趋稳、结构优化、与转型创新之需要。转入新常态，意味着中国经济发展的条件和环境已经发生诸多重大变化，经济增长将与过去 30 多年二位数的高速度告别，与传统的粗放增长模式告别。

「十三·五」规划中要成就「小康社会」，须把经济增长维持在不低于 6.5% 的水平，而「转型」、「创新」、「绿色环保」则将会是未来的「新常态」。

2014 年中央经济工作会议 12 月 9 日至 11 日在北京举行，会议首次阐述了新常态的九大特征，会议认为，科学认识当前形势，准确分析未来走势，必须历史地、辩证地认识我国经济发展的阶段性特征，准确把握经济发展新常态。主要重点指出：

1、从消费需求看，过去我国消费具有明显的模仿型排浪式特征，现在模仿型排浪式消费阶段基本结束，个性化、多样化消费渐成主流，保证产品质量安全、通过创新供给激活需求的重要性显着上升，必须采取正确的消费政策，释放消费潜力，使消费继续在推动经济发展中发挥基础作用。

2、从生产能力和产业组织方式看，过去供给不足是长期困扰我们的一个主要矛盾。现在传统产业供给能力大幅超出需求，产业结构必须优化升级，企业兼并重组、生产相对集中不可避免，新兴产业、服务业、小微企业作用更加凸显，生产小型化、智能化、专业化将成为产业组织新特征。

3、从生产要素相对优势看，过去劳动力成本低是最大优势，引进技术和管理就能迅速变成生产力，现在人口老龄化日趋发展，农业富余劳动力减少，要素的规模驱动力减弱，经济增长将更多依靠人力资本质量和技术进步，必须让创新成为驱动发展新引擎。

4、从市场竞争特点看，过去主要是数量扩张和价格竞争，现在正逐步转向质量型、差异化为主的竞争，统一全国市场、提高资源分配效率是经济发展的内生性要求，必须深化改革开放，加快形成统一透明、有序规范的市场环境。

中国经济进入新常态，稳增长、调结构、转方式成为主轴。如何推动转型升级，从要素驱动逐步转向创新驱动的轨道上来？

企业的变革发展有三大要素：

(1)洞察时机。

(2)策略的规划与选择。

(3)职能变革。

洞察时机、或洞察商机、策略的规划与选择，对中国企业来讲，都不是陌生的名词。

「**职能变革**」此一观念则鲜少被提及，由于「职能」一词是来自西方管理学中「Competence」此概念的翻译，台湾是 21 世纪初期才大量引用。在大陆，「职能」一词普遍用于「职能部门」指涉组织之各机能部门之「功能」，少提及个人之职能。

从西方管理学角度，「职能」一词指涉的是职工个人能力的「**综合体**」➜ 包括：知识-K、技能-S、态度-A、动机与人格特质。

西方管理学试图探讨，为何有些人总能在各领域有杰出表现？经常有高绩效表现的这群人，具有哪些「**深层特征**」？许多研究，此「**深层特征**」都指向「**职能**」。

由于职能的概念能更精准与周延地连结到人力资源各领域，并被有效运用；以及在企业变革转型时，更精准地指出人力资源变革与发展的方向，在台湾，许多企业的变革都指向「**职能变革**」。

事实上，从「海尔中国造」可看出中国企业的许多变革，都指向「文化价值观」与「态

度」、「行为」的变革。也就是说，大陆企业虽少触及**职能变革**此一用词，变革所需「深层内涵」却是一致的。所以笔者花费数年时间撰写本书，用意即在系统性介绍**职能**与人力资源的关系。希望本书《**职能与人力资源**》（Competence in Human Resource）之付梓，能对新常态下大陆企业之变革与发展，略尽棉薄之力。

杨晴辉志于台湾高雄

职能与人力资源
（Competence in Human Resource）

导　论

导　论

．．●．．

什么是「**职能**」？简单的讲，就是一个人的知识技能、行为表现、和特质、态度、与动机之「**综合体**」。

知识技能：例如人资所硕士，已习得人力资源发展（选才、用才、育才、留才、晋才）等各领域之理论与实务，并对劳动法规有某种程度之熟悉与了解。

行为表现：例如能遵守公司纪律、规范和作业程序，并在担任 HR 工作领域时，能运用所学，研拟、规划、执行有助于公司发展之各项 HR 相关规章措施。

特质：例如喜欢与人沟通及相处，对人有某种敏感度，分析论理能掌握重点，应对得体。

态度：例如对事情始终能以正向的态度，审慎与客观分析；积极主动承担责任。

动机：例如对工作有某种程度的热好，喜欢处理或挑战困难的事务，有强烈的企图心与成就意念。

HR 的发展历程，过去找人才是找知识技能、行为表现；找出与工作有相关经验，以及在工作领域有表现的人；所以着重「工作分析」。现在的 HR，不仅针对工作项目与内容，找出有相关工作经验，以及在工作领域有表现的人；且会着重工作者的特质、态度、与动机之了解，所以除了着重「工作分析」，也强调「**职能分析**」。根据多位学者与研究者之研究观察发现，「职能分析」有助于企业之发展与引领变革。也因着许多西方跨国企业在导入职能模式后，有明显的成效，「职能分析」遂成为 21 世纪 HR 领域的显学之一；企业莫不纷纷建构适于企业发展与变革之「职能模式」。

职能模式的建构，目的在于寻找并确认出哪些是导致工作上卓越绩效所需的能力、特质及行为表现，据此来协助组织与个人了解如何提升工作绩效，以落实企业的整体发展。所以第一章职能概念的源起与概念内涵，主要谈职能的概念内涵，以及职能分析与传统工作分析、工作说明书之差别。

Spencer & Spencer 根据佛洛伊德的「冰山原理」在 1993 年提出了「冰山模型」的概念，认为职能是指一个人所具有的外显特质与内隐特质的总合。其将职能区分为五大基本特质：

1、动机（Motives）、

2、特质（Traits）、

3、自我概念、价值观（Self-concept）、

4、知识（Knowledge）、

5、技能或技巧（Skill）。

Spencer & Spencer 虽指出职能分析的重点，但职能分析仍须以工作分析为基础，所以本章节也重点区分➔**职能分析与传统工作分析、工作说明书之差别：**

工作分析主要根据工作的事实，条列出工作项目与内容，分析其执行时所需要的知识、技能、经验、资历要求、与执行时的环境条件与身体限制，以及分析该工作所负的责任，进而订定工作所需要的资格条件。

➔所以传统的工作分析着重在「工作中究竟要做些什么？以及要俱备何种知识技能」 也就是「What」的概念 。

➔职能分析则着重在「员工要如何才能把工作做好？」也就是「How」的概念。

也就是说，为什么有些人，在工作上一直能有良好的高绩效表现？除了知识技能外，还有哪些潜在的特质因素，促成某些人，在工作上一直能有良好的高绩效表现。

职能分析，虽是「How」的概念，却仍是以工作分析为基础，也就是「What」的概念＋「How」的概念。并着重在➔发掘经常有高绩效表现的人的特质、动机、自我概念以及知识技能。

所以职能分析除了要鉴别高绩效者所具有之知识技能（工作分析层次），还要找出高绩效者具有哪些特质（潜在特质）及行为表现。因而，高绩效者具有哪些特质及行为表现，就成了职能分析与工作分析最大差异之处。

职能分析在 HR 的应用主要有：
- 招募甄选
- 教育训练
- 绩效考核
- 能力开发
- 职涯发展
- 接班人计划
- 才能评鉴中心
- 人事评价

(1)升迁

(2)薪资或报酬

(3)配置➔异动、迁调

由于人才招募可说是 HRM 与 HRD 理论论述的起点，所以第二章介绍论述职能与招募甄选。

过去在台湾人才招募的主要作法➔条列工作项目，透过面谈及一些甄试、测验、或实作，以了解应征者是否具备相关经验以及过去的绩效、表现。

目前在台湾许多公司的做法：企业征求储备人才➔无工作经验，具相关学历即可。同样会条列工作项目，也透过面谈及一些甄试、测验、或实作，以了解应征者；**但更强调应征者之特质、自我概念或态度、动机。**所以本书职能在招募甄选的应用，首先是辨识、指出➔企业需要什么样的人才。

由于人才是贯穿人力资源「选、用、育、留、晋」之核心主轴，但无论是交易成本理论、或资源基础论的观点，均无法完整说明 21 世纪的企业，为何常在思考企业需要什么样的人才？本章节论述➔只有从「职能」的观点，才能完整说明企业为何要思考企业需要什么样的人才？所以企业有需建构企业所要招募人才的「职能模式」。

由于「职能」有其外显的知识技能，以及内隐的人格特质、动机、与价值观等等。所以企业在招募人才时，常建构与职能相关的测验，以参考、了解应征者内隐的特质；并佐以面谈时应用➔行为事例面谈法或职能面谈，以期能更深入了解应征者深层的内在特质。「行为事例面谈」、「STAR 面谈」于本章节都有深入浅出之实务案例。

第三章职能与教育训练主要介绍论述：

(1)、职能与新进人员教育训练、

(2)、职能与主管管理才能训练、

(3)、职能与业务人员训练、

(4)、职能与研发工程师训练。

(5)、训练成效评估。

新进人员教育训练层面，除了让新人尽早俱备「胜任工作的技能」；从职能角度来看，另外一个重点在于➔让新人了解、与接受公司的文化价值观，以及公司所期望的「工作态度」与「行为标准」。所以公司有须明确的设定各职位的新进人员，除了「本职学能」之知识技能养成训练，另外还至少应接受哪些必要的基本共同训练课程，以引导新人了解、认识公司的文化价值观，以及公司所期望的「工作态度」与「行为标准」。

商业经营销售主要模式有：

●B to B（企业对企业、供应链）

●B to C（企业对消费者、电子商务）

●C to C（电子商务、网拍）

在业务人员训练案例，多数业务人员自身都常认为最需要加强训练的是「销售技巧」、「客户关系建立」、「专业知识」及「说服能力」的提升。但本章节指出：

➜个别员工自身训练需求调查的总和，反映不出部门层次的需求，也不等同于部门层次的需求。部门训练需求调查的总和，反映不出公司层次的需求，也不等同于公司层次的需求。

➜因为认知、观点、和视野角度不同。

本章节引述几位世界级成功的推销员，他们之所以能成功的亲身说法。从「职能」的角度观察成功的业务销售人员，可看出他们背后的一些共同特质，例如勤奋、谦虚、热诚、坚毅、诚实、正向态度…等等，是这些特质一直驱动着他们努力迈向卓越，而非全然只是销售技巧。若以 Spencer & Spencer 所提「门坎职能」（Threshold competencies）与「差异化职能」（Differentiating competencies）来区分。门坎职能指的是个体在工作表现上所需具备最低限度的能力，是必要的特性，但无法区分优异和表现平平之间的差异。而差异化职能则能区辨表现优异和表现平平之间的差异。

在 B➜C 的产业环境中，商品知识、销售技巧…等是「必要」的「职能」，但并非成功销售的「充分条件」。只有以内在特质驱动的，即商品知识＋销售技巧＋内在特质➜才是造成销售业绩「绩效差异」的深层因素。

本章节也指出不同的产业环境，不同的销售型态模式，符合企业所需业务人员的「职能模式」也会不同，概念意涵与行为指针事例也会有所差异。

在有关研发工程师训练案例，本章节指出，由于研发工程师所需之显性职能➜即专业知识技能，本身即为一专业复杂之知识系统，且不只对知识技能本身需提升，还需了解所属产业之趋势与未来发展样态，所以在显性之专业知能层次，有发展职能路径（或称学习地图）之必要。有关职能路径或学习地图，则在第四章做更深入之阐述。

谈职能与教育训练，就不能不谈「训练成效评估」，训练成效评估主要有四个层次➜L1、L2、L3、L4：

L1（反映层次）的重点在课程满意度与讲师满意度。（满不满意）

L2（学习层次）的重点在知识技能之获得与提升。（学到什么）

L3（行为层次）的重点在态度与行为之改变。（行为有没有改变、学到的技能有没有应用、发酵）

L4（绩效层次）的重点在导向个人绩效提升与组织绩效之提升。（个人或组织绩效有无提升）

本章节也于附录阐明「以终为始」的训练规划➔从训练所要导向的价值、或所要达成的任务目标，反推回要实施哪些训练，以及如何实施。

第四章职务能力盘点与学习地图主要论述有：

(1)、学习地图、

(2)、职能基准、

(3)、职务能力盘点。

企业中不同工作岗位所要求的知识技术、能力不同，员工如何能提升知识技能，就如同开车到陌生地点时，一般都需要一个详细的指引或导航，以维持不断前行的动力和能量，并适时地加油充电，这就是学习地图的重要关键意义之一。学习地图是指以能力发展路径和职业规划为主轴，而设计的一系列学习活动。通过学习地图，员工可以找到其从一名基层的新员工进入企业开始，直至成为公司高阶干部的学习发展路径。

企业的学习可分为三个层次➔个人学习，团队学习，以及组织学习三个层次；本章节所论述重点在于「**个人学习**」层次。但论述重点虽然在于「**个人学习**」层次，「**学习地图**」的开展，却有须从整体组织的角度，依「工作分析」与「工作说明书」来建构。

由于「学习地图」主要是提供一个方向和路径，要学习什么知识技能？要学习哪些工作态度，则需要更细部的分析，此细部分析可依循「职能基准」之分析。

「**职能基准**」之分析，其设计方向是依各主要工作任务➔对应工作产出与行为绩效指标➔再对应出 K（知识）、S（技能）、A（态度）。这可让员工进入工作职场后，不管是初学或熟手，均能清楚知道学习方向与学习重点，以及行为绩效和工作态度之要求。

企业的运作，藉由流程传递价值链、藉由分工后的整合，创造价值；而要执行出这些成果，需由在各个工作岗位上的职工，俱备执行岗位工作的能力，以及态度意愿。职能分析，藉由将这些高绩效工作者所共同拥有的关键能力加以归纳分析，以找出此项工作的职能模式（Competency model），此模式主要是用来整理出在执行某项特定工作时，所需具备的关键能力与特质➔知识（K）、技能（S）、态度（A）。

建构出 K、S、A，实施「职务能力盘点」，就可以找出「**职能缺口**」是在显性的知识、技能层面；抑或是在隐性的态度、动机层面。或者是「**资源设施之不足**」。

职务能力盘点首要在区辨以下关键事项：

(1)、知识、技能（够不够）

(2)、资源、设施（完不完备）

(3)、态度、意愿（愿不愿意）

一如职能之应用在招募甄选须先建立职能之行为（事例）指针，而后发展问卷，以探讨或观测「**隐性职能**」；职能分析之应用在职务能力盘点，也有需建立职能之行为指标，包括显性职能与隐性职能。尤其是在「**差异化职能**」（或说**潜在特质**）层面，例如职能项目➡「**团队合作**」。

团队合作之概念意涵➡能信任他人、愿意与他人合作，乐于将经验和同仁分享，提供工作上的协助或回馈。

指标1➡和同仁分享经验：

程度1：不常或很少与他人分享知识经验。

程度2：虽愿意与他人分享知识、经验，但相当保留。

程度3：愿意与他人分享信息、知识、成功与失败的经验。

程度4：常主动与团队成员分享信息、知识、成功与失败的经验。

程度5：能无私地分享个人所知信息、知识或经验。

指标2➡提供工作上的协助或回馈：

程度1：很少意愿对团队成员提供工作上的协助或回馈。

程度2：偶尔会对团队成员提供工作上的协助或回馈。

程度3：能主动对团队成员提供工作上的协助或回馈与建议。

程度4：能以团队目标为目标，时常协助成员，或提供回馈与建议。

程度5：主动积极，以团队目标为目标，除时常协助成员，并能提供建设性之回馈与建议。

透过行为指标之建立，实施职能盘点，以找出「职能缺口」（GAP）。也透过行为指标，才能更聚焦分析该课程以何种教学方法较为适宜。

例如「**团队合作**」课程以□讲授、□角色扮演、与□游戏或情境教学之综合运用，较为适宜。

所以职务能力盘点的内容有「外显知识」、「内隐动机、特质」以及「资源设施」。盘点步骤为：

➔外显知识、技能的层级分类。

➔行为事例定义或标准的建构。

➔实施知识、技能的盘点。

➔行为事例的盘点。

➔透过绩效考核区辨出：

●是否属于知识、技能的不足 □

●是否属于资源、设施的不完备 □

●抑或是动机、意愿的不足、不愿意？□

第五章职能与绩效考核主要谈：

(1)、职能与绩效之关联模式、

(2)、职能导向绩效考核实务案例。

➔职能与绩效之关联模式如下：

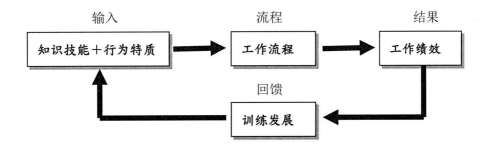

　　由于职能量表之评分，可预测未来之绩效与行为表现，职能模式之建构，遂成为引领企业变革与策略执行之有效工具。

　　「职能导向」的绩效考核与传统「工作导向」的绩效考核模式，最大差异在于➔传统绩效考核模式无法聚焦于「未来」、无法聚焦于「变革」。职能导向的绩效考核模式能聚焦于「核心职能」、能聚焦于「工作职能」，所以能聚焦于未来、以及引领变革。

　　「职能导向」之绩效考核，有须从企业的愿景、使命与价值观，来分析与建构企业所需之职能模式。

　　「职能考核」之建构路径：

(1)、选择符合企业发展所需之各层级核心职能项目。

(2)、定义职能项目（指针）之内涵。

(3)、选择和定义职能项目之行为指针。

(4)、设定「职能考核」之比重。

(5)、设定「职能考核」各职能项目（指针）之权重（分数）。

(6)、沟通讨论以取得共识。

(7)、试评与修正。

(8)、正式施行。

第六章职能与接班人计划：主要以个案介绍 IBM 接班人计划，以及其他四家个案公司接班人计划之介绍。

过去的接班人计划所定义的范围较窄，通常只强调高阶管理者（如总经理、执行长）的职位承续，且较无人才发展的运用。但随着全球化的剧烈竞争，以及「**人力资本**」越来越被重视，「**接班人计划**」的涵盖面越来越广，并常从整体角度来关照，以培训企业所需经营人才。

人才管理（Talent Management）与人力资源管理（Human Resource Management），都是在处理企业员工的选、用、育、留的问题；然而两者最大不同之处在于，「人力资源管理」关心的对象，包含组织中全体的员工，而「人才管理」主要关心的对象，则是在组织中约 20%的顶尖员工。

就企业的人才策略而言，最基本的原则就是招募、培育与留任「关键人才」(Key Talent)，因其对组织绩效有相当影响与贡献，并为组织中长期策略发展及重要业务所必需，甚至具备难以替代之能力或技能。

温金丰教授指出人才发展的三种取向：

(1)、接班人计划（succession plan）

(2)、人才管理计划（talent management plan）

(3)、一般性升迁计划（general promotion plan）

接班人计划：

➡培养全面的、最高层级的管理者。

➡以最高阶职务为中心的思维（top position-centered thinking）。

➡通常是多位候选面对一个职务（多对一）。

人才管理计划：

➡培养多项专业的（通才的）中阶或高阶管理者。

➡以组织为中心（organization-centered thinking）。

➔以人才为中心（talent-centered thinking）。

➔通常是多位候选人面对多个职务（多对多）。

一般性升迁计划：

➔培养功能性（专才的）的低阶、中阶管理者。

➔以专业职务为中心的思维（professional position-centered thinking）。

➔通常是多位候选面对一个职务（多对一）。（来源：接班人计划：实务运作与研究议题；温金丰 2014-03-05）

这样的分类，虽未必符合目前对「接班人计划」广义的定义，却很如实地描绘出当前台湾企业对人才发展的三种取向。

美商惠悦企管顾问公司（2005）对于接班人计划作法，共分为四大执行步骤：

1、厘清企业愿景、确定核心能力。

2、找对接班职位细分个人能力要求。

3、甄选接班候选人、建立人才储备库。

4、建立候选人档案、制定有效完整的培养计划。

常见的接班人计划之「培训活动」有：

(1)、EMBA 课程：即高阶管理硕士学位班。

(2)、外派：短期或长期的至其他国家执行工作任务。

(3)、专题讨论（Workshop）。

(4)、工作轮调（Job rotation）。

(5)、师徒制度（Mentoring）。

(6)、工作观察（Job-shadowing）。

(7)、任务指派（Job assignments）。

(8)、教練型辅导制度（Coaching）。

(9)、行动学习（Action learning）。

IBM 接班人计划介绍

1、接班人制度—长板凳计划（Bench）

2、导师制度—良师益友项目（Mentor Program）

3、特别助理制度（Administrative Asistant）

4、IBM 以 10 项领导力指标，晋升核心人才

环心：对事业的热情

1 环：致力于成功

对客户洞察力的指标、突破性思维的指标、渴望成功的动力的指标。

2 环：动员执行

团队领导力的指标、直言不讳的指标、协作的指标、判断力和决策力的指标。

3 环：持续动力

发展组织能力的指针、指导、开发优秀人才的指标、个人奉献的指标。

本章节并介绍 IBM 长板凳上的人才➡钱大群➡台湾第一个本土总经理。

2007 年 2 月，IBM 宣布钱大群出任 IBM 大中华区总裁一职，引起台湾与中国大陆信息业热烈地讨论，因为这位当年进 IBM 只拿到练习生职务的钱大群，16 年后竟接任 IBM 台湾区总经理，再 14 年后，又被升任为 IBM 大中华区总裁。大家好奇的是，他如何办到的？本章节有深入浅出的重点介绍。

除介绍 IBM 接班人计划，本章节并介绍四个企业个案及台积电的人才培训。

第七章人才评鉴中心：主要以一些实务案例，来说明如何建构「人才评鉴中心」。

人才评鉴中心的基本要素有：

(1)、工作分析。

(2)、行为指标（职能指标）的建构。

(3)、评鉴技术与多重评鉴。

(4)、评鉴员的选择与训练。

(5)、模拟演练。

(6)、受评者的选择与训练。

(7)、行为的观察与记录。

(8)、数据的整合与回馈。

企业 HR 之选、用、育、留、晋才各层面，莫不追求有效与精准，透过人员配置之适才适所、人员发展之符合个人与企业之需求，从而提升经营绩效与建立未来经营需求所需之经营团队。是以，企业 HR 之选、用、育、留、晋才各层面，莫不追求一套有效而精准之「评量工具」，以提升选才、用才与展才之效能。

人才评鉴的工具非常多元化，一般来说，大致可分为用于招募甄选的面谈、心理或能力测验；用于教育训练与职能发展的「职能盘点」或「职务能力评鉴」；以及与工作相关的情境模拟。其中，又以工作情境模拟最能全面性地发掘受评者外显及潜藏的能力与潜力。

工作情境模拟包括篮中测验（In-basket test）、无领导者团体讨论（leaderless group discussion simulation）、小组讨论（group discussion）、个案分析（case analysis）、管理赛局（management game）、事实搜寻演练（face-finding exercise）、压力测验（pressure test），以及模拟面谈（interview simulation）…等项目。各项模拟演练与职能构面之关系略示如下：

Exercise →　Competency ↓	角色扮演	篮中演练	团体讨论	简报	面谈模拟	经营竞赛	个案分析
顾客导向	●	●	●	●		●	●
学习与成长	●		●				●
成就取向			●		●		
策略性思考		●		●			●
关系网络			●			●	
团队建立	●	●	●	●		●	
沟通技巧	●	●			●		
决策与判断	●	●		●		●	
计划与执行	●	●		●	●	●	●
分析与问题解决	●	●	●		●	●	●

「人才评鉴中心」（Assessment Center）首先用于美商 AT&T，实施后效果卓著，逐渐为西方各大企业所采用；在台湾，则是中国钢铁公司首次采用「人才评鉴中心」此一措施。因为评鉴中心的平均效度位居所有评鉴方法之冠，能够较为全面地搜集受评鉴者在工作上的个人信息，以正确地辨识该人员与工作相关的外显或内隐能力，因此不论在学术界或企业界，皆广受信赖。

一般公司若没导入评鉴中心，人员的晋升常是由直属主管依个人评定来提名，主管大都是依员工过去在工作上之表现作为晋升的标准，但是却无法知道员工是否俱备晋升到该层级应有的能力，也就是冰山以下的部分。若公司的晋升有一个客观的标准来评测冰山以下的部分，则可以协助主管来做客观的判断，让他们了解员工未来的潜能。相对地，测评后的回馈，也可以让员工知道自己的优缺点，从而提升优点、改善缺点。

一般公司导入评鉴中心，主要目的或用途有：
1、招募时遴选储备干部。

2、建立内部人员晋升的客观标准。

3、发掘员工未来的潜能。

流程及资源的配合

要导入人才评鉴中心，有需企业内部流程及资源的配合：

1、举办各项正式及非正式之说明会或教育训练。

在刚导入评鉴中心时，人力资源单位有须透过多方正式及非正式的机会，向同仁说明为什么要这么做，这么做对同仁有哪些帮助，以获得多数干部与同仁的支持与认同。

2、若公司无此领域之专业人才，本身也无能力发展模拟演练的工具，则有须引进外部专业顾问公司或学者专家之协助。（人才评鉴是一个高度专业与复杂之知识技能的综合体）

3、职能体系的配合。

职能体系的建立与评鉴中心息息相关，若职能体系已建置完成，则在导入评鉴中心时，可以节省许多时间。若无，则有需建置职能体系，因为它是人才评鉴中心的「**先备条件**」。

职能指标

之所以说职能体系是人才评鉴中心的「**先备条件**」，因为要先建立「受评者」的职能指标，才得以定义其职能内涵，针对每一个层级定义其职能指标内涵，才能找出做好这份工作应有的特质，应该有甚么样的行为展现。以下举例：

层级	指标	说明
一般职	团队合作	在组织中能在无直接从属关系的情况下，为达成组织目标而有效地与他人一起工作，发觉与解决问题。
	问题分析与解决能力	能取得相关信息，并从中辨识关键的问题点及彼此的关系；能将不同来源信息联想比较，找出事件的因果关系。
	沟通表达能力	对个人或团体都能有效地（包含口语及书面）表达见解，并依据不同对象的特点和需要，运用适当的语言或文字。
	积极主动	能自动自发采取行动完成任务，超过工作既定的要求以达成更高的目标。
	客户导向	以客户满意为其最优先任务，了解及聆听客户需要（毋论内部或外部客户），为客户的需要而设想。
	持续学习	在工作相关的范畴内不断增进知识，并能掌握目前商业的发展和趋势。

测评演练

每个层级中的评鉴指标所对应的测评演练活动如下表，主要原则为每个指标都至少要有二个模拟演练来观察。以下例示：

层级	指标	小组讨论	面谈	分析演说	报告
一般职	团队合作	●			●
	问题分析与解决能力	●		●	
	沟通表达能力	●		●	
	积极主动	●		●	
	客户导向		●	●	
	持续学习		●		●

评鉴中心对公司之人力资源效益

个案公司经由导入评鉴中心来确认员工是否可以晋升，除了可以客观公正的晋升适当的人选，对公司整体人力资源也带来以下效益：

1、经由评鉴中心晋升的员工，在工作表现上更符合公司的预期；并且愿意多承担一些责任。

2、经由评鉴中心，组织更了解员工的优缺点，有助于员工的职涯发展。

3、公司可藉由评鉴中心评鉴的结果，进行人才盘点，及了解员工不足的地方，有助于建构人力发展策略。

4、可依据评鉴结果，进行人员的任务指派与工作轮调。

执行过程中的困难

在推展及执行评鉴中心的过程各公司主要遇到的困难有：

1、受评者的抗拒。

在还没导入评鉴中心时，员工只要在工作上表现良好，人员晋升都是由直属主管提名即可。但是现在除了绩效考核有订门坎，还要通过评鉴中心的测评，才能晋升。因此会被认为是多设了一个关卡，增加晋升的难度。

2、评鉴员的资格遭质疑。

由于评鉴员都是由公司各级主管担任，并非专业的顾问人员，而且只接受短期的评鉴员训练，因此刚开始时，受评者对于评鉴员是否能正确评出每个指标的行为，常会感到质疑。

3、评鉴中心的可信度遭质疑。

评鉴员的训练

评鉴中心的效度建立于准确的职能分析，与贴近于真实工作情境的模拟演练，然而，评鉴员的角色亦至为关键。纵使已准确进行职能分析与设计拟真的模拟演练，若评鉴员不了解评鉴构面，不了解模拟演练的执行方式，或不了解如何观察、记录、分类与评估受评者的表现，评鉴报告的不准确或一致性低，都将影响评鉴中心运作的客观性与公正性。

评鉴员训练的目标，主要是让评鉴员能够了解所有职能构面的定义，能确实与客观的观察、记录受评者的行为，并将评鉴后的信息予以分类及评等；以及能客观、公正的态度，圆满的主持活动。是以评鉴员本身对行为标准的认知、评分标准，乃至评分的步骤，都有须标准化。就此，评鉴员训练的规划，至少应有以下六项内容或设计：

1、确认训练时间的长度。

2、确定训练的型式。

3、确定训练的内容。

4、训练规划时程表与其他筹备事项（例如：场地）。

5、评估受训者的表现。

6、评估训练计划的有效性。

行为观察训练

观察及分类受评者的行为，是判断评鉴员训练成效的第一步，行为观察的过程包括：发觉、认知、回想或辨识特定行为事例。

许多人们行为和事物的信息是可以被观察的，包括身体行为、语言行为、表情行为、空间关系和地点、时间型态、语言和图画记录。

观察什么？

(1)、与工作相关的行为、知能或特质➜Dimensions are those behaviors that are (job-related) observable, measurable and specific to the position being tested for. They may also be referred to as tasks or traits. They are also sometimes known as KSA's (Knowledge, Skills and Abilities.)

(2)、受评者如何展现该行为、知能或特质➜An actual dimension then of **Planning**, would be the **how and what** a candidate did to demonstrate that they had a satisfactory grasp of this dimension. The observers then would observe this behavior and record it for a rating scale later.

例如：

Leaderless group discussion➜每个人所展现出来的领导与沟通技巧、以及如何展现。

Interview simultion➜口语沟通、敏感度、领导力及问题分析等面向。

简报（Presentation）➜ 此项作业可评估应试者的理解力、社交技巧及意愿力，简报作业评估项目也可包括其它各项职能评估，如规划、拟订目标、参加会议及协商等。

行为记录

受评者行为记录表举例如下：

1、请您注意受评者在团体讨论中的行为表现，仔细聆听每位受评者说话的内容、语调、响应方式及非语言的举止，各自表现了哪些具体的行为。

2、请记录每位受评者有效行为的次数，以及您所观察到的其他相关行为，以做为进行评分时的参考依据；若该行为出现一次就把 1 圈起来，出现二次圈 2，依此类推。

		受评者 A	B	C	D
沟通	受评者发言时能有效地利用口语，清楚表达自己的构想，让他人理解。	0 1 2 3 4 5 6 以上	0 1 2 3 4 5 6 以上	0 1 2 3 4 5 6 以上	0 1 2 3 4 5 6 以上
	受评者能专心倾听他人说话，正确理解并适当响应	0 1 2 3 4 5 6 以上	0 1 2 3 4 5 6 以上	0 1 2 3 4 5 6 以上	0 1 2 3 4 5 6 以上
	其他相关行为				
积极性	在遇到问题或需要有所回应时，受评者能立即采取行动。	0 1 2 3 4 5 6 以上	0 1 2 3 4 5 6 以上	0 1 2 3 4 5 6 以上	0 1 2 3 4 5 6 以上
	会议进行中，受评者能不等别人要求即主动把握机会，采取行动。	0 1 2 3 4 5 6 以上	0 1 2 3 4 5 6 以上	0 1 2 3 4 5 6 以上	0 1 2 3 4 5 6 以上
	其他相关行为				

以上仅为简单举例，以让阅读者有一些基本认识。由于人才评鉴是一个高度复杂之专业，要深入了解，本章节只能说是一个「指引」，真正的 know how 知识，以及实际操作，最好还是由专业顾问公司来指导、演练。

第八章从态度到工作态度主要介绍论述：

(1)、什么是态度、

(2)、组织气候与工作态度、

(3)、组织公民行为。

前面章节所提，从招募甄选、教育训练、接班人培训，都比较是如何遴选及应用发挥个人潜在特质，而能在工作职场有所表现、产出绩效。

本章节所提，则着重在如何形塑态度、改变态度。

什么是态度

态度是个体对环境中的人、事、或物所抱持的一种持续性和一致性的心理趋向，而作出评价性的反应；且态度的形成有其经由学习过程得来的层面，与个体生活经验有密切关系。不管个人的态度是根据客观的判断及实际信息而来，或是个人强烈的情绪反应，个人的态度对个人的思考及行为均有很大的影响。

态度既是一种内在的心理结构，又是一种行为倾向，对行为起准备作用。因此，根据一个人的态度可以推测他的行为。但是推测只是推测，态度与行为并不是一对一的关系，二者也不是同一个概念。行为的发生并不单单由态度决定，除了态度以外，行为还决定于其它因素，如社会道德规范，传统的生活习惯，当时的情境，以及对行为结果的预期…等等。

态度不是与生俱有的，常是在后天的生活环境中，通过自身、社会化的过程逐渐形成的。在这个过程中，有影响态度形成的因素，自然也存在者改变态度的因素。

社会心理学家凯尔曼（H·Kelmen）于1961年提出了态度形成或改变的模式，他认为态度的形成或改变经历了顺从、同化和内化三个阶段。

组织气候与工作态度

组织气候包括人际关系、领导方式、作风，以及组织成员间心理相融程度等，是组织成员在组织中工作时的认知与感受，是组织成员对组织内部的一种知觉，即个人对客观工作环境的知觉；这是一个主观概念。

工作态度（Work Attitude）是指个人对其工作所持有的评价与行为倾向，例如主动积极、热情活力、不断学习、工作的认真度、责任度、努力程度…等等。

为什么要了解组织气候呢？许多研究显示组织气候会影响许多组织所关心的结果，包含个人、群体、组织等层面，例如➜领导行为、离职倾向、工作满足、工作投入、个人绩效表现、组织绩效表现等。

具体来说，组织气候对成员行为的影响主要包括工作态度（例如：组织承诺、工作投入）、工作满意度、工作表现、动机和创造性等，这些因素会进一步影响企业组织和员工的绩效。就此，当决策者的信念与价值观强调营造一个积极正向的组织气候时（即支持性组织气候），将有助于组织成员工作效率之提升，同时组织绩效亦能随之增进。

多项研究显示，工作满意程度越高的员工，会有较高的组织承诺与工作投入、以及较高的组织公民行为。员工的工作满意程度越高，员工会愿意以更多的付出来交换公司的支持与资源，这些付出包括：员工的自愿努力或合作以达成公司目标、对组织及领导者效忠、表现出良好的纪律、能自动自发地工作、对本身的工作有责任感或更高的兴趣、以成为公司的一分子为荣，并且当企业组织遇到困难时能愿意坚忍的共渡难关。再者，员工满意与顾客满意度也有高度的关聯性，也就是说「满意的员工」➜ 常促成「满意的顾客」。

组织承诺是指个体参与并认同一个组织的强度，或说工作者对其所属企业或组织之心理依附。组织承诺与员工忠诚度，经常被视为员工对工作或企业态度性的或情感性的反应，可以被解释为个人对于特定组织之认同且涉入的相对强度。如果企业使员工工作满意度高，将可带来下列结果：

1、员工自愿合作以达成组织共同目标。
2、表现出良好的纪律。
3、员工对本身的工作会有更高的兴趣。
4、能够自动自发的完成自身的工作。
5、对组织有强烈的认同感及忠诚度。

管理学或组织行为之研究，大都同意➜管理阶层可藉由「**人力资源措施**」创造某些组织气候，引发员工的动机，促成行动，以达成管理者所期望的目标行为，进而提升组织绩效。而组织欲获致良好的绩效表现，除员工需要具备高度技能水平之外，还需要员工展现有益于组织的自发行为；亦即高绩效组织需要具备高度成就动机的员工，愿意自发性地配合组织目标而努力。假若员工未能受到有效的激励，即使是拥有高知识技能水平的员工，工作的效能亦将受限。这说明了几个重点：

1、组织气候是透过「**员工满意**」而让员工产生「**组织承诺**」与「**工作投入**」，进而提升组织绩效。
2、「**员工满意**」来自企业或组织所实施之一套「**人力资源措施**」。

工作投入的概念可由三个可见的员工行为所组成：（工作投入的 3S）
1、宣扬（Say）：员工对自己的同事、潜在部属和顾客宣扬组织正面的部份。

2、留任（Stay）：员工想继续成为组织的一分子。

3、全力以赴（Strive）：员工发挥额外的努力以及奉献自己以完成最好工作的可能性。

组织公民行为

Katz 与 Kahn 认为一个高绩效与运作完善的组织必须具有下列三种组织行为：

1、维持行为：组织成员乐意并愿意留任在组织内执行工作职务；

2、顺从行为：组织成员依照组织的准则规范履行其角色职务；

3、主动行为：组织成员超越组织要求之行为，以自发奉献的行动实现组织目标。

虽然工作说明书一般都会明确条列工作项目与行为标准及绩效要求，但事实上许多员工行为并无法利用制式规范来要求。企业管理者大都深知，角色内行为无法满足所有的企业经营需求，企业必须仰赖员工主动表现出某些角色要求以外的行为，以弥补角色定义的不足，并协助企业达成目标；而「组织公民行为」正是一种员工自发性的、未被正式要求的行为。当员工表现出较多的组织公民行为时，不仅能够增加同侪与主管的生产力，减少无谓的浪费，还能够促进跨部门合作、强化组织能力，协助企业组织因应环境的改变与挑战。

许多研究亦证实知觉组织支持与组织公民行为之间具有正相关。当员工觉得受到组织重视，他们会对组织产生一种信任的心理，愿意主动提出具体的建议，希望协助组织成长，这些自发性行为是属于组织公民行为的展现。研究结果发现，组织成效多因员工自发性行为所产生，员工并非仅遵照标准工作规定及流程的角色内服务行为就可达到绩效。透过奉献、助人、主动建议等角色外服务行为的展现，组织才得以达成其目标。

第九章谈核心竞争力与核心职能，主要以二个不同之分析角度➜波特的竞争论与资源基础论来阐述「由外而内」、以及「由内而外」之析论观点；二者均有其重要性与建设性。企业有需「定位」与选择「策略」以持续不断竞争，「定位」与「策略」会影响资源分配；有效与能创造价值之资源整合，又强化企业的「定位」与「策略」；没有掌握一些资源优势，企业难以「定位」与选择「策略」。所以竞争论与资源基础论有「蛋生鸡、鸡生蛋」之套套逻辑与互补观点；二者皆对企业之所以能持续竞争经营，有高度的解释力。但理论除了要能导引方向，重要的是要指出一些可参考的「操作性」路径，所以本章节除阐述竞争论与资源基础论的基本论点，并以多个实务案例来说明，如何建构竞争力与变革导向的核心能力；最后再论述核心价值观与核心职能。

第十章感动服务主要谈：服务要成功，要有发自内心为人服务的热情，并以东京迪斯尼的成功、日本「清扫之神」鎌田洋之回馈，指出完美的服务绝对不能只是遵照 SOP。成功企业的必要条件为：

→ **要传达理念、哲学。**

→ **整合制度、让想法具体化。**

→ **唤起自豪感、唤醒个人的主体性。**

→ **超越顾客的期待。**

此外，本章节也以一些实务案例，来说明感动服务如何传递与回馈。

第十一章职能分析与应用案例主要以三个案例来介绍：

(1)、联发科技何以能成功、

(2)、新竹货运的变革与人力发展、

(3)、台湾美商威务股份有限公司（UE Managed Solutions Taiwan Ltd）的仆人式领导。

联发科技何以能成功？

联发科技董事长蔡明介找新产品应用的先知先觉是成功关键之一。IC 设计产业成功之道无他，蔡明介说，就是「产品、产品、产品」。但是最好的产品组合怎么出来？就是回归到人，回归到最好的人才组合。

第一，公司的策略方向很重要；

第二，要有人可以执行出来。

如果公司的策略不对，过了今天就没有明天，再好的员工也没有用。如果策略很好，但是没有人去执行，也不会成功。要有好的人，才能执行出来。

蔡明介认为联发科技会成功，人的因素占很大部分。

新竹货运如何变革？

新竹货运重大变革在于 2000 年引进日本佐川急便的策略联盟，与技术转移托运与物流管理技术，从货物运输业转型为物流、运筹服务业。佐川急便除技术转移托运与物流管理技术，其中最重要的就是服务团队工作方式与态度的改善，将送货司机改造为「营业司机」（SD）。重视第一线人员接触顾客之服务能力 → 包括调整工作态度、建立作业标准、改善服装仪容、改良工作环境、提高薪资待遇、建立升迁管道、提供培训环境等，彻底改造公司的营运结构与业务流程。

新竹货运转型提升获利的关键之一，是强化员工的教育训练，因为天天在外头亲身接触客人的司机，才是为公司赚钱的主角，因此如何透过人力资源措施让司机成为获利主角，遂成为导引企业变革的重要课题。

转型前：以往运送货物常常都是用摔的，很多货物送到公司门口就算达成任务，若要搬上楼还要另外加钱。

转型后：现在要求员工将货物送到客户手中或是指定地点，做到让客户满意为止。

从观念的改变，将人力变人才

新竹货运将司机职务重新定义定位为「**营业司机**」（SD），赋予 SD 在收送货品服务之外，也担负业务推广与客户开发工作，透过公司提供的各项训练、设备，让只做些简单工作的司机转变为一个区域的经营者，以提升第一线服务人员的附加价值。且现场主管必须从司机出身。

➜ 从客户观点出发，思考第一线司机的定位与能力，建立以 SD 为发展培育主轴的人才提升制度。

➜ 建制完整的训练与晋升计划，优化从业人员之素质与能力，从心改造，提升工作价值，具体呈现工作行为的转变。

员工的心态与行为亦即组织文化，会决定变革是否能够持久。在新竹货运将公司定位从运输业转型成服务业的改革过程中，公司让所有员工知道，唯有使客户满意才会有源源不断的商机，同时也才有满意的所得。因此，当 SD（Sales Driver）营业司机有改革的共识与认知后，从心里真正地了解并接纳，他的行为才会改变，也才会真正贴心地服务客户。

威务公司的仆人式领导与导入价值与尊严

台湾威务公司是在 1979 年，由新加坡「联合工程公司」取得美商 Service Master 的品牌代理权，在台成立的外商清洁公司。以强调提升清洁基层服务人员尊严与价值为宗旨，并在业界享有清洁大师之名。

2013 年威务公司全台主要客户共 66 家医疗院所客户、52 家工商科技客户、47 家金融机构及中小型企业客户、12 家交通运输及饭店旅馆客户、以及 6 家知名连锁企业客户。

威务公司前总经理王国隆（现任中国区营运长）表示，如何将真正的管理价值融入客户端，使其有所感受，是威务的职责与精神。

工作价值意义之诉求

　　工作价值意义之诉求 ➔ 威务的首要经营理念是，「个人的尊严并非天生，亦非来自头衔，而是辛苦赚来的，威务提供的不只是服务客户、让客户安心，更重要的是让清洁业者保有其尊严」。

　　王国隆强调，威务第一个阶段要卖的是**价值**，并重视**员工的尊严**。从会计的角度来看，公司和客户签约，公司就必需去寻找清洁工、寻找对的设备、器材、正确的训练，然后将之组合。所以，清洁员工基本上只是个原料，这并非威务所要贩卖东西。我们与其他品牌差异在于，威务能够提供相同的原料之外，然后整合得更有效率，因此，我们贩卖的是一系列的管理系统。但是今天客户需要的却不是管理系统，他们会购买的是末端的服务。

　　因而，如何将真正的管理价值，转换成为客户末端能感受到的价值，王国隆认为，这个过程还是要透过那些末端员工、设备器材才达成。相对的，使用这些材料的终究还是劳工，所以，**如何让客户看见这群人更具生产效率，就是威务汲汲所努力的。**

　　要开发出员工生产力，最要紧的还是回归到尊严的问题上。雇佣之间并非金钱就能长久，尊严的永续经营才是不能忽略的。威务给员工的是人性、承诺、活跃，让大家明白为何而战，威务至目前为止，一直将激励员工士气作为标准化作业。

　　以上每个案例之各个公司都有其不同的职能应用角度，不同产业之不同企业有其不同文化特性，重点是要能观察出，企业如何透过其不同特性，导出相对应符合自身需求之「**职能模式**」、以及➔**建构核心价值观。**

　　本书的论述，不在高深理论的分析、阐释或解译，而在于各种论述或观点，如何导出「可操作性的路径」、以及可实际应用的案例。从而期望能对台海两岸之人资工作者，能有所增益于 HR 之可应用实务。愿共勉之。

　　杨晴辉谨志于台湾高雄，春暖花开时。

第一章
职能概念的源起与概念内涵

二十一世纪是知识经济与人力资本的时代，企业除了要不断创新之外，具备优秀的人力资源更是不可缺乏的要素。在企业迈向新世纪的同时，职能模式的建构与培训，让人力资源部门的角色功能，由传统的辅助性人事行政工作者，提升为企业主的策略伙伴之一。

过去的工作分析与工作说明书，强调工作者要具备哪些知识、技能，才能把工作做好。职能模式的角度，把工作做好，着重点不只在知识、技能，还包括工作者的态度与人格特质。

职能模式的建构，目的在于寻找并确认出哪些是导致工作上卓越绩效所需的能力、特质及行为表现，据此来协助组织与个人了解如何提升工作绩效，以落实企业的整体发展。

McClelland （1973）——
1970 年代开始研究 Competency ➔ 即职务上高绩效者的行为特性，高绩效者系指稳定、经常维持高绩效的人而言。
在美国最具代表性的 Competency 定义 ➔ 即是与卓越的绩效表现有密切关系而且具持续的个人特征。

职能概念的出现，是相对于智力的概念应运而起。1920 年代，美国普林斯顿大学教授 Brigham 主张员工工作成效的好坏，主要决定于工作者智力的高低，因此从前在人才的甄选时，多是利用智力测验的高低来作为筛选人才的标准（McClelland, 1973）。

美国哈佛大学教授 McClelland 在 1970 年代，对于在高等教育当中，普遍使用智力测验来筛选学生的现象提出挑战。1973 年 McClelland 于 American Psychologist 发表一篇具重要影响力的文章➔〈Testing for Competence Rather Than for Intelligence〉，文中特别

提及他对于表现优越的工作者做了一连串的研究，发现智力并不是影响工作绩效好坏的唯一因素，他找出其他如态度、认知、以及个人特质…等等能够带来良好绩效的因素，并称之为Competency，强调不应该仅以智商作为甄选人员的依据，而应该将职能（Competency）视为更重要的考虑。

在职能的英文使用上，有学者使用competency，亦有学者使用competence。Spencer ＆ Spencer（1993）于《Competency At Work》一书中对于competence定义为「才能」，两者皆与工作、行为态度、认知、个人特质相关。

一、职能的概念内涵

McClelland 在1970年代提出「Competency」的概念之后，虽然有许多学者及研究者纷纷从不同的角度来研究与提出定义，其中仍以Spencer ＆ Spencer对职能概念的定义，最常被引用与接受。

Spencer ＆ Spencer 根据佛洛伊德的「冰山原理」在1993年提出了「冰山模型」的概念，认为职能是指一个人所具有的外显特质与内隐特质的总合。其将职能区分为五大基本特质：

　　　1、动机（Motives）

　　　2、特质（Traits）

　　　3、自我概念、价值观（Self-concept）

　　　4、知识（Knowledge）

　　　5、技能或技巧（Skill）

● 动机：一个人对于某些事物因为渴望，进而付诸行动的念头。它可以是潜在的需求或思考模式，驱使个人选择或指引个人的行为。例如：成就感。（I enjoy doing the job.）

● 特质：与生俱来的个人的特性及对情境、讯息的一致性反应。例如：自信、压力忍受度。（Always, often）

● 自我概念：关于一个人的态度、价值或对自我的观感。（It's my job ＆ I know it's important to me.）

● 知识：一个人在特定领域工作所需具备的知识。包括处理的程序或专业的技能或人际

处理方式。（I know how to do it.）

●技能或行为技巧：执行有形或无形的特定工作时所需的生理或心智能力。包括隐藏的或可观察到的，例如：演绎或归纳能力、倾听能力等。（I can do it.）

若以冰山来比喻，知识与技术位于海平面上，是显而易见的且可自我充实、易于改变；而自我概念、特质与动机则是位于海平面下，是较难发觉且不易改变的。

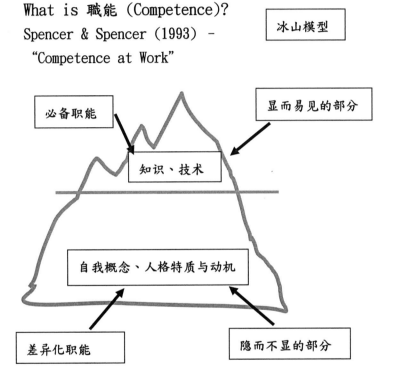

What is 職能（Competence）？
Spencer & Spencer（1993）-
　"Competence at Work"

冰山模型

必备职能

显而易见的部分

知识、技术

自我概念、人格特质与动机

差异化职能

隐而不显的部分

为什么要做职能分析？职能分析对企业有何重要性？

为什么要做职能分析？首先可以一个问题来响应➜具有相同知识技术的一群工作者，为什么有些人绩效表现优异、有些人却表现平平。

因为显性的知识技能，只是完成工作、达成绩效目标必备的职能，真正造成差异化、绩优或表现平平的因素，在于隐而未显的「**差异化职能**」。

Parry（1998）在＜Just What Is a Competency？And Why Should You Care？＞一文中，如此定义职能：

(1)、职能是影响个人工作的最主要因素，其是一个包含知识、态度以及技能之相关的集合体；

(2)、职能可以藉由一个可以接受的标准加以衡量，其与工作绩效具有密切的相关；

(3)、职能可以藉由训练与发展来加以增强。

在台湾，「职能模式」的分析与应用，首先是由外商企业引进，应用于台湾子公司或分公司之各项人力资源措施；由于绩效卓著、效果良好，各大企业纷纷引进导入，尤其是高科技产业。

职能对企业的重要性

职能对企业的重要性，可简述如下：

(1)、在竞争激烈的知识经济体制下，人才的罗致、育成以及开发，有须运用「职能」（Competency）；尤其是「知识工作者」或「附加价值创造型人才」。

(2)、「职能」（Competency）是「人力资本」建构之基础，且企业有须建构其「核心职能」与「核心竞争力」。

(3)、「职能」也是企业或事业单位要达成其愿景、使命的过程中，每位同仁所需具备符合公司核心价值观的基本行为典范。

(4)、职能是每位自许为专业工作者在企业内成功的必要条件，表现优异者能将职能透过行为的展现，使工作圆满达成，因此，职能是综合了促成卓越表现的所有特质。

(5)、职能也是公司用来定义及激发卓越表现、以及➜促成变革管理的一种工具。可以下图略示：

二、职能分析与传统工作分析、工作说明书之差别

工作分析

一套搜集有关「工作」的重要信息的方法与程序，透过搜集与工作有关的重要信息，来鉴别工作内容与职责，以及完成工作职责所需智能条件，从而评定工作的重要性以及职能发展程序。

所以工作分析要根据工作的事实，条列出工作项目与内容，分析其执行时所需要的知识、技能、经验、资历要求、与执行时的环境条件与身体限制，以及分析该工作所负的责任，进而订定工作所需要的资格条件。

→工作说明书是工作分析的最终成果，主要包含工作说明及工作规范。

→工作说明书：旨在描述工作性质、任务、责任、工作内容等的说明。

→工作规范：是由工作说明书中指出完成该项工作的工作者应具备的资格与条件（知识、技术与能力；KSA）

1、工作分析范例

《工作分析问卷》

一、基本数据：

职务代码＿＿＿＿＿＿、职务名称：**门市主管**　　日期：　　　部门：　　　课别：

在该职位之直属主管姓名：　　　　员工姓名：　　　到职日：　　　任职日：

填写人／访问人：　　　　□新填写　　　　□修改

核准人1.＿＿＿＿＿＿＿＿　　2.＿＿＿＿＿＿＿＿

二、主要工作职掌：（以门市主管为例）负责本公司门市商品营运事务，掌管门市营业业绩、人事、进出货管理等相关管理、调度事宜。指导、协调各项商品的销售与服务活动。

_____

_____

三、工作项目：

1. 负责卖场门市营运管理。

2. 负责卖场与客户关系的建立与维系。

3. 制订商品的价格策略。

4. 执行进销货分析。

5. 规划、协调广告活动和促销宣传。

6. 内控管理。

7. 单店营运分析。

8. 公司项目推动执行。

9. 客诉处理

10. 制订服务礼节与作业标准流程等事宜。

11. 执行员工绩效评核作业。

12. 商品调配、陈列及库存管理。

13. 其他临时交办事项

四、在本职位上工作的基本需求：

1.教育程度：□ 高中　　　□　　　专科 ■ 大学　□ 硕士　□　　　博士

2.经验：　■二至三年门市主管工作经验　　　　　□三年至五年门市主管工作经验

　　　　　□五年以上工作经验门市主管工作经验

3.基本语文能力：　　□国语　　□台语　　□其他语文能力：

4.计算机 Office 作业软件操作能力：　□Word,　□Excel,　□Outlook,　□Powerpoint

五、应备知识技能：

1. 门市经营管理能力。

2. 商品解说能力与比较分析能力。

3. 工作教导能力。

4. 人际沟通能力。

5. 客诉处理能力。

6. 员工抱怨及问题处理能力。

7. 员工日常行为管理能力。

8. 营销企划能力。

9. 服务流程 SOP 制定能力。

10.公司政策解说与引导能力。

11.激励部属的能力。

12.促成团队合作的能力。

13.自我提升能力。

14. 顾客导向文化的落实。

15. 能与顾客迅速建立关系的能力。

16. 有效执行人员绩效评核作业的能力。

17. 费用与成本控管能力。

18. 决策能力。

19. 策略思考能力。

20. 能观察、了解顾客的偏好，以决定未来销售的重点。

六、绩效要求：（门市主管）

1. 达成或超越业绩目标。

2, 发觉销售机会进而达到最大销售绩效。

3. 能观察、了解顾客的偏好，并提出未来销售的重点。

4. 维护公司形象。

5. 培养优质服务态度。

6. 建立团队合作。

7. 遵守公司规定、纪律。

8. 人才培育。

七、问题处理与判断：（或工作复杂度）

□程度 1　□程度 2　□程度 3　□程度 4　■程度 5　□程度 6

□1 例行及重复性工作，不需要做选择决定。

□2 半例行工作，有时需要对突发问题处理与采取行动。

□3 工作复杂程度较高，在运用方法及执行步骤上，有时需要一些独立作业的能力。

□4 在执行工作时，由于复杂性较高，需有独立作业的能力，有特殊状况发生时，需有能
力去做分析修正。

■5 工作的复杂程度，常涉及部门功能的运作，对部门绩效及业务运作，密切关系，因此
需要较多及较深入的思考，做精细周延的规划。

□6 工作的复杂程度，涉及公司经营策略的方向及公司制度的制订等重要决策，需要收集
公司内外各项数据、信息、提出建议，给公司管理当局做参考。

八、风险与责任：

□程度 1　□程度 2　□程度 3　□程度 4　□程度 5　■程度 6

程度 1：很少发生错误，错误可补正。

程度 2：错误可被发现与补正，错误损失很小。

程度 3：需耗费不少时间详细查对且涉及精确度与责任。

程度 4：高精确度要求，且解决问题需较多技能与知识。

程度 5：高专业要求，错误时会造成相当财物损失。

程度 6：风险涉及经营绩效的成败。

附加说明：

程度 1：工作上的疏失，可被察觉，或可弥补。有可能造成稍微损失，但对公司财产、生
产材料及设备设施没有职责。（例如装配工、接待员、总机）

程度 2：错误可被发现与补正，工作进行中，有须复查的动作，以避免造成损失。在执行
工作时，如没有遵照规定，可能造成公司财产、材料或设备的损害、或工时的损
失、或信誉的损失。（例如技术员、巡检、品检员、店员）

程度 3：业务上的疏失，不容易发觉。如果没有被发现，可能造成损失。（例如会计、出

纳、采购、出货员、国内业务、客户服务）

程度 4：高精确度要求，且解决问题需较多技能与知识，工作上的疏失，不容易发觉。如果没有被发现，可能造成很大损失。（例如银行授信专员、模具师傅、机电工程师、生鲜采购、主厨、国贸业务、营销企划）

程度 5：高专业要求，错误时会造成相当财物损失。（例如生管、高阶采购、研发设计、项目 Leader、高阶财务管理）

程度 6：风险涉及经营绩效的成败。由于策略选择、产品定价、销售手段、客诉处理、客户服务、员工表现、竞争因素等等，都影响到未来收益的不确定性。

九、态度、性格与素质要求：（门市主管）

1、善于沟通又乐于帮助顾客和同事。

2、有敬业精神。

3、真诚，乐于倾听并能接受团队及主管的反馈及沟通。

4、能在忙碌的工作中承担压力，同时处理多项任务。

5、主动，有高效率的方式完成任务。

6、乐于学习且不断改善进步。

7、人际关系良好，待人和气；与同事友好合作。

8、能够承受长时间的工作压力；

9、配合度佳；能体会公司因客户或业绩需求所做的工作调度与加班。

10、心理素质良好，情绪稳定，不急不噪。

十、内外的接触沟通：

这项因素为评鉴该职位工作上内外接洽状况，是用书面或口头来交谈，是与公司内或公司外的人员接触，是与何种阶层的人员接洽、接洽的频率、接洽时谈话内容的复杂性、接洽质量的好坏对公司的影响。

□程度 1　□程度 2　□程度 3　□程度 4　■程度 5

程度 1：该职位很少与单位外人员接触，工作性质为例行工作。或执行工作时，不需要自己表达什么意见。除了被要求提供信息外，很少与他人接触。

程度 2：该职位与公司内人员的沟通方式，多本遵循一定的模式，例如上、下游作业流程的移交、点交，接受例行的请求或抱怨。或与其他部门人员的接触，以获得例行工作上需要的数据。

与公司外人员之接触，主为电话转接或礼貌性的招呼、接待、引导。

程度 3：该职位与公司内外人员沟通接洽时需要一些专业知识及技巧，熟悉与工作相关的

公司政策及作业程序。工作上需要透过书面或电子文件或亲自洽谈，及经常与外界接触。与外界接洽时，有须遵循一定原则去进行此项接洽活动。

程度 4：该职位常与公司内外重要职务的人员接触、洽谈内容需要专业知识技巧及熟悉公司政策及作业程序，其洽谈的结果对公司的现况会产生某些程度的影响，或涉及到业绩的增加或减少。

程度 5：在洽谈过程中，虽有一定准则，但授权或自行决定的权限很大。且内外的接触沟通，都代表公司形象、或公司政策的传递。

十一、监督或管理的责任

这个因素系评量，对员工发展、指导及组织上的责任，以有效运用部属的时间及能力。它反应出，被管理的员工人数及监督上的复杂性。

督导的员工人数：□1. 0 人　□2.1－5 人　□3. 6－10 人　□4.10－30 人
　　　　　　　　□5.50 人以上　□6.100 人以上

监督的复杂程度：□1　□2　□3　□4　□5　□6

程度 1：不需要监督。

程度 2：需日常例行工作的监督或巡查。

程度 3：监督需要知道采用些适当的程序及方法。

程度 4：需要专业技术及教导部属适度选择程序、设备、做法及有时需要修改作业程序。

程度 5：除专业技术、知识的辅导部属外，需要用到较多的管理及领导统御的技巧。

程度 6：监督的复杂程度，涉及经营绩效成败，任何内、外环境可能造成的风险都必须予以监控。

十二、体力劳动与工作环境：

一般办公室工作环境，无重体力劳动与不良工作环境。

2、工作说明书简单范例

一、职务名称：　　业务专员　　　　　　　日期：

二、工作摘要：

设立此工作岗位目的是为积极开发争取客户（订单），确保市场开发及管理能符合公司利益，并确保公司产品在质量、数量及交期上符合客户要求。

三、**工作关系**：由部门主管直属指挥，除直接回报主管有关工作事项，工作中需经常与客户接触，以及与各部门在业务流程之相关人员接触、联络、与转达业务相关事项。

四、主要工作项目：

1. 客户开发与接单。

2. 客户维系。

3. 客户询价与报价。

4. 参展与商访。

5. 合约（订单）之审查与处理。

6. 送样。

7. 客户接待与简报。

8. 国外 email 往来。

9. 产销协调与订单变更作业。

10. 客诉处理。

11. 外购品之追踪掌握。

12. 进出口联络与报关文件制作。

13. 进口之开状与清关事项。

14. 交货相关作业管理。

15. 其他临时交办事项。

五、基本资格

1. 学历要求：大专或以上程度；英文、国贸或企管相关科系毕。

2. 英文听、说、读、写流利。

3. 年龄要求：25—30 岁。

4. 工作经验：具国外业务工作至少二年以上经验。

5. 电脑 Office 作业软件操作能力。

6. 公司电脑操作系统操作能力。

7. 身体健康。

8. 乐观开朗。

9. 乐于与人沟通接触。

10. 主动积极。

六、知识、技术及能力之要求：

1. 需对公司产品、规格、价格、竞争力、业务程序、及客户服务有专业认知，才能对客户之开发、争取、维系有所胜任。通常需要二年以上相关工作经验，而且在公司内服务期间至少半年以上。

2. 须对进、出口相关作业程序及报关文件、运费熟悉了解。

3. 需对公司产品制程、产能负荷、托外加工品、外购品有所熟悉了解。

4. 须对客户之采购特性及客户本身之业务特性有所了解。

5. 需具备良好之英文文字及言词表达能力、沟通能力与敏感度。

6. 需具备良好之电脑文书作业能力、英文简报能力及一般重点速记能力。

7. 需具备一般行政作业能力，例如：会议安排、接听电话，编辑文件或报告；以及数据整理、分类建文件、与文件管制等工作。

8. 需要具备有礼帽及有效的人际关系技巧、以能应对客户或一般业务洽询，以及公司内部各层级的接触。

七、绩效要求：

1. 达成或超越业绩目标。

2. 达成或超越新客户开发件数（目标）。

3. 无报价错误件数。

4. 无欠收帐款。

5. 工作态度良好、配合度佳。

6. 团队合作。

7. 遵守公司规定、纪律。

8. 各项简报能简明扼要具体及有重点并符合客户需求。

八、工作环境：

一般办公室环境，无不适之温度、尘埃、噪音等的干扰。

从以上范例可知，结构严谨之工作分析或工作说明书，事实上已有职能模式或「职能说明书」之雏型，那为什么还要建构职能模式或「职能说明书」？

➡ 工作分析所搜集的是与「工作」有关的事实资料，且是「个别」的工作资料；个别的工作事实，虽可条列出个别工作所需的特性、素质要求，但无法统整全公司为达成愿景与经营目标所需的职能内涵。

➡ 因为工作分析与工作说明书是 What 导向，强调的是工作中要做些什么？以及需要哪些知识、技能？才能把工作做好？但工作绩效或表现，不仅牵涉到「知识技能够不够」，

还在于员工「态度意愿足不足」。态度意愿足不足的问题，非工作分析所能处理。

➜态度意愿的问题，有需以行为事例来定义、描述，从而章显公司所要求之行为准则或规范，例如：团队合作、主动积极与负责。

➜职能分析着重在员工要如何才能把工作做好？也就是「How」的概念。职能分析要找出，是哪些特质因素＋知识、技能，促使员工能把工作做好，并有高绩效表现。

传统工作分析与职能分析之差异比较如下：

构面	传统工作分析	职能分析
目的	描述行为	影响行为
对工作的看法	工作是描述的主题	工作是需要扮演的角色
焦点	完成工作	达成公司策略及目标
时间导向	过去	未来
绩效水平	标准以上	优化
调查对象	资深工作者/主管	高绩效表现者
分析内容	外显：知識、技能、能力	内隐：动机、特质、自我概念 外显：知識、技能
适用范围	单一工作	可进行不同工作间的輪调

（来源：传统工作分析与职能分析之比较，董玉娟，2011，发表于 TTQS 网站）

所以职能模分析，虽是「How」的概念，却仍是以工作分析为基础，也就是「What」的概念＋「How」的概念。并着重在➜发掘经常有高绩效表现的人的特质、动机、自我概念以及知识技能。简要图示如下：

工作分析＋「人格特质」＋「自我概念」＋「动机」➜「职能分析」

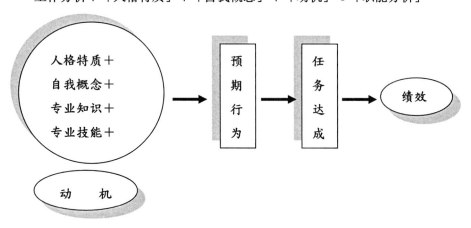

所以职能分析除了要鉴别高绩效者所具有之知识技能（工作分析层次），还要找出高绩效者具有哪些特质（潜在特质）及行为表现。因而，高绩效者具有哪些特质及行为表现，就成了职能分析与工作分析最大差异之处。

吴昭德2001年以台湾某化工公司为例的研究，参酌其他学者专家看法，从职能分析的角度，建构出基层主管管理职能共30 项量表。摘要一些重点汇总如下：

能力项目	概念意涵

影响力 ：能够以身作则，树立良好典范，并且运用一些影响技巧，以增进部属努力达成工作目标的承诺与热诚，使部属能够主动完成所交付的任务。

沟通协调：能善用沟通技巧，清楚正确的表达或传达意见，以有效解决冲突或达成共识。

成就导向：设定并达成具有挑战性的目标；发展更好、更有效的方法，以完成工作目标；不断为自己订定更高的工作标准。

自我控制：不让自我情绪、情感介入工作，以避免对员工做不适当的影响。

团队合作：积极投入、能信任他人、愿意与他人合作，且乐于将个人经验和同仁分享。

专业知能：熟习公司的产品功能及特色，具备与职务和工作相称的专业知识与技能；并能够运用专业知识解决问题。

问题解决能力：透视问题的核心，运用最有效率的方法来解决问题，同时能够提出根本的解决之道；亦即利用具创造力、整体性的方法解决问题。

主动积极：踏实、负责，具有敬业的精神，能主动发掘工作上的种种问题，并且会尝试自己先解决问题，而后再向上司反映，而非被动消极的因应。

激励部属：以身作则竖立良好典范，且能运用激励技巧，来增进部属努力达成目标的承诺与热忱。

弹性：能够因应组织环境的需求与变化，调整个人行事的模式。

执行力：能够自我鞭策、管理，对于预定的工作计划或上司临时交办的事项，能在既定的时间内迅速、有效的加以完成，以达成预定的工作目标。

培育部属：会积极的针对部属的需要，来安排相关的教育训练计划，并能有效的教练和监督工作成果，且不断的分享工作经验与知识，来发展部属的工作能力。

时间管理：能够依据工作的重要性与急迫性来排出完成工作的优先级，且能有效的分配与运用时间，在特定的时间内完成各项工作。

质量管理：具有全员质量管理的概念与精神，凡事以内、外部顾客为导向，做事讲求速度与质量，且不断的创新改进，追求全面质量的提升。

团队建立：能以积极努力创造有生产力的团队。以包容的态度支持团队成员，并增进成

员间互动、建立共识、达成团队目标。

学习的态度： 主动吸收新知，以充实自己的专业知识与工作技能。

（来源：基层主管职能量表之建立与验证－以某化工公司为例，吴昭德，2002，中央大学人力资源管理研究所硕士论文。）

就此，我们可以区分出职能分析与工作分析之不同。但职能分析或职能模式的建构仍要以工作分析为基础。职能分析或职能模式的建构仍要以工作分析为基础，并不是说，要先建构工作说明书，才得以建构职能说明书。而是说知识有其层级性与关联性，要企业的员工与干部先具备工作分析的基础观念知识，再来建构职能模式，较能达成企业建构职能模式之目的。

职能分析在 HR 的应用

职能（Competency）在 HR 的主要应用领域有：

●招募甄选

●教育训练

●绩效考核

●能力开发

●职涯发展

●接班人计划

●才能评鉴中心

●人事评价

(1)升迁

(2)薪资或报酬

(3)配置➜异动、迁调

以上从职能分析在HR的应用，我们应可初步了解，何以在21世纪，职能分析与发展，不仅在HR领域成为显学，也成为企业是否能「基业长青」永续经营之重要关键核心要素之一。

过去人才招募的主要作法➔条列工作项目，透过面谈及一些甄试、测验、或实作，以了解应征者是否具备相关经验以及过去的绩效、表现。

目前许多公司的做法：企业征求储备人才➔无工作经验，具相关学历即可。同样会条列工作项目，也透过面谈及一些甄试、测验、或实作，以了解应征者；**但更强调应征者之特质、自我概念或态度、动机。**

为何会有这种转变？因为知识、技能之可学习性较强，现代企业之 SOP 大多齐备，社会新鲜人若俱备相关学资力，真正会影响其长期发展与表现的，是在于学习意愿、动机、态度、与特质。所以许多具规模之企业，更愿意招募无工作经验之社会新鲜人，而强调可塑性、学习能力、意愿、以及动机、态度。

早于 1993 年，职能专家 Spencer＆Spencer 即提出「**冰山理论**」，将人才所需具备的能力分成冰山海平面以上，如知识、技巧与证照，以及冰山海平面以下能力如自我概念、人格特质与动机等。并指出「职能」可预测未来的行为表现与绩效，「职能」与未来的实际工作表现具因果关系，藉由观察与判断应征者过去展现的行为模式，来衡量及预测他未来在相同或类似的情境时可能产生的能力与行为，以避免主管的主观价值或个人偏好做错误的用人选择与决定。

职能与绩效的因果流程模式如下图：

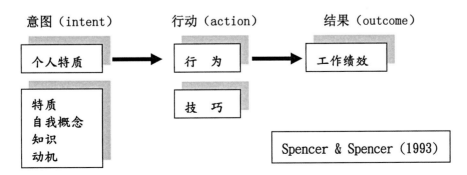

用浅显的话来说，「职能」（Competency）就是「企业为了要达成经营目标所需要、所希望员工具备的能力」。职能又可区分为专业职能（knowledge/ skill competencies）、行为职能（Behavioral Competencies）、动机职能（motivational competencies）。一个人的工作表现好或不好，除了资源设施充足不充足之外，还要看他「能不能做」（can do）（有没有能力、知识技能够不够）、以及他「愿不愿意做」（will do）（有没有动机、意愿把事情做好）。如果能做又愿意做，一般可以预期会产生良好的绩效；如果能做，可是没有意愿或动机把它做好，绩效就常会差强人意。

专业职能跟行为职能指的就是 can，动机职能就是 will。专业职能可以透过多种方式，例如考试、实作、问答或相关学历证照，来评量员工是否具备这项职能。但动机职能只能靠观察、问答或情境描述等分析工具，来「**推测**」一个人的动机或意图。因此企业选人不仅以「他过去曾经做过什么」来参考评量，更重视「持续、恒久、不容易被改变的，潜藏的特质、态度与动机」，就是希望透过职能面谈的方式，先找到「对」的人。

在人力资源「选、用、育、留、晋」的领域中，「选才」是第一步，也是相当重要的开端。企业的招募甄选，首先要辨识的是企业需要什么样的人才，所以在「招募甄选」章节之前，会先谈「企业需要什么样的人才」。辨识出企业需要什么样的人才，才能依之做为选才之指导纲领。例如台积电强调「志同道合」，强调要认同台积电的经营理念与企业文化的人才；是人才，各有其执着，但若无法认同台积电的经营理念与企业文化，则只好「道不同不相为谋」。

其次为辨识应征者之潜在特质是否符合职能需求，要辨识应征者之潜在特质是否符合该职位之职能需求，一般常藉助「测验工具」与「面谈」。由于人格特质测验或是性向测验，一般都要有够数量的案例才能建立常模，所以各企业在应用时都小心谨慎。实务上大都以参考为主，并佐以面谈时应征者之问答表现与肢体语言、态度、神色。

「面谈」是台湾企业在招募甄选人才的过程中，最普遍使用的一种方法；由于用人单位主管，甚至 HR 人员若未受过良好的面谈训练，凭直觉、凭经验、凭感觉的面谈法，实务上应用虽方便，但信度与效度却低。传统的面谈方法对于工作技能与工作适性方面只能搜集到很少的信息，所以甄选到的人才并不一定真的能胜任、或适合这份工作。尤其对无工作经验的社会新鲜人，一般只能凭学历、科系、在学成绩、社团活动、应征动机以及面谈的临场表现，来推估应征者是否适任该职务。因此，无工作经验的社会新鲜人因工作不合、兴趣不合的因素而离职的，占很高的比率。传统的面谈方法对有经验的工作者也常沦于只问工作经验，而无法判断个人特质是否符合该工作职务，以及无法辨识应征者之价值、信念是否与公司文化

及经营理念相契合之困境。如何提升面谈的信度与效度是企业 HR 人员常被要求的课题与责任。

晚近，由于「行为事例面谈」或「职能面谈」，在一些大企业的应用都显现出明显的成效，例如各大公司「储备干部」之招募，以及因网路信息交流之快速与普及，于是许多企业纷纷导入「行为事例面谈」或「职能面谈」。

无论是「行为事例面谈」或「职能面谈」主要聚焦三大点为：

1. 知识与技能。（Knowledge/ Skills）
2. 行为表现。（Behavior）
3. 工作动力。（Motivation）

职能模式的分析应用，提供企业在招募甄选时各层面的积极功能如下：

- 可更精确定评估应征者是否适合或有潜能从事该岗位工作。
- 让个人能力与兴趣更能配合工作需求。
- 避免主事者或评估者片面或武断地做判断。
- 有助于架构、支持不同的评估模式与发展适合自身企业的评估模式。
- 分析个人的技能与人格特质与工作表现之关联性。
- 提高招募甄选的成效。

职能模式的分析应用，可提供企业在招募甄选时各层面的积极功能，则企业要如何导入？

(1)、首先是辨识出企业需要什么样的人才。

(2)、建构企业所要招募人才的职能模式。

(3)、建构与职能相关的测验。

(4)、面谈时的应用➜行为事例面谈法或职能面谈。

一、企业需要什么样的人才

在过去，企业需要什么样的人才并不是一个很需要省思的问题，在1990年代前后期左右，台湾在还以报纸广告为主要人力招募管道的年代，摊开报纸的分类人事广告，80％以上求人都是需要具经验的；只有少数大公司在招募储备人才时，希望进用刚毕业无经验的大专、大学新鲜人，因为大企业需望建立自己的公司文化；刚毕业无经验的大专、大学新鲜人可塑性较高。

过去绝大多数企业招募人才首要考虑着重在过去的工作资历、能力、过去的绩效表现，

鲜少深入考虑企业需要的是什么样的人才特质模式？什么样的价值观？什么样的EQ？

▲**但时至今日，前百大企业的人资高阶干部款款而谈的是，他们需要的是具什么样人格特质模式的工作者？具什么样价值观的工作者？能不能做好 EQ 管理？能不能充分发挥团队合作？有没有独立思考与解决问题的能力？**

例如过去**信义房屋**对新人所重视的人格特质为：

(1) 坚韧性：百折不挠的精神。

(2) 结果导向：目标明确、全力以赴。

(3) 顾客导向：掌握顾客需求，建立长期关系。

(4) 沟通能力：沟通、解释说服，获得信任。

标榜无房仲工作经验，愿意大胆启用社会新鲜人的信义房屋，2011 年则强调要找「3Q 人才」，召募 3500 位新人。3Q 是指 AQ（逆境商数）、EQ（情绪商数）、MQ（道德商数），3Q 人是信义房屋首选。身为一个优秀的房仲业务人员，必须具有积极主动的态度，对工作充满热忱，懂得适当地释放压力和自我调适，且不怕面对问题、解决困难。

台积电

以台积电而言，除了专业素养以外，台积电强调要找「志同道合」，认同台积电价值观的人。台积电强调 4 个核心价值：

● 诚信正直（Integrity）

● 客户导向（Customer Orientation）

● 创新（Innovation）

● 承诺与投入（Commitment）

除了要找志同道合的人，评选人才时也考虑 IQ（Intelligent Quotient）、EQ（Emotional Quotient）与 AQ 逆境商数（Adversity Quotient）；台积电强调所需要的人才要能禁得起挑战、要能在团队中有良好的沟通互动、信任自己、激励别人。

台积电的招募政策很清楚，在研发与制造端，只要是理工背景，拥有强烈企图心与团队合作精神，扎实的逻辑思惟，就有机会进台积电接受挑战。基本上，大学的基础物理、基础化学念得好，其他半导体的相关知识、训练，都可以在台积电学得到。

过去友达光电强调：

● 创新（Innovation）

● 纪律（Discipline）

●效率（Efficiency）

●执行力（Execution）

随着时空环境之推移，2014 年友达在选用人才方面则强调 4Q：IQ（智力商数）、EQ（情绪商数）、GQ（绿色商数）以及 MQ（移动商数）；其中 MQ 更是全球化趋势下不可忽视的一环，由于友达有频繁的轮调和外派，除了让同仁有机会累积国际职场经验，也考虑技术移转与企业文化传承的目的。

富邦金控

——富邦金控欢迎有热情、企图心、具开创力的您，加入我们的精英团队。

富邦金控的核心价值：诚信、亲切、专业和创新。

诚信：以正直的心胸，崇法务实，推展业务，善尽企业社会责任。

亲切：以诚挚的态度，展现热忱，服务客户，积极满足客户需求。

专业：以敬业的精神，精益求精，群策群力，提供多元优质服务。

创新：以突破的思维，挑战成规，研发改进，创造公司商业价值。

鸿海集团

过去，鸿海集团直接在其招募网站上，指出鸿海选才原则依重要区分如下：

(1) 个性

(2) 责任心、上进心、企图心

(3) 工作意愿

(4) 努力程度

(5) 工作历练

(6) 专业知识

(7) 教育学历

郭台铭认为「人才」是鸿海最大的品牌，他花时间培育新员工，花大钱聘请经理人，还准备让年轻干部接班；他不要天才型员工，有能力、肯负责、懂上进，才是他心中的一流人才。

鸿海要求员工的特质

面对一个持续创新、竞争激烈，以及全球化不断改写游戏规则的市场里，「要抓对趋势，勇于投入，才能立于不败之地」，一句话说明了企业期许员工面对工作时应有的特质与心态，而鸿海要求员工的特质又是那些？简单的区分为三个层级：

1、基础同仁：

要具有责任心：要勇于承担责任，不要担心做错，但要在错误中学习到经验，避免下次再

犯错。

2、中阶主管：

要具有上进心：担任承先启后之角色，要有肯学习与再全力冲刺的决心，可以在自我专业或工作上突破，找寻到成功的方法。

3、高阶主管：

要具有企图心：要有勇于克服问题及挑战困难的态度，具有虽千万人吾往矣之执着与冒险犯难精神。

（来源：鸿海要求员工的特质，王益，2008-06-06，摘录自《超越期待的人才》，一零四猎才顾问中心着）

2010 年 4 月鸿海集团公开招募 40 名「总裁幕僚群」，这些人经郭台铭亲自面试录取后，可以进入郭台铭办公室，跟在他身边学管理，通过考验者未来可能成为各事业部高阶主管之接班人。学经历不拘，但要俱备：

(1)专业资历。

(2)有开创事业的能力。

(3)具备强烈的成就动机。

(4)有带领企业成长的成功经验。

(5)有思想、有胆识、肯负责；看长远利益。

(6)能与团队合作达成任务；拥有高度弹性及抗压性。

(7)具备国际视野。

(8)有意愿、肯吃苦耐劳、细心学习。

郭台铭很清楚定义鸿海的「储备干部」需要俱备哪些特质与专长。

2010 年鉴于丰田 Toyota 的危机，郭台铭认为丰田的反应不够快，是因为公司的人才同质性过高，失去了当初的创业精神。因此鸿海要能吸收能够提出新想法、敢冲撞、改变组织的人。「有胆识」、「有高度的抗压性」，敢冒险、有本事、有企图心的人，才是鸿海最想要的人才。郭台铭说：「鸿海没有品牌，但是质量、科技与人才是鸿海的品牌」，这就是为何鸿海可以开疆辟土、将相齐聚的原因。

鸿海所需要的人才，核心理念并无多大改变：责任心、上进心、企图心、有胆识、有高度的抗压性等等特质，都是鸿海所诉求的重点。但不同的是，鸿海能具体诉求它需要的高阶主管的特质（开创、冒险、有胆识，能够提出新想法、敢冲撞、改变组织的人）、中阶主管的特质（上进心、强烈的成就动机、有开创事业的能力）与基层主管的特质（要具有责任心、要勇

于承担责任）。鸿海不只清楚定义企业之核心价值观，还清楚定义企业发展各程期需要什么样的人才；以及在经营的当下，各层面的人才应具备何种能力专长与行为表现。

为什么具规模的企业，会思考、强调自身企业「需要的是什么样的人才」？我们可以从一些理论，来探讨与回答一些问题。

二、交易成本理论与资源基础理论的观点

交易成本理论

交易成本 （Transaction Cost，又称为交易费用）是一个经济学概念，指完成一笔交易时，交易双方在买卖前后所产生的各种与此交易相关的成本。在 1937 年科斯（R.H.Coase）提出的论文➜〈The Nature of the Firm 〉中译《企业的性质》，被视为是交易成本理论的先驱者。直到 Williamson 在 1975 和 1985 年对 Coase 的观点加以整合与延伸，才使交易成本理论的架构更加完整与受到重视。

交易成本可简单区分为以下几项：
● 搜寻成本：商品讯息与交易对象讯息的搜集。
● 讯息成本：取得交易对象讯息与和交易对象进行讯息交换所需的成本。
● 议价成本：针对契约、价格、质量讨价还价的成本。
● 决策成本：进行相关决策与签订契约所需的内部成本。
● 监督交易进行的成本：监督交易对象是否依照契约内容进行交易的成本，例如追踪产品、监督、验货等。
● 违约成本：违约时所需付出的事后成本。
（来源：MBA 智库百科）

Coase 首先提出了市场治理（market governance）与层级治理（hierarchy governance）两种交易的治理结构，若组织向市场采购的成本低于自制的成本，则倾向采取市场治理（或说市场交易）；反之，若组织向市场采购的成本高于自制的成本，则应采取层级统治，扩大其组织，使交易内部化（或说内部建构）。

从企业人才招募的角度来看，台湾的许多中小企业，大都希望进用有经验的工作熟手，减省学习的时间与培训的各项成本（也就是外聘人才）。就一些大企业而言，当内部人才不足，也倾向对外招募「具有目标特质与能力」的人才；例如台湾的金控业在拓展海外市场时，因过

去银行与金融业的保守心态，内部非常缺乏具「外派经验」与「国际观」的人才；遂纷纷向外商企业重金挖脚所需人才。而鸿海集团之挖脚NB产业人才、韩国三星挖脚晶圆代工产业人才、台湾LED产业龙头厂商遭大陆同业挖角…等等，似乎证实了Coase所提，若组织向市场采购的成本低于自制的成本，则倾向采取市场治理。

但若依Coase所提，企业为什么要招募社会新鲜人（无正式工作经验或工作经验二年以下者）？无经验之社会新鲜人与资浅之工作者，企业须付出较高的培训成本与其他「机会成本」。Williamson指出➜交易的频率（frequency of transaction），交易的频率越高，相对的管理成本与议价成本也升高。交易频率的升高使得企业会将该交易的经济活动「内部化」以节省企业的交易成本。也就是说，建立内部人才培训机制，以减少「文化与价值观」的冲突，降低沟通成本、协调成本与管理成本。这从台湾的1000大企业的高阶主管与人资主管进用社会新鲜人的一大主因是「可塑性高」，也得到有力左证。此外，Williamson也指出当组织的资产专属性愈高时，组织会愈倾向将交易内部化，来降低因交易所必须支付的成本；不确定性会增加监督成本。

企业文化的建立与价值观的认同，是一段漫长路程，企业文化与价值观也是具稀少性与专属性的「人力资本」；与其招募具经验能力可立即上工之人才，大企业宁可自己培训企业自身所需人才，也反映出企业对「企业文化与价值观」的重视。Williamson（1975）提出交易商品、交易频次和治理（governance）结构的关系，当交易商品为专属品、且为经常交易，则应采取单边的治理结构，也就是层级治理，将之纳入组织内部化；反之，若交易商品属标准品，不论经常或偶尔交易，则都应该采取市场治理的形式来进行交易。显然，「企业文化与价值观」是专属品，虽然经常交易，多数台湾的大企业仍采取单边的治理结构，也就是层级治理，将之纳入组织内部化➜进用无工作经验之社会新鲜人为储备干部，由企业加以培训。

虽然交易理论可以解释为何越来越多的企业愿意招募进用社会新鲜人，但并无法解释，为何企业要对理想的进用对象设定「人格特质」或「职能特性」之一些要素（例如：积极、主动、热忱等等特性）。➜资源基础论可回答一些问题。

资源基础理论

1984年Wernerfelt的《企业的资源基础论》指出，「资源」与「产品」就像是一个铜板的正反两面；大部分产品的完成要藉助资源的投入及服务，而大部分的资源也被使用在产品上；企业的主要任务即是创造与把握资源的优势情境，使得在此情境中所拥有的资源地位，是其他企业无法直接或间接取得的。其后Prahalad and Hamel、Barney以及Grant等学者都

先后有修正或发挥 Wernerfelt 的论述。

资源基础论的假设是： 企业具有不同的有形和无形的资源，这些资源可转变成独特的能力；有些资源在企业间是不可流动的且难以复制；这些独特的资源与能力是企业持久竞争优势的源泉。资源基础论认为，企业是各种资源的集合体；由于各种不同的原因，企业拥有的资源各不相同，具有异质性，这种异质性决定了企业竞争力的差异。其重点有三：

1、企业竞争优势的来源：特殊的异质资源。

2、竞争优势的持续性：资源的不可模仿性。

3、特殊资源的获取与管理。

资源基础论认为企业在资源方面的差异是企业获利能力不同的重要原因，也是拥有优势资源的企业能够获取经济租金（Economic Rent，或说利润）的原因。作为竞争优势源泉的资源应当具备以下 5 个条件：

(1)有价值；

(2)稀缺性；

(3)不能完全被仿制；

(4)其他资源无法替代；

(5)以低于价值的价格为企业所取得。

真正作为企业优势源泉是以下 3 个条件：

(1)有价值；

(2)不能完全被仿制；

(3)具有自我发展性。（来源：MBA 智库百科）

优质企业最难被模仿的优势资源之一，即「企业的文化与价值观」；企业文化是企业内根深蒂固的一套行为与思维模式，意指大家共享有的信念、价值观、处事方针及行为认定。企业常藉由典礼、仪式、象征物及标志来表达。例如日本丰田的追求「零库存」、「杜绝一切可能的浪费」、「追求完美近乎苛求」、追求「零工伤」…等等，都是经年累月长期培养出来的。杰出而成功的企业都有强有力的企业文化为全体员工共同遵守，例如 3M 的强调创新、作为杜邦公司永续经营基石的「安全、绿色、环保文化」、台积电的强调「诚信正直、客户导向、创新、承诺与投入」。而企业文化的核心即在于企业的共同价值观。

企业价值观，是指企业在追求经营成功过程中所推崇的基本信念和奉行的目标；例如统

一企业的「三好一公道」（质量好、信用好、服务好、价格公道）。企业的价值观是企业的经营决策者对企业的性质 、目标、经营方式的取向所做出的选择，且是欲图为员工所接受的共同观念。对于任何一个企业而言，只有当企业内绝大部分员工的个人价值观趋同时，整个企业的价值观才可能形成。与个人价值观主导人的行为一样，企业所信奉与推崇的价值观，是企业的日常经营与管理行为的内在依据。

● 企业价值观是长期积累而来，而不是突然产生的。
● 企业价值观是有意识培育的结果，而不是自发产生的。

企业共同价值观的建立非一朝一夕，此所以多数具规模的企业在招募新进人员时，宁采「社会新鲜人」；即在于其「可塑性」。「可塑性」的目的➔形塑对企业文化与价值观的认同。

虽然交易理论与资源基础的理论观点能解释企业在进用人员时的一些考虑因素，但并无法充分说明，企业在进用新人时，为何要强调「人格特质」或「职能特性」之一些要素。就此，我们有须探讨「**职能**」的观点。

三、职能的观点

早于 2005 年 3 月，《Cheers》杂志与《天下》杂志合作之「2005 年台湾 1000 大企业人才策略与最爱大学生调查」，其中针对企业聘用大学毕业生，首要考虑标准为何？调查结果企业首要考虑标准前六项为：

1、学习意愿强、可塑性高（73.90%）。
2、稳定度与抗压性高（69.51%）。
3、专业知识与技术（58.14%）。
4、团队合作（35.92%）。
5、具有解决问题能力（23.51%）。
6、具有国际观与外语能力（20.16%）。

有关学习意愿强、可塑性高；稳定度与抗压性高；团队合作、具有解决问题能力等等项目，都是属于「**职能**」的层面。

· 过去的工作分析与工作说明书，强调工作者要具备哪些知识、技能，才能把工作做好。
· 职能模式的角度，把工作做好，着重点不只在知识、技能，还包括工作者的态度、动机与人格特质。

职能模式的建构，目的在于寻找并确认出哪些是导致工作上卓越绩效所需的能力、特质

及行为表现，据此来协助组织与个人了解如何提升工作绩效，以落实企业的整体发展。

因此，当企业检视内部优势时，更需要注意如何发掘组织的核心能力与发展员工，尤其是高阶管理者以及知能性工作族群的能力，以追求更卓越的表现。

由于职能能够为组织与个人间建立了链接，进而增加组织能耐、达成组织的目标，可说是组织适应快速变迁的外在环境、创造组织竞争优势的关键。

核心职能

核心职能（Core Competency）指为确保组织成功所需的技术与才能的关键成功部份，可定义为：一组特殊的能力或技术，能使公司为客户创造利益，可以使公司产生创新的产品或服务与延伸市场占有率，创造竞争优势，同时也可塑造出企业文化及价值观。

从而企业在检视自身之「核心竞争力」与「核心职能」时，寻求的是：

➜ 哪些是公司具竞争力的特殊能耐？

➜ 从何源起？

➜ 如何加强？以及

➜ 如何建构与强化核心职能？

所以「**企业需要什么样的人才**」是一个属于「**人力资本**」层次的论述，而不只是招募甄选时选才的标准而已。而核心职能的概念，也使企业的策略思考焦点，由原先受限于环境限制下寻求定位的角度（Porter 的主要论点），另辟出根据企业或组织的独特资源与能力来寻求策略的途径；并试图强化核心职能、核心竞争力、培养核心价值，以发展不易被取代、不易被模仿的资源和能力，以确保组织的竞争优势。

四、建构企业所要招募人才的职能模式

企业要发展出全面的职能模式将是一个庞大的架构与工程，职能模式可应用于「选、用、育、留、晋」各层面；实务上先从一个层面着手，实施有成效再全面推广，会比较可行。由于招募甄选是较独立的系统，新的措施或做法较不影响企业其他 HR 措施之联结性；所以许多企业推动职能模式会先从招募甄选层面着手。

企业如何快速建构所要招募人才的职能模式？
(1)、寻求网络资源或是人力银行资源。

(2)、清楚定义职能概念之概念意涵。

(3)、找出企业内高绩效者之职能模式。

(4)、与用人主管及高阶主管沟通交流意见。

1、寻求网络资源或是人力银行资源：因网路信息交流快速且有效，网络上有很多关于职能模式应用于招募甄选层面的实务论述与文章，可吸收内化为符合公司所需之知识，建构出符合公司所要招募人才的职能模式初稿。而人力银行为了提升客户服务功能，也建构非常丰富之各层面人才之职能模式，可藉重参考以转化为符合公司需求之模式。

2、清楚定义职能概念之概念意涵：

职能模式关注于动机、特质、自我概念及知识、技能，所以须先定义清楚这些概念意涵以及提问方式。简略整理如下表：

项目	概念意涵	提问方式
动机	一个人对于某些事物因为渴望进而付诸行动的念头	是什么动机让您选择此项工作？在目前的工作上您喜欢哪些？有什么满足感或成就感？ 是什么力量让你愿意持续选择此项工作？
特质	身体的特性或对情境及讯息的持续反映	在工作上你常遇到哪些挫折？请举一个克服挫折的例子。 平常如何要求自己展现良好的执行力？请举例说明。 是否有特殊的自我管理方法来让自己保持良好的执行力？请举例说明你如何专注于工作。
自我概念	关于一个人的态度、价值观或自我的观感	有没有什么特别的原因让你选择这个工作？ 可否谈谈你对自己的认知与期许。 可否谈谈你对「成功」的定义。
知识	一个人在特定领域的专业知识	请具体说明你如何在工作上展现你的专业？ 你如何强化自己的能力与优势？请具体说明。
技能	执行有形或无形任务的能力	请举一个在工作上最有成就感的案例。 请举一个实例在工作上解决问题的过程。 请具体说明你如何建立你工作上的人际关系。

3、建构高绩效者之职能模式➜ 以机械工程师及国贸业务人员为例。

机械工程师职能

●基本能力：

机械常识：了解机械基本常识，如机构学、机械设计或机械制造。

图面能力：具备工程图识图能力，包含工程图中的公差符号、加工符号、加工方式符号，并且能够清楚表达工程图所标示之各项意义。

技术文件撰写能力：于设计开发过程中，具备书写相关技术文件之能力。

工程设计软件的使用能力：具备使用如 CAE、CAD、FEM 等工程软件能力。

零件设计与拆图能力：能够依据组合图拆出各零件图，并标示合适的公差符号、加工符号、材料。

● **性向或特质：**

主动积极：不需他人指示或要求，能自动自发做事，面临问题立即采取行动加以解决，且为达目标愿意主动承担额外责任。

企图心：会为自己设定具挑战性的工作目标并全力以赴，愿意投注心力达成或超越既定目标，不断寻求突破。

团队合作：积极投入、愿意与他人合作，乐于将个人经验和同仁分享，以及在工作上提供协助或回馈。

观念性思考：使用观念诊断问题、发展关连性的逻辑，将问题简单化、明确化。

问题解决能力：能透视问题的核心，运用有效率的方法来解决问题，同时能够提出根本的解决之道；亦即利用具创造力、整体性的方法解决问题。

国贸业务人员职能

● **基本能力：（英文说、读、写为必要能力之一）**

计算机 Office 作业软件操作能力：□Word, □Excel, □Outlook, □Power point

产品图面识图能力：具备产品图识图能力，包含图中的规格、尺寸、公差、特殊要求及各项符号如加工符号、加工方式符号等等。

简报制作与发表能力：能制作美观的 PPT 简报，内容能与简报目的结合，并以流利的英文来简报。

国际贸易实务与知识：了解各项贸易条件与出口作业流程。能制作 Shipping order、Invoice、Packing List 等等。知道如何查询及计算出口海运运费及相关杂费等等。

● **性向或特质：**

主动积极：不需他人指示或要求能自动自发做事，面临问题立即采取行动加以解决，且为达目标愿意主动承担额外责任。

企图心：会为自己设定具挑战性的工作目标并全力以赴，愿意投注心力达成或超越既定目标，不断寻求突破。

团队合作：积极投入、愿意与他人合作，乐于将个人经验和同仁分享，以及在工作上提

供协助或回馈。

自我管理：能够自我鞭策、管理，对于预定的工作计划或上司临时交办的事项，能在既定的时间内迅速、有效的加以完成，以达成预定的工作目标。

4、与用人主及高阶主管沟通交流意见：职能模式要能符合公司需求，须寻求公司用人主管及高阶主管之认同接受，所以职能模式初稿有需与用人主管及高阶主管沟通交流意见。以目前 HR 相关知识之普及，用人部门主管及高阶主管大都具有关于职能模式之相关知能，只是深浅有别、广度与深度的问题。所以重点是 HR 人员要准备周延，可佐以其他企业应用成功之案例会更具说服力。若真有不容易沟通与克服之难题，可思考外部专业顾问（团队）之协助。

五、建构与职能相关的测验

与职能相关的测验包括（但不限于）：

● 英文测验、

● 专业测验、

● 工作性向测验或人格特质测验。

(1)、**英文测验**：国际化、全球化是一个趋势，许多企业都意识到在此趋势下英文能力是走向国际化、全球化的必要基础，对于人才的挑选，英文已成必备之基础能力。

(2)、**专业测验**：纵使是无工作经验之社会新鲜人，在许多职类，尤其是工程师职类，很多企业都会要求相关基础学科之测验（例如电路学、材料学、机械工程、电机、电子、基本物理、化学常识）。若工作职缺要具备工作经验，用人主管更希望来应征面谈者已有一定经验基础，专业测验更不可免。而专业测验一般都是会由用人单位主管提供。

(3)、**与职能相关的特质测验**：与职能相关的特质测验，可以是人格特质测验、可以是性向测验、可以是工作适性测验，也可以是 IQ 智力测验等等。因为不同工作职类，有其想突出之特性，各种测验类型，依各企业甄选人才之需要，被应用在不同工作职类之甄选过程。例如 IQ 智力测验，被 McClelland 认为过度滥用之测验工具，在许多企业之「工程师职类」招募，仍然是常用与好用之测验工具，因为「工程师职类」须有较高之数理逻辑、空间逻辑概念以及抽象思考能力。

性向测验或人格特质测验被应用的范围很广泛，几乎各个职类之甄选都用到性向测验，

也几乎成为台湾各大企业新进人员甄选之入门测验。过去，许多企业都以纸本测验为主，再将答案分数与常模相对照。晚近由于网路之方便普及，在线测验逐渐成为主流。许多企业与人力银行合作，要求应征者先上人力银行网站之性向测验，以便于面试前先了解应征者之相关工作性向或特质；许多大企业也与专业人格特质测验单位合作，开发出适合企业需求之人格特质测验或工作适性测验。

性向测验或人格特质测验主要用来了解应征者之人格特质与工作适性，所以企业在使用相关测验时，重点要先有一套可供参考之常模，以及对测验结果之解释能力。一般推销性向测验或人格特质测验之专业顾问公司都会建立适用于各产业别之常模，可供参考；较重要的是，HR 人员要知道所使用之性向测验或人格特质测验，其背后之理论基础，才能有效解释。虽然如前所述，性向测验或人格特质测验一般是做参考，企业几乎都再佐以面谈时实际的问答情境，来评核应征者的特质、动机与自我概念。但 HR 人员基于专业伦理，还是有需了解性向测验或人格特质测验，其背后之理论基础。

六、面谈时的应用➔行为事例面谈法或职能面谈

行为事例面谈法只是「职能面谈」之一种，职能面谈可以有多种型式，可以是半开放性的围绕以职能为核心之问答方式，也可以是结构性的行为事例面谈法。

职能面谈有时也被称为行为面谈，因为这种面谈方式，主要藉由观察与了解应征者过去与现在的行为，然后再与职能的行为指标相对应，来判断应征者的职能与本职务所需的职能是否有相符合。因此，「**观察**」、「**倾听**」与「**纪录**」都是职能面谈很重要的过程。也因为须先建构出职能的行为指标，面谈才有聚焦主题，且必须让用人单位主管了解如何应用行为面谈。所以许多企业在导入「职能管理」系统时，会先应用「职能面谈」于招募甄选过程（因为较不影响公司原来之系统），待于招募甄选过程实施有效果时，再导入于「训练发展」系统或「绩效管理」系统。

BEI 行为事例面谈法（Behavior Event Interview）

行为事例面谈法（Behavior Event Interview）简称 BEI，是由哈佛大学教授 David C.McClelland 与 McBer 的研究团队所发展出的访谈技巧，原初目的在分办高绩效者与一般绩效者的关键差异，并发展建构多种不同职业之职能模型（Competency Model）；而后被引用于 HR 人员招募甄选过程中之面谈方法。

行为事例面谈法主要是通过行为回顾探索技术，要求面试对象描述其过去某个工作，或者某件生活经历的具体情况，来了解面试对象各方面素质特征的方法。

行为事例面谈法其基本默认与论点为：

➔人的行为有其一定的模式可循，过去的行为是可以预测未来表现的。

➔人会思索过去的经验应用在今天的行为上，人处理问题的方法是过去经验的延伸。

➔过去成功的行为模式与应征职务之职能条件越吻合，可以预期会有好的工作绩效产出。

➔一个人过去的经验是预测未来的最好指标，是以可利用应征者过去之实际行为预测未来之工作绩效。

所以于面谈时会要求应征者依过去之工作或经验来如实回答问题，运用这样的面谈技巧与架构，可以更容易获得与了解应征者的行为与价值，再做出评核判断。因此，「问对问题」成为职能面谈的首要之务，除此之外，「倾听」与「记录」也是行为事例面谈很重要的技巧。

例如：

➔请谈谈你个人的最大特色或成就？（**了解潜在特质、动机或自我概念**）

➔你找工作时，最重要的考虑因素为何？（**了解潜在特质、动机或自我概念**）

➔你认为你在哪一方面最需要改进？（**了解潜在特质、动机或自我概念**）

➔在工作生涯中，你最有成就感及最不喜欢的事有哪些?（**了解潜在特质、动机或自我概念**）

➔当你发现部属执行任务的步骤与程序有问题时，你会如何处理?（**了解受访者领导与工作教导**）

➔发生问题于检讨会议时，别人都把问题矛头指向你，你会如何处理?（**了解受访者 EQ 与情绪控制能力**）

➔为什么我们应该录取你？（**了解自信心、观察的敏锐度、特质**）

➔请描述一下你过去平常的主要工作内容，并请说明你是如何完成的?（**了解受访者主要工作内容，以及知识、技能**）

➔能否谈谈身为团队成员，你过去对团队最大的贡献为何？（**了解团队合作**）

➔部门间难免会有工作的争执，请举例令你印象深刻的争执，你的角色，以及你如何处理？（**了解团队合作**）

➔客户服务难免遇到问题，请举例令你印象深刻的问题，你的角色，以及你如何处理？（**了解客户服务**）

➔在客服工作上，你如何知道顾客是满意、或不满意的的?请举一个实际的例子。（**了解客户服务**）

➔有时候，我们希望能改善和顾客的互动关系，请谈谈最近一次改善顾客关系的经验。（**了解客户服务**）

2011 年富邦金控储备干部要经过①中文面试、②英文面试、③性向测验。富邦金控在填写 MA 申请表时，即要求应征者除填写基本数据外，还必须回答六个问题：

①请描述一个你做过最有挑战或最有成就的事。

②请描述一个你失败的经验和该经验对你的影响。

③请描述你对储备干部计划 MA Program 的期望。

④你期望至哪一个事业群发展，以及为什么？

⑤研究论文。

⑥除了以上数据外，是否有其他有利于你应征的事情，（例如工作经验），请说明。

不同于许多企业将甄选面谈要点列为「内部不公开数据」，过去明碁 BenQ 曾直接在招募网站上列出一些面谈重点，让应征者有所思考，详实回答，并表现出自己最好的一面。

1.自我介绍。

2.您为何想应征此份工作？

3.您所认识的明碁？为何想加入明碁？

4.您具有什么专业技能足以胜任此份工作？

5.说明一下您如何在团队中与别人互动的例子。

6.在您过往的求学或工作经验里，曾遇过什么难题？您如何解决？

（来源：BenQ Recruiting，Q&A）

中信金储备干部履历表除填写：

(1)个人基本数据、(2)教育背景、(3)语言能力、(4)证照与专业训练、(5)个人经历：社团经历与工作经历，并提出以下问题：（所提六项问题是应征面谈时，主考官必问的问题重点。）

(1)请详述在学期间个人学习成就（如获奖、曾参与过之项目、研究计划及实习等）。

(2)请举例说明您曾完成并超越师长/父母期望的一个实际经验，您是如何做到的？

(3)请分享一个您曾处理过最复杂的任务，您是如何分配并协调所有参与人员任务时间？

(4)请举一个关于您如何快速融入新环境或学习新事物，您是如何做到的？

(5)请您决定应征中国信托储备干部计划的原因，您当时考虑了哪些其他可能性？您最后为何觉得这是最佳的决定？

(6)请告诉我们，您认为 YOU＋CHINATRUST＝————？为什么？

谁能成为中信 MA？

●自我期许高，具备强烈成就动机。

● 拥有高度弹性与抗压性。

● 愿意融入团队，能与团队成员合作达成任务。

● 具备国际视野，中英文沟通流利，国籍不限。

● 国内外大学以上毕业（含应届、科系不拘）。

● 1－2 年工作经验佳。

（来源：中国信托企业网站➜人才招募网）

备注：由于各公司之网站都有修改或改版，上述所谈各网站内容未必还存在。重点在于➜「**行为事例面谈法**」已被不少公司所普遍采用。

再如富邦金控的面谈，常问到的是你的团队项目经验、你的兴趣，人生中最值得骄傲，或最失败的一件事，较少问专业问题，比较偏人格特质的问题。

再如高科技、IT 产业希望所招募的工程师，是具备独立思考能力、能解决问题的人才。一些主管通常会问：「人生或求学生涯里，曾遇过哪些困难或棘手的难题，你是如何解决的」？不少刚毕业的新鲜人常会回答：「问学长，或找学长帮忙」。但这常是面试主管不希望听到的回答。面试主管期望听到的是➜如何解析问题的起因，如何找出方法，能否有逻辑、有系统地发掘解决之道。

STAR 面谈

知名美商 DDI 公司（Development Dimention International）（即美商宏智国际顾问公司），依据「行为事例面谈」发展出一套完整的行为式面谈设计，称为 STAR。它包含情境或任务（Situation or Task）、行动（Action）及结果（Result）。透过 STAR 可以搜集相关知识、技能及动机的数据，藉由应征者描述一个在以前工作中所遇到情况，及如何运用相关的知识技能，去解决过去的问题情况的例子，来衡量应征者是否具备某些关键职能或行为。

1、STAR 的行为事例

Situation ➜ 星期五下午主管临时接到指示，将在下星期一早上 09：00 开会，讨论新的营销方案的具体内容。Task ➜ 主管希望我再整理准备有关数据，并将简报投影片作好。

Action ➜ 我星期六原来有安排自己的活动与约会，但想想还是去加班，做最后的 Review 与整理，并在下午 17：00 以前将投影片简报作好。

Results ➜ 星期一开完会后主管告诉我，简报数据做得非常好，总经理及副总很满意营销方案的具体内容。

Situation ➔ 临时的情境，让当事者必须做抉择，牺牲假日加班 or No。

Task ➔ 主管希望当事者再整理准备有关数据，并将简报投影片作好。

Action ➔ 当事者星期六原来有自己的活动与约会，但为了尽心尽责还是去加班，做最后的 Review 与整理以及将投影片简报作好。这反映的是一个负责任的态度与价值观。

Results ➔ 星期一开完会后主管告诉我，简报数据做得非常好，总经理及副总很满意营销方案的具体内容。➔工作有成效，并得到及时的口头奖励。

2、STAR 的预设

(1)、情况／任务（S/T：Situation／Task）:指出受访者行动的情境背景以及所担任任务是否具独特性、重要性、挑战性或参考意义。

(2)、行动（A：Action）:指出受访者行为表现的具体细节➔此人真正说或做了什么。

(3)、结果（R：Result）:显示受访者行动的结果、影响或冲击。

3、STAR 面谈法举例

选择一个你感到最有成就感的事件，请谈谈：

1. 事件如何发生的?（What led up to it?）

2. 有谁参与其中?（Who's involved? Who's in charge?）

3. 你当时怎么想?（What were your thinking?）

4. 你当时怎么说?（What did you say?）

5. 你当时怎么做?（What did you do?）

6. 你当时感受如何?（What did you feel?）

7. 结果如何?（What was the outcome?）

以下简略整理摘要介绍相关范例：

成就导向定义：具备坚毅的特质及耐力，喜欢追求卓越及完成具挑战性的任务。

行为事例面谈问题：

1. 请谈谈你在工作上遇到最大的困难，你是如何克服的?

2. 请谈谈你最近半年来所完成最具挑战的任务。

3. 工作挫折难免，请谈谈你所遇到最大挫折，你是如何处理的?

4. 请谈谈你最受上司肯定的经验。

5. 我们难免遇到工作进度要求极不合理的状况，请谈谈你面临工作进度要求太过紧迫的

经验。

STAR 面谈分析：

请谈谈你在工作上遇到最大的困难，你是如何克服的？

(1)那是一个怎么样的情境？什么因素导致这样的情况？

(2)在这个情境中有谁参与？

(3)在那样的情况下，你当时心中的想法、感觉和想要采取的行为是什么？

(4)你是如何克服的？

(5)最后的结果是什么？

请谈谈你最近半年来所完成最具挑战的任务。

(1)那是一个怎么样的情境？什么因素导致这样的情况？

(2)在这个情境中有谁参与？

(3)在那样的情况下，你当时心中的想法、感觉和想要采取的行为是什么？

(4)你是如何克服的？

(5)最后的结果是什么？

问题确认与解决： 妥善运用问题解决的手法，去确认问题并有效解决之。

行为事例面谈问题：

1.请谈谈你在工作上遇到的棘手问题，你如何认清问题症结所在？

2.主管有时很难完全了解部属不满现职的所有原因，请描述你在部属离职后才发现问题的实际例子。

3.有时候我们认为问题已解决，没想到后来才发现那只是大问题中的小问题，请描述你的亲身经验。

4.有时问题总是等到有人抱怨后才发现急待解决，请描述你的亲身经验。以及，那问题为何没有及早被发现。

5.请谈谈你处理过最具挑战性的问题。

STAR 面谈分析：

请谈谈你在工作上遇到的棘手问题，你如何认清问题症结所在？

(1)那是一个怎么样的情境？什么因素导致这样的情况？

(2)在这个情境中有谁参与？

(3)在那样的情况下，你当时心中的想法、感觉和想要采取的行为是什么？

(4)你是如何处理的?

(5)最后的结果是什么?

主管有时很难完全了解部属不满现职的所有原因,请描述你在部属离职后才发现问题的实际例子。

(1)那是一个怎么样的情境?什么因素导致这样的情况?

(2)在这个情境中有谁参与?

(3)在那样的情况下,你当时心中的想法、感觉和想要采取的行为是什么?

(4)你是如何处理的?

(5)最后的结果是什么?

人际EQ:能够了解他人的情绪和感觉,善于管理自己的情绪。

行为事例面谈问题:

1.工作时我们难免心情沮丧,请说说你的经验以及如何处理?

2.请谈谈你处理部属情绪的经验。

3.请谈谈你处理自己情绪的经验。

4.有时候工作难免遇到压力,请谈谈上一次面对很大的压力的情况,你是如何处理自己的情绪。

STAR面谈分析:

工作时我们难免心情沮丧,请说说你的经验以及如何处理?

(1)那是一个怎么样的情境?什么因素导致这样的情况?

(2)在这个情境中有谁参与?

(3)在那样的情况下,你当时心中的想法、感觉和想要采取的行为是什么?

(4)你是如何克服的?

(5)最后的结果是什么?

请谈谈你处理部属情绪的经验。

(1)那是一个怎么样的情境?什么因素导致这样的情况?

(2)在这个情境中有谁参与?

(3)在那样的情况下,你当时心中的想法、感觉和想要采取的行为是什么?

(4)最后的结果是什么?

请谈谈你处理自己情绪的经验。

(1)那是一个怎么样的情境？什么因素导致这样的情况？

(2)在这个情境中有谁参与？

(3)在那样的情况下，你当时心中的想法、感觉和想要采取的行为是什么？

(4)你是如何克服的？

(5)最后的结果是什么？

有时候工作难免遇到压力，请谈谈上一次面对很大的压力的情况，你是如何处理自己的情绪。

(1)那是一个怎么样的情境？什么因素导致这样的情况？

(2)在这个情境中有谁参与？

(3)在那样的情况下，你当时心中的想法、感觉和想要采取的行为是什么？

(4)你是如何克服的？

(5)最后的结果是什么？

七、「行为事例面谈法」转换成多元化问题陈述之方式

例如有关问题解决能力

面谈问题 1：在过去的经验中是不是有面对一些棘手的问题？

●是什么样的棘手问题？

●当时的情况是怎样？

●问题是如何发生的？

●你怎么样去解决那些问题？

●你能够很快掌握并且进入状况吗？

●后来问题有否有再发生过？

面谈问题 2：你有没有遇过在工作量很大时，又必须去抉择一些事情的时候？

●是什么样的情况下？

●事情有无重要性或迫切性？

●你怎么去取舍一些事情呢？

●你在取舍的时候有没有一些标准？

●做完决定之后你觉得懊悔吗？

面谈问题 3：可以谈谈过去你曾经下的重大决定吗？

● 在怎么样的情况下？

● 事情的重要性或迫切性是怎样？

● 你是怎么样下的决定？

● 你做完决定之后有让状况改变吗？

面谈问题 4：在你过去经验中当面对问题时候，都能够很快知道问题真正出在哪里吗？

● 可不可以说一下当时的状况？

● 你是怎么样察觉真正的问题所在？

● 你可以确定那些问题是真实存在的吗？

● 事情有无重要性或迫切性？

● 你是如何处理的？

● 结果如何？

面谈问题 5：请问你到现在为止，有没有遇过最大的危机或瓶颈？

● 是在怎样的情况下？

● 你是怎么样解决的？

● 问题解决之后，有什么样的结果？

面谈问题 6：在过去的例子中，你如何判断问题的轻重缓急然后做出对的处理顺序？

● 是在什么样的情况下？

● 你是怎么判断问题处理的顺序？

● 你最后是怎么处理这些问题？

有关分析问题方面

面谈问题 1：分析问题方面请描述曾遭遇过最具代表性的问题。

● 您如何收集信息？

● 如何确认关键因素？

● 有采取什么行动才达成想要的成果？

面谈问题 2：你在解决工作上的问题时有没有曾经遇过和大家意见不同的时候？

● 大概是在什么情形之下？

● 你会认同其他人的意见？还是依旧坚持己见？

●什么情况下你会认同其他人的意见？什么情况下你会坚持己见？

●你如何和大家讨论来解决问题？

●最后的结果如何？

面谈问题 3：在过去经验中，你是否曾专注于某项重要问题的解决，最后获致成功。

●你通常如何评估状况？

●你如何采取行动？

面谈问题 4：请举例发说明，你曾经发现过在工作上的问题？

●是什么样的问题？

●你怎么处理发生的状况？

●最后是否有顺利解决发生的问题？

有关顾客导向的问题

1. 有时候，我们难免碰到客户不合理的要求，谈谈您曾经必须面对客户无礼要求的经验？

2. 请您叙述一次，您必须向外部顾客询问问题并倾听，以了解顾客的真正问题的经验，您当时是如何做的。

3. 有时候，我们希望能改善和顾客的互动关系，谈谈您最近一次改善顾客关系的经验。

4. 虽然我们尽可能做好每一件事情去满足顾客，然而总是会有一些顾客抱怨他们所遭受的待遇。请告诉我们，您最近一次顾客抱怨您所提供的服务事项？

5. 有时候，我们和顾客之间的互动关系并不能尽如人意，谈谈您最近一次不尽理想的交涉经验。

6. 在您的工作上，你如何知道您的顾客是满意的？请举一个实际的例子

有关推理分析能力

1. 你觉得自己善于分析吗?可否举两个之前工作上的例子来证明你的分析能力？

2. 请告诉我们你曾分析过的一个难题及你所给予的建议。

3. 当你分析复杂问题时通当会采取哪些步骤？

4. 你给自己的分析能力几分?为什么？

5. 你之前的主管觉得你的分析能力如何？

6. 请问你是否曾有过分析错的经验?你如何补救自己

有关业务推销能力

1. 在销售工作上你曾遇到哪些挫折？请举一个自己曾经引以为傲克服挫折的案例。

2. 你是否有特殊的自我管理方法，来让自己保持良好的执行力？请举例说明。

3. 请具体说明自己如何在客户面前展现出专业形象。

4. 请举一个你觉得最有成就感的成功销售案例。

5. 在客户关系建立上你是否有一些独特的做法？请举例说明。

6. 请具体说明你如何拓展你的人际关系网络。

无论是行为事例面谈或 STAR 面谈，都是让受访者讲述其职业生涯中所遭遇的一些事情（无论是成功的或者是失败的）；透过受访者在讲述自己的亲身经历时，常会透露很多真实与丰富的细节。透过这些环节，让访谈者可以更多地知道到事件的发展脉络、受访者处理过程中所蕴含的知识、技能、态度与价值观，以及其他有关于此一职务的详细信息，从而综合判断受访者对于应征工作之适任性。

但由以上的举例可知，无论是行为事例面谈，或 STAR 面谈分析：

(1)每个问题都需受访者用心回溯与思考来回答。

(2)每个问题都需访谈者用心抓住重点与记录。

(3)问与答的过程有时须再三深入问与答。

(4)若面谈要问的主题多，将非常耗时、费力。

且有关「职能」的面谈，没有多少工作经验的社会新鲜人，要其回溯(1)情况／任务（S/T：Situation／Task）、(2)行动（A：Action）、(3)结果（R：Result），有时并不是一件容易的事。

相对于没有多少工作经验的社会新鲜人，未必能有组织、有条理地依 STAR 来回答。参与面谈的主管，若没受过良好训练，懂得怎么问、怎么倾听、怎么观察、怎么记录。则一场「人仰马翻」之后，能否得到期望中的效益？可值得深思。

诚然，**STAR 面谈分析**虽然耗时、费力，但「人才招募」毕竟是公司的重点大事，则应可区分：

(1)对社会新鲜人提问的问题、

(2)对二年以上工作经验者提问的问题、

(3)对管理干部提问的问题。

此外，由于行为事例面谈或 STAR 面谈，都需要耗费较长的时间与应征者互动，且面试者也必须受过必要的基础训练，实务上，以招募「知能性工作族群」（例如储备干部）及主管层

级应用较多；对于基层、操作性工作者，若以此方式面谈，可能耗时费力又事倍功半。

附录：CAPP 工作职能适性测验系统

成功的招募面谈技巧有那些关键：

1. 建立招募职缺的职能需求。

2. 设定该职位的必要职能。

3. 配合面谈题目，快速掌握甄试状况。

4. 依据职能测验、面谈评分综合评估应征者的适合优先级，做为人事招募甄选决策的参考。

5. 有效掌握员工的绩效。

6. 提升招募的整体绩效。

（来源：如何提高找人的绩效，陈信安，2008 年 3 月，UniPros 经营管理知识网）

2008 年欣兴集团导入「CAPP 工作职能适性测验系统」，建立出不同职位（例如：工程师、行政、业务等）的职能模型，能快速及有效的审视应试者是否通过最低录取门坎，来做为招募时筛选适合该职位的人。欣兴集团人资部门认为，使用「CAPP 工作职能适性测验系统」最大的好处，是可以针对公司内不同职位，提供完整的职能招募面谈题库，提升人资单位和用人主管的面谈成效。工作职能适性量表 Career Appraisal Potential Personality （CAPP），是为了协助企业有效运用职能（Competency）概念于人力资源之选、用、育、留所开发的人才评鉴工具。此量表可以测量「工作态度」、「对人的工作能力」、「对事的工作能力」以及「领导管理能力」等四个主要的工作职能，并可以细分为 39 个职能项目来进行评量。

「CAPP 工作职能适性测验系统」就像一个参考题库，帮助用人主管如何在短暂的面谈时间问问题，尤其是冰山以下的职能，例如抗压性、主动积极、诚信正直、执行力、创新改善…等，主管可以依据应试者的职能比对分数，快速的提问职能低分的项目。由于欣兴集团员工人数众多，因此可拥有大陆及台湾和各厂的常模，目前，受惠最多的大陆厂区，每年可省下惊人的招募成本。此外，当人资单位面临各地人资专员及用人主管尚未接受完备训练的情况下，不必担心因为人的不同，提问会有所偏颇，因为针对每一项职务，都已设定好题库。（来源：人才盘点与有效人力资源策略，唐滋莲，Yes123 求职网➔企业实例）

第 三 章
职 能 与 教 育 训 练

何谓训练？何谓发展？一般在企业教育训练的实施过程，并没有严格区分什么是「教育」？什么是「训练」？什么是「发展」？但若真要严谨区分，这三个层次还是有差别。

教育（education）的目的：一般学校教育除着重在知能学科之学习，并强调伦理守则与公民素养；哲学家则期待教育能启发理想、希望和意志。而企业的教育多着重在知识的获得、态度与工作价值观的建立、以及自我的持续学习。

从企业策略或组织的角度来看，**训練**（training）是一种系统化的安排，目的在于透过许多的教学活动与措施，使成员获得工作所需要的知識、技能与态度，以符合组织的要求，协助企业达成目标。训練通常有一项或多项特定的目标、时间较短暂、着重培育与员工工作有关的技能并强调立即效果。

发展（development）：发展的目的则在增加与未来职位或工作有关的能力；故发展不止是传授新技能与新知識，让工作者对未来可能面臨的情境预作准备，以因应未来的责任要求；也培养新的观点与视野（vision）、格局。就此，员工发展方案主要会从才能评鉴开始，佐以工作历练与绩效评鉴。

企业绩效落差的原因，可能源于原料、零部件，可能源于设备因素，可能源于产品或服务措施缺乏竞争力，可能源于表现不佳的人力资源。表现不佳的人力资源，可能源于不合适的组织结构与无效领导，可能源于薪资不具竞争力致使人才流失；或员工态度意愿不够、人才能力不足；也可能源于企业没有教导员工与企业经营发展相适配的职能，以下图示：

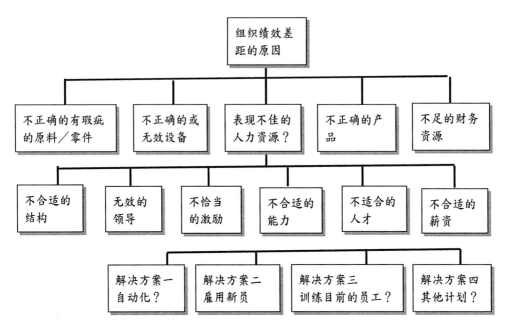

（来源：职训局，企业训练专业人员手册）

符合企业经营需求之有效的训练规划，即是要针对「不合适的能力」与「人才能力不足」，来规划设计课程。

「不合适的能力」与「人才能力不足」，可能是源于知识、技能不足，可能是源于缺乏意愿与态度、动机不佳。源于知识、技能不足，即「外显能力」不足部分，可透过有效之课程规划设计来训练补强与提升。「内隐能力」不足，则需要强化或改善人力资源之一些措施，例如组织氛围、绩效考核、职涯规划、留才方案，再佐以教育训练。

职能分析应用在企业教育训练上重要的贡献之一即是可「专注」、「聚焦」以「提高训练成效」，如何专注、聚焦以提高训练成效➔ **找出职能缺口**。

一如职能之应用在招募甄选须先建立职能之行为（事例）指针，而后发展问卷；职能分析之应用在教育训练上也有需建立职能之行为指标。尤其是在「**差异化职能**」（或说**潜在特质**）层面，透过行为指针之建立，实施职能盘点，找出「职能缺口」（GAP），以专注、聚焦于职能缺口实施培训。其流程略示于下：

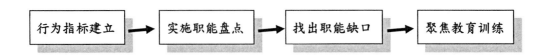

一、职能与新进人员教育训练

公司新进人员该有哪些基本的教育训练？各企业作法不一，但可整理出一些共通点：
● 知识与认知层面
● 技能层面
● 文化与态度层面

新进人员不管过去有无工作经验，新进到一家公司，对新公司都是陌生的；他会急于了解有关公司的种种层面，例如薪资、待遇、福利，考勤规定、绩效要求，公司未来的发展性、个人未来的发展性等等。是以企业有必要设定新进人员该有哪些基本的教育训练课程，以及职前引导方案。

新进人员无论有无经验，对公司的流程、作业标准仍是处于陌生状态，他会希望如何能赶快上手？表现称职。

一方面新进人员对公司有所期待，希望透过一些过程与措施增加对公司的了解度；相对地公司也希望透过一些过程与措施，增加新进人员对公司的向心力，以及，建立公司所期望的价值信念与工作态度。所以「知识」、「技能」与「态度」三个职能层面就可以做为新进人员教育训练课程，以及职前引导方案之指导纲领：

(1)知识与认知层面要有哪些内容？
(2)技能层面要有哪些训练？
(3)要建立哪些价值信念与工作态度？
以下简单图示：

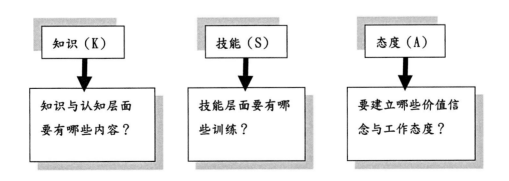

就此指导纲领再引伸出要有哪些训练内容与课程，举例略示如下：

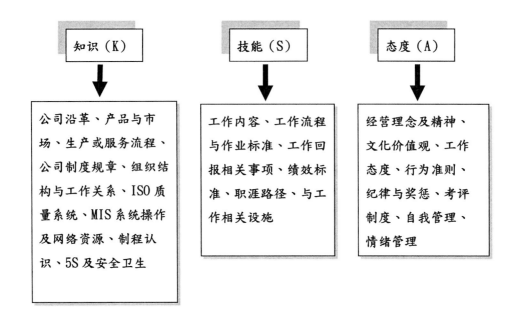

知识（K）	技能（S）	态度（A）
公司沿革、产品与市场、生产或服务流程、公司制度规章、组织结构与工作关系、ISO质量系统、MIS系统操作及网络资源、制程认识、5S及安全卫生	工作内容、工作流程与作业标准、工作回报相关事项、绩效标准、职涯路径、与工作相关设施	经营理念及精神、文化价值观、工作态度、行为准则、纪律与奖惩、考评制度、自我管理、情绪管理

有了课程与内容，实施一段期间，可再检讨评估，需要增加哪些内容？需要强化哪些内容？需要改善哪些课程设计？需要增加哪些课程设计？

例如**台湾大哥大**新进人员职前训练，包括公司文化、组织、产业环境、品牌概念、信息及网络系统介绍、劳工安全卫生、信息安全训练等。

生产笔记本电脑用印刷电路板的**瀚宇博德**股份有限公司，为全球笔记本电脑用板领域的龙头厂商，其新进人员训练，包括：公司发展历程、文化、产品、人事规章、相关福利介绍及劳安课程等。并针对新进人员推派较资深之辅导员，使新进人员能于工作及生活上皆能快速适应环境，并辅导具有独立作业之能力。

研扬科技对新进人员训练提供「新人三部曲」，以协助初至研扬的员工能快速融入，发挥所长，奠定未来学习及成长之基石。

首部曲 → 新人引导：工作环境介绍、工作规则及相关规章制度和福利介绍。

二部曲 → 新人训练：研扬文化介绍、产品介绍。

三部曲 → 新人专业训练、工作流程介绍。

台湾日立新人训练课程

课程简介：介绍台湾日立的公司概况和历史沿革、研发与品保、产品与服务、e化信息、

员工薪资与福利、教育训练体系、EIP 系统、员工行为准则 、员工协助方案、未来愿景等，协助新进同仁对公司有更深入了解。

课程大纲：

1. 报到：学习信息。

2. 认识台湾日立。

3. 研发与品管。

4. 产品与服务。

5. E 化信息。

6. 员工薪资与福利。

7. 教育训练体系。

8. EIP 系统操作。

9. 员工行为准则。

10. 员工协助方案。

11. 未来愿景。

12. 结训：课程结语。（来源：台湾日立公司之前网站➜新人训练课程）

联电的新人训练：

1. **开启成功之门**：进入公司后首两天，新人会接受新联电人培训课程，藉以了解公司组织、薪酬福利、食衣住行，以及工业安全...等基本事项。

2. **引领成功之路**：以团队合作、激发共识方式让新进人员于达成目标的过程中，学习工作方法与态度并认知企业文化与核心价值。

3. **塑造成功典范**：主管及资深同仁扮演指导者角色，透过辅导与指导的过程，协助新进人员熟悉工作职务，创造工作绩效，成为另一位新联电人的卓越典范。

环隆电气的职前引导

中小企业有中小企业小而美的做法，具规模的企业则有清楚、明确与专责分工的职前教育课程；过去，环隆电气的职前引导为二天。

环隆电气为全球 DMS（ODM/EMS）领导厂商，创立于 1976 年，除了制造服务之外，更积极培育研发人才，持续投资于手持装置、无线网通产品、汽车电子、储存设备、工业计算机、服务器、工作站、计算机主板等产品之开发。结合公司本身先进的微电子构装技术，建立独特的竞争优势，为客户提供高时效、高质量、高附加价值及最具成本竞争的整体性服务。

1999 年环电成为日月光集团的成员之一，藉由集团内部之整合，提供客户从 IC 封测、SiP（System in Package）、PCBA 到系统组装之最佳整体解决方案。

新人引导训练共通课程如下：

● 环电团队的工作价值观与工作态度

● 海关室出厂放行单填写倡导训练

● 公司网络资源应用及相关事项倡导

● 企业识别系统

● 认识新朋友

● 各事业群产品介绍与市场概况

● 产品制程说明

● 5S 简介

● 文件管理

● 质量政策、环境政策与静电防护

● 接待访客套装行程

除了共通的新人引导训练课程，环电也区分直接人员训练与间接人员训练：

直接人员训练

为使直接人员进入制造现场工作后，能持续培养产品制造的操作能力，教育训练暨发展部邀请具有优秀专业技能的工程师或主管，担任内部讲师，并依不同的作业性质教导直接人员工作方法与技巧，课程项目有：

● 零件认识

● 共享材料规则

● 外观检验规范与认证

● TEST 制程异常处理

● 质量政策

● 包装作业

● 静电防护

● 手焊认证

● 湿度敏感组件管制规范 PCB 烘烤

● 作业指导书简介…等等

间接人员训练

公司为不同功能单位的间接人员，设计不同的专业训练课程，过去的规划，如营业单位有 8 门必修课程，研发单位有 19 门必修课程，采购部门有 15 门选修课程，品保单位有 7 门必修课程、制造单位有「维修作业」与「总检作业」相关课程，以及专业实用的商用英语会

话，简报技巧，问题分析解决与项目管理等。（来源：环隆电气之前网站）

二、职能与主管管理才能训练

职能是一种以能力和绩效为基础的管理模式，目的在于寻找并确认出哪些是导致工作上卓越绩效所需的能力及行为表现，据此来协助组织与个人了解如何提升工作绩效，以落实企业的整体发展。McClelland 后续发展出的工作能力评量方法（Job Competency Assessment Method），则有别于传统的工作分析方法，此法专注于对以往重视工作分析、工作说明书的情况加以改变，希望能从主管人员以及高绩效工作者的身上找出达成卓越绩效的关键能力，若进而将这些高绩效工作者所共同拥有的关键能力加以归纳分析，就可以找出此项工作的职能模式（Competency model），此模式主要是用来整理出在执行某项特定工作时，所需具备的关键能力。

Mintzberg 在观察五位CEO 的日常工作后，发展出一套分类系统来定义管理者的行为，将管理者的角色界定为人际关系、信息传递与决策制定三大类。

- 人际关系是指和其他人的关系，以及因为仪式或象征性原因而需扮演的一些角色，人际角色包含代表人物、领导者和联系人。
- 信息角色包含了信息的接收、搜集与传播，它的角色包含有监督者、传播者和发言人。
- 决策角色则是制定决策，共有企业家、危机处理者、资源分配者和协调者等角色。

这种分类让我们得知，管理者所须扮演的角色是多重性的，当组织面对环境改变，而产生新型的工作型态时，可能就需要不同的管理角色，因此管理者也需要有不同的职能，学习新的管理技能以达成组织的使命。

（来源：高阶主管管理职能之建立—以某汽车经销商为例，陈彦儒、林文政）

过去从工作分析的角度定义各层级主管该有的管理能力如下表：

基层主管专精能力	中层主管整合能力	高层理念与策略能力
规划执行能力	成本控制能力	变革管理能力
绩效控制能力	资源整合能力	跨国管理能力
目标管理能力	决策分析能力	愿景塑造能力
工作教导能力	项目管理能力	决策判断能力
问题解决能力	系统思考能力	公司治理能力
沟通协调能力	知识管理能力	投资管理能力
e 化信息能力	顾客导向能力	理念指导能力
时间管理能力	团队建立能力	企业购并能力
自我管理能力	危机应变能力	策略联盟能力

这样一个能力展现的汇总，是What的角度，虽然分类了各层级主管应备才能，但明显仍属于「知识技能」层面。俱备了主管管理才能「知识技能」层面，未必能展现出身为主管应达成执行之团队绩效，「知识技能」层面只是主管应备之「必要条件」，而非「充分条件」。此模式也无法指出同样具备这些能力者，何以有人绩效产出高，有人绩效产出低？以及，造成此种差异之主要原因为何。

例如以制式的TWI基层主管才能训练为例，TWI基层主管的训练以三大层面为主：
● 工作教导
● 工作改善
● 工作关系
工作教导主要谈基层主管的角色、职责、基层主管的资格要件以及教导的方法。
工作改善主要谈工作改善四大步骤与演练。
工作关系主要谈基层主管与部属之间的关系建立、改善人际关系的基本要诀以及解决员工问题的四阶段法，以及个案实例演练。所以课程内容聚焦在「知识、技能」层面。

但若从绩效与结果导向的训练来看，要能成为合适的基层主管，「知识、技能」层面只是必要的职能之一；基层主管是一个Team Leader或 Supervisoer，他必须具备其他相关职能才能支持他实现成为一个具有良好团队绩效的基层主管➔例如建立团队合作的能力、影响力、人际关系能力、自我控制以及情绪管哩，有关成就导向与执行力等等。

所以有关主管才能训练，首先要识别、鉴定公司所需要的主管人才，需要哪些管理职能，才能据以甄选及训练、发展主管才能。

2002年的一项研究，试图验证美国母公司所提八项基层主管职能，是否适用于台湾子公司各工厂之基层主管。结果显示，美国母公司所提八项基层主管职能，适用于台湾子公司各工厂之基层主管；且与子公司之基层主管过去二年之绩效考绩呈正相关（八项基层主管职能之自评分数、他评分数与考绩分数呈正相关）。这使得台湾子公司有信心以母公司所提之基层主管八项职能，作为基层主管甄选、训练发展与绩效考核之标的。此八项职能分别为沟通协调、专业知能、团队合作、问题解决能力、主动积极、自我管理、执行力与培育部属。如下图略示：

某化工公司之基层主管职能项目与绩效关联图

（来源：基层主管职能量表之建立与验证-以某化工公司为例，吴昭德，2002，中央大学人力资源管理研究所硕士论文）

建构出基层主管职能项目模式之后，训练课程就可明确聚焦，如下表说明：

课程名称	概念意涵（课程目标）	教学方法选择
团队合作	积极投入、愿意与他人合作，且乐于将个人经验和同仁分享，以及提供指导协助与回馈。	□讲授、□角色扮演 □游戏或情境教学
沟通协调	能善用沟通技巧，清楚正确的表达或传达意见，以有效解决冲突或达成共识。	□讲授、□角色扮演 □游戏或情境教学
主动积极	踏实、负责，具有敬业的精神，能主动发掘工作上的种种问题，并且会尝试自己先解决问题，而后再向上司反映，而非被动消极的因应。	□讲授、□游戏或情境教学 □案例分享 □团体讨论
自我管理	能够自我鞭策、管理，对于预定的工作计划或上司临时交办的事项，能在既定的时间内迅速、有效的加以完成，以达成预定的工作目标。	□讲授 □游戏或情境教学 □案例或心得分享
执行力	能够自我鞭策、管理，对于预定的工作计划或上司临时交办的事项，能在既定的时间内迅速、有效的加以完成，以达成预定的工作目标。	□讲授、□游戏或情境教学 □案例分享 □行动计划

课程名称	概念意涵（课程目标）	教学方法选择
培育部属	会积极的针对部属的需要，来安排相关的教育训练计划，并能有效的教练和监督工作成果，且不断的分享工作经验与知识，来发展部属的工作能力。	□讲授 □个案研讨、□案例分享 □部属培育计划研拟
问题解决能力	能透视问题的核心，运用有效方法来解决问题，同时能够提出根本的解决之道；亦即利用最具创造力、整体性的方法解决问题。	□讲授 □脑力激荡法 □案例分析研讨

多项研究也显示，无论是中阶主管或是高阶主管，在发展其管理才能时，要能有效实施，首先要识别、鉴定公司所要的主管人才，需要哪些管理职能，才能据以甄选及训练、发展其主管才能。

也就是说，基层主管需要有哪些职能，得以有高绩效表现；中阶主管需要哪有些职能，得以有高绩效表现；高阶主管需要有哪些职能，得以有高绩效表现。因为每一阶层之主管，权责不同、功能性不同、影响层面不同，所以每一阶层之主管，其「职能群组」（即需要哪些职能项目）、「概念意涵」与「行为指标」都会有所不同。因而也需要不同的训练内容与教学方法。以下为某公司高阶主管职能模式与教学方法选择：

课程名称	概念意涵	行为指针（课程目标）
策略管理	具有前瞻的思维及洞察力，能使环境、组织以及策略目标达成三者间良好的协调，并能就组织竞争优势、营业目标、营业活动范围和营业重点等等设定较为长期的规划。	1. 能根据资料分析市场需求量。 2. 能依据对手状况来拟定策略。 3. 能根据公司所处环境发展适当的竞争策略。
教学方法选择： ☐讲授、☐个案研讨、☐案例分享、☐案例实作		
顾客至上	抱持以客为尊的信念与顾客建立紧密的互动关系，以负责亲切的服务态度，快速地响应顾客的问题，重视并发掘顾客的潜在需求。	1. 以负责态度快速解决顾客问题。 2. 鼓励员工设法满足顾客的需求。 3. 与外部顾客建立紧密客户关系。
教学方法选择： ☐讲授、☐个案研讨、☐案例分享、☐角色扮演		

课程名称	概念意涵	行为指针（课程目标）
引导变革	有效传达公司的变革政策，引导部属愿意接受并配合执行。	1. 能有效传达公司的变革政策，引导部属愿意接受并配合执行。 2. 能尊重与支持同仁在工作上所提出的创意作法。 3. 容易接受新的想法与做法，使自己成为促进变革与创新的模范。
教学方法选择： ☐讲授、☐个案研讨、☐案例分享、☐实务研拟规划、☐情境模拟		
经营敏锐度（Business acumen）	能有效地解读各项信息，以掌握产业发展脉动，进而预测公司未来阶段性发展可能遭遇到的问题，并提出对策。	1. 掌握产业环境及信息。 2. 提出经营对策。
教学方法选择： ☐讲授、☐个案研讨、☐案例分享、☐实务研拟规划		

不仅同一企业内，每一阶层之主管其「职能群组」（即需要哪些职能项目）、「概念意涵」与「行为指标」会有所不同。多项研究也显示，不同企业依其所面临环境之不同、核心竞争力之不同，主管所需管理职能也会有不同之「职能群组」、「概念意涵」与「行为指标」。此也验证职能内涵具变异性与可学习性。

三、职能与业务人员训练

业务人员的训练，一向注重「销售技巧」、「客户关系建立」、「成就导向」、「角色扮演」及「说服能力的提升」等等课程。例如华南银行在 2004 年 3 月推出现金卡业务时，即重金礼聘日本 FIE 消费金融公司的顾问，专门培训现金卡部门的主管，并斥资新台币 1 亿 5 千多万元购买训练器材，平均每一位受训的行员，为期三周的训练费用高达 50 多万元。研究者访谈板桥现金卡专区陈店长，他表示三周的训练课程中，其中「角色扮演」的课程占三分之一，讲师分派角色虚拟情境，让业务人员完全即兴表演，百余位学员均感受角色模拟演练，对业务人员销售技巧有很大的帮助。

在业务人员训练中，很重要的一环是推销技巧，必须有效的运用一些话术或肢体语言，拉近顾客的距离，成功地展示产品及回答问题，并顺利完成交易。所谓的推销术，可以看做是一场表演秀，从开场到收场，理性和感性的诉求，透过眼神、手势、语调和表情有效的运用，以抓住客户的注意力。

一项探索性研究分析，藉由戏剧表演技巧的训练，可帮助业务人员姿态表情及声音表情有效的表达，有利于推销表演时，作细腻的诠释，当客户喜欢看业务员的表演，同时也会增添对商品的兴趣。学习倾听、观察、模仿等技巧，有效的萃取吸收，经过内化转变成自己的东西，即可创造出自己的风格及自创一套销售的表演程序。业务人员的推销，是人与人之间的沟通，卖产品想要得到客户的认同，必须善于表达。然而，声音及肢体的运用，都和演员表演有关，推销就是演技上的表演，如同一出戏的演出，是成功或是失败，演员的演技通常是主要的关键。（来源：运用表演技巧在业务人员销售训练之可能性探讨，庄勋福，《网络社会学通讯期刊》第 49 期，2005 年 10 月 15 日）

乔·吉拉德（Joe Girard）➜世界最伟大的销售员

吉拉德所保持的世界汽车销售记录：连续十二年，平均每天销售六辆汽车，至今没有人能打破。他是怎样做到的?虚心、努力、执着、充满热情是吉拉德成功的关键所在。他认为，推销的要点是，并非推销产品，而是推销自己。成功的起点是首先要热爱自己的职业。吉拉德也经常被人问起过职业。听到答案后对方不屑一顾：你是卖汽车的？但吉拉德并不理会：我

就是一个销售员，我热爱我做的工作。诚实，是推销的最佳策略，而且是惟一的策略。但绝对的诚实却是愚蠢的。推销容许谎言，这就是推销中的善意谎言原则。推销过程中有时需要说实话，一是一，二是二。说实话往往对推销员有好处，尤其是顾客事后可以查证的事。（来源：MBA 百科智库）

布鲁斯·伊瑟顿（Bruce Etherington）➔ 最懂富豪的保险王

他曾经负债上亿，却创下 33 年顶尖百万圆桌会员辉煌纪录。

全球有超过 315 万的保险业务员，其中获得 MDRT（Million Dollar Round Table，百万圆桌会员，标准是年佣金十万美元）比率不到 1%。

在 MDRT 之上，TOT（Top of the Table，顶尖百万圆桌会员）是保险业的喜马拉雅山，唯有业绩达到 MDRT 六倍以上，才享有此殊荣。TOT 成立 34 年，布鲁斯·伊瑟顿（Bruce Etherington）有 33 年拿到 TOT。拥有 33 年以上 TOT 者，全球仅 22 人。

Bruce Etherington 认为销售寿险和金融服务业都是高贵的行业，一通电话就是一个机会，可以提供重要的服务。但布鲁斯强调，我们要将这种谦卑的态度，全方位地渗透到我们作业务的精神中。2010 年应商业周刊之邀来台访问时，伊瑟顿指出，有钱人就是太贪婪才会赔掉赚的钱，他也曾差点把钱赔光，所以他总提醒「骄傲会让人跌倒」。他说，可以试着对着镜子自省，录音后放出来听，看自己能不能接受、客户会不会接受这样的态度。他也说，在高峰时，会有精神心灵需求，他从圣经上得到许多启发；而想持续保有热情，唯有不断充电。（来源：最懂富豪的保险王，单小懿，《商业周刊》第 1177 期，2010 年 6 月 10 日）

《态度－销售致富的十个习惯》作者甘道夫（Joe M. Gandolfo）

甘道夫是历史上第一位一年内销售超过十亿美元的寿险业务员，在《态度》一书中他怀着感恩的心强调，要「虚心学习」、感谢他人的「无私奉献」。胜利者通常是那些刚从失败挫折中爬上来的人；胜利者总是那些不断克服逆境的人。「真诚」➔帮助销售。如果不能专注，你就不能把工作做好。态度胜过性向；勤勉比天赋更有用处；坚忍终有收获。

所以从「职能」的角度观察成功的业务销售人员，可看出他们背后的一些共同特质，例如勤奋、谦虚、热诚、坚毅、诚实、正向态度…等等，是这些特质一直驱动着他们努力迈向卓越，而非全然只是销售技巧。

但是一项以台湾某金控集团 14 家子公司内部之相关营业人员与主管作为施测对象，包含 734 个研究样本，有效问卷 553 份；研究结果却显示在 85 个职能训练需求缺口中，业务人员自身认为最需要的训练，是关于「销售技巧」的训练，其次才是有关时间观念、诚实态度之需求。此外，在该集团所列六大职能群组中，训练需求缺口的高低依序分别为：

1. 专业类职能（平均数=0.83）、

2. 管理类职能（平均数=0.81）、

3. 态度类职能（平均数=0.70）、

4. 心智类职能（平均数=0.69）、

5. 人际类职能（平均数=0.68），

6. 与价值类职能（平均数=0.55）。

（来源：个人因素与职能训练需求之探讨，陈心懿、谢明德、郭芳妏；中华管理评论国际学报，第十四卷三期，2011 年 8 月）（备注：F 集团在 2012 年中华征信所的台湾大集团调查中，F 集团名列前 10 大集团。）

2011 年一项以 A 保险公司的业务人员的研究调查，A 保险公司的业务人员共有 4513 位，发放 400 份问卷，有效问卷 304 份。研究结果也显示，在四项业务人员职能构面中，业务人员自身首重为专业知识技能构面，其次依序为自我概念、动机构面、个人特质构面。（来源：保险业务人员职能与绩效的关系研究— 以 A 公司为例，翁苓芳，2011，昆山科技大学企业管理研究所硕士论文）

显然，依业务人员自身需求的角度，与从职能分析观点的角度，有一段落差。此点也是 HR 人员在做训练需求调查与办理训练课程时，应谨慎处理的层面：

→ **个别员工自身训练需求调查的总和，反映不出部门层次的需求，也不等同于部门层次的需求。部门训练需求调查的总和，反映不出公司层次的需求，也不等同于公司层次的需求。**

→ **因为认知、观点、和视野角度不同。**

（但我们也不能忽视业务人员对专业知识、销售技巧之训练需求之重要性）

美国 BASIS 机构在 2002 年指出，一个高度成功业务员的关键特质有：

→ 自信且善于处理挫折、对结果负责任、

→ 高度成就动机、同理心、

→ 强烈目标导向、有决心、

→ 与陌生人接触的能力。

而这些关键特质都没有触及到专业知识、或销售技巧。（来源：业务人员职能甄选量表之研究—以保险业例，王永福，2006，朝阳科技大学企管所硕士论文）

要解决业务人员自身训练需求调查与从职能分析观点角度之落差，或许可以回到 Spencer

& Spencer 所提门坎职能（Threshold competencies）与差异职能（Differentiating competencies）来寻求 Soloution 或出路。门坎职能指的是员工在工作表现上所需具备最低限度的能力，是必要的特性，但无法区分优异和表现平平之间的差异。而差异职能则能区辨表现优异和表现平平之间的差异。

商品知识、销售技巧是必要的「门坎职能」，只有以内在特质驱动的，即商品知识＋销售技巧＋内在特质➜才会形成「差异职能」➜达成高绩效表现。

「真诚」➜帮助销售。

如果不能专注，你就不能把工作做好。

态度胜过性向；勤勉比天赋更有用处；坚忍终有收获。—Joe M.Gandolfo

Spencer& Spencer 在《Competence at Work》一书中，列出十二项业务人员之职能项目与权重。如下表：

权重	所需才能	定义
10	感染力与影响力	建立信任感。能注意到客户关注之事项，考虑到非直接的影响。预测自己言行举止可能产生的影响
5	成就导向	设定具挑战性且可达成的目标、有效率的运用时间、促使客户购买行为、集中注意于潜在有利的机会
5	积极主动	坚持到底，不轻易放弃、把握机会
3	人际的了解	了解非语言的行为，了解他人的态度与意图；能预测他人的反应
3	顾客服务导向	付出额外的努力来达到顾客的需求、发现并满足顾客潜在的需求、保持与顾客的接触并处理其抱怨、成为顾客信赖的顾问
3	自信心	对自己的能力有信心、面对挑战、乐观
2	关系的建立	维持工作上的友谊关系、拥有并使用人际网络
2	分析性思考	对于可能发生的阻碍事先做好准备及处理、思考各项可能的原因及计划
2	观念性思考	应用经验法则、注意现在与过去间的相似处
2	信息搜寻	从许多来源获取信息
2	组织的察觉	了解客户组织的功能
门坎	技术性的专业知识	具备相关技术或商品专业知识

（来源：国贸人员之人格特质与职能分析，以工业类产品为例；余宛蓉，2009，成大企研所在职专班硕士论文）

以这十二项业务人员之职能项目为例，除技术性的专业知识、信息搜寻与组织的察觉是外显知识，其余如感染力与影响力、成就导向、积极主动、人际的了解、顾客服务导向、自信心、关系的建立、分析性思考与观念性思考等等都属「内隐」之特质。

尤其 Spencer& Spencer 认为业务人员首重「感染力与影响力」，其定义是➔建立信任感。能注意到客户关注之事项，考虑到非直接的影响。预测自己言行举止可能产生的影响。更属内在人格特质层次加外显行为的综合体。即「内在人格特质」＋「外显行为」➔导向「感染力与影响力」。

商业经营主要模式有：
● B to B
● B to C
● C to C

B to B 是企业与企业间的交易，ex：产业供应链之下游公司对上游公司下单，而上游公司业务人员则寻求下游公司（即客户）之订单。B to C 是企业对消费者的交易，ex：汽车经销商的业务人员寻求顾客买主、寿险业务人员寻求保单客户。C to C 是消费者对消费者的交易，ex：电子商务、拍卖网站。而上述所讨论的主要是 B to C 业务人员的「职能模式」。

不同的产业环境，不同的销售型态，符合企业所需业务人员的「职能模式」也会不同，概念意涵与行为指针事例也会不同。以下介绍 B to B 企业对企业间业务人员的「职能模式」。

B to B 企业对企业的产品销售模式，与 B to C 企业对消费者的销售模式有很大的不同；厂商通常不会有实体店面或卖场，实体商品常只是最终端消费产品之一部分，也就是供应链关系或说第三方之关系。

B to B 的采购或销售具有以下特性：

(1) 交易金额或采购量较高。

(2) 产品技术较为复杂。

(3) 购买风险较稳定。

(4) 决策相关事项较复杂。

(5) 交易的重点不只是商品本身。

(6) 涵括售前、售后服务。

(7) 以及技术协商、支持或合作。

因此 B to B 企业对企业的交易模式，很大的一个重点在强化、建立与发展公司与客户之

间的关系；而 B to B 企业对企业的交易模式中，业务员虽常只是一个「**媒介**」，但却要能扮演「**值得信赖的建议者**」的角色。

　　一项以某 IC 设计公司为研究个案，主要先利用行为事例访谈法找出关键职能，再使用焦点团体法与公司绩优主管与绩优员工进行讨论，再藉由同意度问卷进行职能确认，最终经该公司高阶主管所同意之业务人员职能模型如下：

业务人员职能项目	定义	关键行为
关系建立/人际影响	与有助于或可能有助于完成工作目标相关的人，建立或维持友善的关系或联系网络。 能够运用对他人的理解，以不同的方法、技巧或形式，来达到劝诱、说服、影响或感动他人的意图，使他人对自己的观点表示认同，产生特定的冲击或影响。	能敏感地了解人际互动与权力关系，找出决策关键人物。
协商技巧	运用策略及技巧，促成他人与己互动，达成双方可接受最大利益的共同点。	让客户了解公司政策与原则，并说服其遵从交易原则，能站在我方立场为公司着想。
弹性变通	能够不拘泥于单一的思维模式，进行多向度及逆向思考；能够因应环境的需求与变化，来调整个人行事的策略与方法。	视情况运用各种方法找出顾客需求，能根据不同客户之背景或需要调整计划以贴近其需求。
产品与产业知识	充分了解与活用公司的技术，以符合顾客的需求；清楚了解公司的产品与服务，以及他们对顾客的潜在贡献为何。注意市场的变动趋势与竞争性的活动、了解其对公司的影响为何、会对公司创造出何种机会来以及公司该如何去反应。	运用现有信息系统或工具（如FAE、销售报告及出货记录等），以追踪任务执行的进度及成果。

　　（来源：建置业务人员专业职能模型及职能发展手册之撰写－以 IC 设计公司为例，赵谙仪、郑晋昌）

　　此 IC 设计公司之四大项业务人员职能模式，与 Spencer& Spencer（1993）十二项业务人员之职能项目，显然在职能项目与概念意涵已有很大的差别。

所以随着时空流转、产业环境的变异、以及销售型态不同，不同公司会有该公司所重之业务人员职能项目，不仅职能项目会有所不同，相同的职能项目，其概念意涵也会有所不同，行为事例指针也会有所不同。

此外，该研究对于个案公司业务职能模型之发展建议为➜建置职能手册。职能手册摘要如下：

关系建立/人际影响（Relationship building / Influencing others）

训练课程（Training Course）：沟通达人

发展活动建议（Suggested Activities for Development）：会议或简报前，找些听众先了解哪些讯息对他们是有帮助的，以及哪些是他们有兴趣听到的事情。

带领团队成员时，你可以这样做（Coaching Suggestions）：让该部属有机会可以观察到说服技巧高超的同事，讨论该同事使用了哪些技巧。

协商技巧（Dealing / negotiation）

Training Course：谈判达人

Suggested Activities for Development：协商之前，先想好要达到的目标与底线。

Coaching Suggestions：安排该部属进入需要进行商业谈判的工作小组，让他见习谈判的过程。

弹性变通（Agility / Flexibility）

Training Course：创意地解决问题

Suggested Activities for Development：用一个档案保留你知道的新想法、流程或产品，即使与工作不相关。

Coaching Suggestions：自己表现出对于「改变」的接受度，做为员工的典范。

产品与产业知识（Knowledge of product and industry）

Training Course：保持主动学习的态度

Suggested Activities for Development：阅读专业领域最新的书籍、技术专刊及期刊。

（来源：建置业务人员专业职能模型及职能发展手册之撰写－以 IC 设计公司为例，赵谙仪、郑晋昌）

四、职能与研发工程师训练

在制造业，工程师职类可说是包罗最多元的一个职类，例如研发工程师、专利工程师、品管工程师、制程工程师、客服工程师…等等，名称既然多元，就表示工作也是多元面向。在多元面向中，有共通的技能，也有各自独立发展的技能。

在制造业，无论企业规模之大小，研发工程师的养成需很长一段时间，才能独立作业；因为养成时间长，且其功能居制造业核心，所以各企业无不注重研发工程师的选用育留。

以联发科技为例，联发科技为帮助新进人员融入公司环境与企业文化，系统化学习世界级 IC 设计研发团队之知识及经验，并有效结员工自身专长，加速提升其研发能力以进而对研发项目能产生贡献。联发科技藉由「工程师职能发展计划」（Engineer Development Roadmap）的机制，由各部门主管筹组教育训练委员会，依据各研发项目不同阶段的职能需求，拟定各部门工程师学习发展计划书（Training Roadmap），以作为新进工程师培训与发展基础 。

（1）、新进人员训练（到职一个月内）

针对每一位新进人员规划的新进引导课程，目的在协助新进同仁了解公司环境与文化，缩短适应期。开办 3－5 天不等之「Insight MTK」新人活力营活动。课程内容以「Live at MTK」、「Work at MTK」以及「Grow at MTK」为三大主轴，并结合讲师讲授、座谈、校友代表经验分享、体验式学习等训练活动。

（2）、工程技术训练（到职三至三十六个月）

依据各部门研发项目时程、产品技术特性与各阶段职能需求，循序渐进安排各项工程技术类课程，以充实学员研发能力。内容由基础的产品简介、IC 功能与整体架构、设计工具、相关技巧到进阶产品与工具的开发等。

（3）、专业职能训练（到职三至三十六个月）

依据工程技术以外的专业职能，规划一系列训练课程，其类别包含法务智财、计算机信息、管理实务、语文培训等，以完整提升工程师个人工作效能，并满足其多元及自我发展需求。（来源：联发科技人才招募网➜FAQ）

一项以汽车零组件制造业集团之研发工程师为对象之研究结果指出，该汽车零组件制造业集团研发工程师之核心职能有：创新能力、成就导向、主动积极、推理分析、专业知识及技能、团队合作、自信心、持续学习、沟通协调、谨慎仔细、外向乐观。而此十一项职能在自评绩效表现部分达到 73.9% 解释力，他评绩效表现部分达到 72,5% 解释力。且所有职能构面与工作绩效均呈现显着正向相关及影响。（来源：研发工程师专业职能发展与工作绩效关联性研究—以某汽车零组件制造集团为例，雷震宇，2005，成功大学企研所在职专班硕士论文）

一项以网通产业研发人员职能模式建立之研究，指出符合个案公司所需之研发人员职能模式有：问题分析与解决、工作活力、团队合作、创新与成就导向、弹性与适应力、专业服务导向、主动积极及自律。（来源：应用分析网络程序法建构研发人员职能评选模式之研究—以网通产业G公司为例，林俊良，2011，中正大学劳工关系所硕士论文）

　　由于研发工程师所需之显性职能➔即专业知识技能，本身即为一专业复杂之知识系统，且不只对知识技能本身需提升，还需了解所属产业之趋势与未来发展样态，所以在显性之专业知能层次，有须发展职能路径（或称学习地图）。

　　简单图示与举例如下：

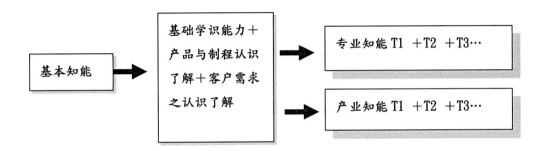

　　细部内容如下：（所举内容仅为通例、非特定针对某产业研发工程师）

基本知能

一、基础学识能力

1. 基础学科能力：例如电机、电子、材料、机械、物理或化学等**与本职有关之基础学科**。

2. 识图能力：具备工程图识图能力，包含工程图中的公差符号、加工符号、加工方式符号。

3. 工程图表达能力：能够清楚表达工程图所标示之各项符号意义。

4. 工程设计绘图软件使用能力：具备使用如CAE、CAD、Pro-e等工程绘图软件使用操作能力。

5. 3D空间概念。

6. 抽象思考能力

7. 逻辑推理能力

8. 能绘制治工具、零件等图面。

9. 图面修改能力：依据需求修改原设计图。

10. 能操作仿真软件指令及功能设定

二、产品与制程认识了解能力

1. 产品用途之了解。

2. 产品规格及代号认识。

3. 公司产品、设备、制程、规格、质量、材质要求之认识了解。

4. BOM之认识了解。

5. 公司技术文件之认识了解。

基本知能
三、客户需求之认识了解
1. 客户图面之认识。
2. 客户制程之了解。
3. 客户产品用途之了解
4. 客户需求之了解。
5. 客户抱怨之了解。
6. 产品最终端用途之了解。
7. 与客户应对能力。

专业知能
1. 公司产品之了解。
2. 公司制程之了解。
3. 公司原物料及特性之了解。
4. 机构设计能力。
5. 产品开发与产品改良设计能力。
6. 产品测试与可靠度验证。
7. 产品规格建立与SOP文件制作。
8. 质量机能展开能力。
9. 工程验证测试能力。
10. 设计验证能力。
11. 生产验证测试能力。
12. 失效模式分析能力。
13. 生产成本或开模费用计算评估能力。
14. 可行性评估能力。
15. 产品开发进度表。
16. 技术文件制作能力。
17. 同步工程规划能力

产业相关知能
1. 了解市场与竞争者等相关信息；了解市场发展与阻碍因素。
2. 产业未来发展及应用趋势：产品或技术所属产业之基本状况、市场与技术生命周期、竞争情势、上下游相关产业与价值链等。
3. 各类国际品保与安全法规等。
4. 产业标准符号规范相关知识。
5. 国际环保各项法规与节能减碳要求。
6. 安规与各项标准的检测能力。
7. 操作产品的能力：具备基本操作相关产品能力，以验证开发之产品功能有否达到预期之规格。
8. 各项精密量校仪器操作使用能力。
9. 专利搜寻与检索能力。

以上仅为概要举例，目的在于说明研发工程师之专业职能具层次性，辨识出此层次性，有利于研发工程师之学习训练，也提供研发工程师明确的学习路径。

特质与态度
1. 团队合作：积极参与并支持团队，能彼此鼓励共同达成团队目标。
2. 主动积极：不需他人指示或要求能自动自发做事，面临问题立即采取行动加以解决，且为达目标愿意主动承担额外责任。
3. 人际关系：主动寻求有利于工作的人际关系或联系网络，积极建立并有效管理、维系彼此的合作关系。
4. 自信心：在表达意见、做决定、面对挑战或挫折时，相信自己有足够的能力去应付，面对他人反对意见时，能独自站稳自己的立场。
5. 成就动机：会为自己设定具挑战性的工作目标并全力以赴，愿意主动投注心力达成或超越既定目标，不断寻求突破。
6. 乐观与自律：心情常保持愉快、稳定、乐观、开朗，且当有争执时，亦能够适时让自己与对方冷静下来，就事而论事。
7. 学习与创新：主动吸收新知，且针对现场问题与工作流程，能够整合各方面的意见，进而提出独特、新颖与实际的观点与方案，来提高工作效率。

不仅有关研发工程师在显性之专业知能层次，有须建立职能发展路径（或称学习地图）。事实上，企业因着建构学习型组织之需要、或者因着知识管理之需要，也越来越重视「学习地

图」。学习地图是指把复杂的专业知识领域，以各个知识单元、或知识体描绘出来。所以本书将「学习地图」独立出来于第四章做更深入之论述。

五、训练成效评估

早于 1996 年美国训练与发展协会（ASTD, American Society for Training and Development）在一项报告中即指出，如何衡量训练对绩效提升的影响是二十一世纪训练与发展领域中重要的一项课题。该研究指出，组织中的高阶主管想了解训练在投入经费与人力成本后，从中到底获得什么结果？讲师与课程设计者则想了解训练课程对每位学员以及组织的影响为何？至于学员以及其主管则想了解他们从训练中能获得什么？这些在在都显示评估训练成效的重要性。

训练成效评估四层次

学者 Donald L. Kirkpatrick 于 1959 年即提出，训练成效可由反应层次（reaction level）、学习层次（learning level）、行为层次（behavior level）及结果层次（result level）这四个层次进行评估。此即：

L1 反应层次： 主要在于衡量学员对训练课程的喜爱及满意程度，包含对课程内容、讲师教学方式、口语表达技巧、授课教材、空间设备等的感觉；通常于训练课程结束后，以问卷的方式进行评估。

L2 学习层次： 主要在于衡量学员透过训练学得新知识与技能的程度，亦即学员是否有学习到受训以前所不知道的内容，且其了解程度及吸收程度为何；此层次可藉由纸笔测验、面谈、观察或实作测试等方式来衡量。

L3 行为层次： 主要在于衡量学员将训练所学习到的知识与技能应用在工作上的程度，亦即评估受训者的行为、工作能力、效率等是否有所改变，训练是否得到转移，因而使工作绩效提高；此层次一般可藉由行为导向之绩效评估量表或观察法于学员回到工作岗位后衡量之。

L4 结果层次： 主要在于衡量学员行为上的改变对组织带来的利益多寡，亦即学员参与训练对组织经营绩效有何正面的贡献，例如产量的增加、销售量的增加、质量的改善、成本的降低、利润的增加、投资报酬率的增加等等。

而当评估从一层次移至下一层次时，评估的过程就愈显费时与困难，但同时也愈增加评估的价值。

如下图 Kirkpatrick **四层次评估模式之应用：**

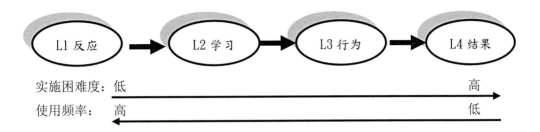

实施困难度： 低 ——————————————→ 高

使用频率： 高 ←—————————————— 低

反应层次及学习层次的评估，可以在实施训练时立即衡量。但行为层次的评估并不像反应层次与学习层次的评估一样，难以在实施训练后立即衡量。因此，在评估行为层次时须先决定何时作评估？多久评估一次？以及如何评估？所以，行为层次的评估确实较反应层次和学习层次的评估更为费时与困难。

再者，受训者行为改变的发生有其必要条件：
1. 学员有意愿想改变。
2. 学员有须知道要做些什么以及如何做。
3. 学员有须在具支持性的工作气氛中工作。
4. 学员的行为改变需要被激励。

所以行为层次的评估即已错综复杂，但有行为的改变，才有结果的产出；所以要衡量结果与绩效层次，更是难上加难。

虽然如此，训练人员在设计训练时，仍应从明了组织所欲达成的结果（绩效）着手，再决定何种行为可以达到这些结果，进而分析要有这些行为所需具备的态度、知识与技巧为何，最后再视状况将训练的目标设定在结果、行为或是学习的层次。（来源：训练成效评估之探讨一以 V 公司团队建立课程为例，周佳慧、李诚）

除了学员的自我效能和参训动机会影响到学习成效外，工作环境对于训练成效的影响亦是不容忽视。工作环境的知觉会影响受训者的学习动机、学习效果及训练的移转；像是支持性的工作环境，如组织气候的改变及人际关系、上司及同侪所提供的增强与回馈，更有可能使受训者所学之知识技能由训练的场所顺利地移转到工作环境中，即受训者较有可能将受训时所学之知识技能应用在工作上。

也就是说受训者回到工作岗位后，其所面对的工作环境能激励或阻止受训者将所学到的新知识与新技术运用到工作上。

所以训练成效的评估，首先需要有一整体综观的角度，如下图训练成效评估模式：

「训练成效评估模式图」

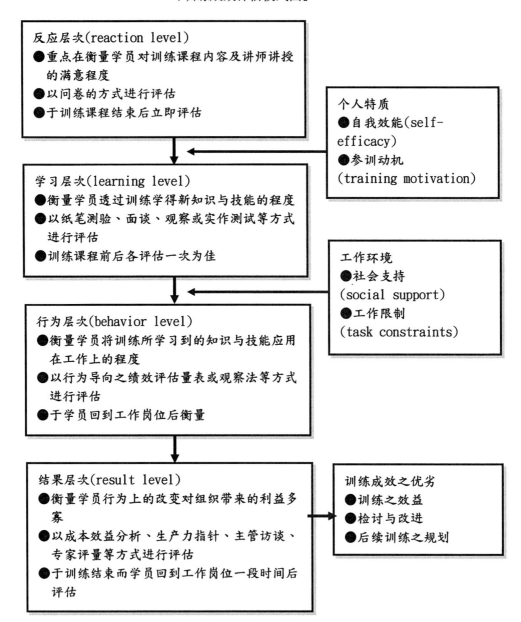

（来源：训练成效评估之探讨—以 V 公司团队建立课程为例，周佳慧、李诚）

L1 反应层次

L1 反应层次主要在于衡量学员对训练课程的喜爱及满意程度，包含对课程内容、讲师教学方式、口语表达技巧、授课教材、空间设备等的感觉；通常于训练课程结束后，以问卷的方式进行评估。学员最明了他们完成工作所需要的是什么。如果学员对课程的反应是消极的，就应该分析区分是课程规划设计的问题还是课程实施带来的问题。

这一阶段的评估还未涉及课程训练的效果。学员是否能将学到的知识技能应用到工作中去还不能确定。但这一阶段的评估是必要的。训练参加者的兴趣、意愿、动机，是否受到的激励，以及对训练的关注，对任何训练项目都是重要的。一般课程满意度调查有几个重点：

1. 对课程学习内容满意度。
2. 对讲师授课技巧与教学方法的满意度。
3. 对环境设施的满意度。
4. 对行政事项以及服务措施的满意度。

评量学员对课程的反应之所以重要有下列四点原因：

1. 学员的回馈可以作为训练成效评估的指标之一，并且学员提供的评述与建议可作为训练改善的主要依据。
2. 经由反应评估，可让学员了解训练人员办训练是在帮助他们将工作做得更好，因此需要他们的回馈来明白训练办得如何，而使将来办得更好。
3. 课后评估问卷所提供的信息，可以提供主管及负责训练的人员，作为回馈。
4. 评估学员反应问卷所得到的信息，可作为未来训练方案的改善指标。

具体改善措施例如：

1. 对课程学习内容满意度：满意度佳➡维持原课程规划设计。满意度差➡修改课程规划设计。
2. 对讲师授课技巧与教学方法的满意度：满意度佳➡可续聘该讲师。满意度差➡给予机会改善或解聘。
3. 对环境设施的满意度：满意度佳➡维持原环境设施安排。满意度差➡修正改善原环境设施安排。
4. 对行政事项以及服务措施的满意度：满意度佳➡维持原行政事项以及服务措施安排。满意度差➡修正改善行政事项以及服务措施安排。

L2 学习层次

学习的发生与否，主要依下列三点来决定：

1. 学员学到了什么知识？
2. 学员发展或改善了什么技术？
3. 学员态度上有何转变？

L2 学习层次主要在于衡量训练前后，受训者知识、理论、技能有多大程度的提高？或者说，学员透过训练学得新知识与技能的程度，亦即学员是否有学习到受训以前所不知道的内容，且其了解程度及吸收程度为何。此层次可藉由纸笔测验、面谈、观察或实作测试和工作模拟等方式来衡量。在 L2 的层次一般都会要求受训员工提出心得报告，或者请老师进行考试测验。心得报告一般是在课程结束后几天缴交，以了解受训员工对于课程的吸收程度；而考试是可以在课程结束后马上进行，较不浪费大家的时间，也能马上测出学习成效。有些实作上的教导也可以请学员自己实作，以了解实务上是否能完全吸收。

评估学习层次是很重要的，因为若非达成某些学习目标，难以期望行为会发生改变；此外，如果跳过学习层次的评估而直接衡量行为层次的话，当学员行为未有明显改变时，则难以评断是学员未学习到课程内容，抑或是其他因素使学员学习到的知识与技能无法在工作上展现。下表为企业一些相关课程在 L2 学习层次常用评量措施：

L2 学习层次常用评量措施表

课程/类别	技能性训练	QC 品管	工程技术研发	5S 课程	专业课程
L1	☐满意度调查	☐满意度调查	☐满意度调查	☐满意度调查	☐满意度调查
L2	☐学科测验 ☐术科测验 ☐技能检定 ☐竞赛活动	☐测验 ☐模拟实作 ☐案例分析 ☐心得发表	☐实作测验 ☐心得发表交流 ☐案例分析 ☐竞赛活动	☐5S 文件撰写 ☐心得发表交流 ☐学习活动表现 ☐竞赛活动	☐学习活动表现 ☐心得发表交流 ☐取得证照 ☐工作专题报告

由于心得报告是 L2 学习层次常用的评量方式，课程学习心得报告表基本上有须格式化引导，才能从心得报告中看出受训者学到哪些知识、技能或观念态度。此外，社群网站具高度互动性，在公司内部网站建置社群互动网，将学习心得报告 PO 上去提供分享与建议，也常对受训报告者有正向意义。

新的柯式模型

新的柯式模型（The New World Kirkpatrick Four Levels），将一级评估和二级评估结合在一起，因为学员对训练的直接反应和对知识、技能及态度的获取是同步发生。另外，在第

一级中除了原来的上课满意度之外，还增加了学员上课的投入感（Engagement），及工作相关性（Relevance）。如果员工没有投入在训练过程与感受不到相关性，即使满意上课的结果，也不会带到长期性的学习成效。

信心（Confidence）和承诺（Commitment）是柯氏二级评估新增加的两个项目。学员信心被定义为我相信我能将所学的知识应用到我的工作，学员承诺代表我愿意尽力将（训练中）所学的知识/ 技能应用到工作中去。除了原来所学到的知识、技能、与正向态度之外，具备这信心与承诺才有机会将训练的结果转接到行为的改变与工作的应用。新的柯式模型在第三级与第四级中还加入 「监督和调整」（Monitor & Adjust），来针对评估过程中相应的评估方法和活动，进行适当的监督和调整，这也增强训练给组织带来更大价值的机会。

L3 行为层次

L3 行为层次主要在于衡量学员将训练所学习到的知识与技能应用在工作上的程度，亦即评估受训者的行为、能力、效率等是否有所改变，训练是否得到转移，因而使工作绩效提高；此层次一般可藉由「行为导向」之绩效评估量表或观察法，于学员回到工作岗位后衡量之。

L3 行为层次的衡量要回答一个问题：受训者在工作中使用了他们所学到的知识，技能和态度了吗？

这一阶段的评估数据较难获得，但意义重大。只有训练参与者真正将所学的东西应用到工作中，才达到了训练的目的。

L3 行为层次评估试图衡量学员参训后在工作表现上的变化，所以行为层次的评估往往发生在训练结束后的一段时间，由上级、同事或客户观察受训人员的行为，在训练前后是否有差别，他们是否在工作中运用了训练中学到的知识。这个层次的评估可以包括受训人员的主观感觉、下属和同事对其训练前后行为变化的对比，以及受训人员本人的自评。此外，在评估行为层次时须先决定何时作评估？多久评估一次？以及如何评估？所以，行为层次的评估确实较反应层次和学习层次的评估更为费时与困难。

课后行动计划

为了使公司更愿意进行教育训练，除了需有一套完整的训练成效评估机制，也需建构能提高训练成效移转的机制。强化训练移转成效的机制虽不少，但都须有相应的配套措施。一般企业常用之「课后行动计划」或方案，主要能藉由课后行动计划来提高学员的行为改变成效；课后行动计划不但能让学员更清楚整个训练的目标，也能让主管们明白如何协助学员进行行为的改变，进而营造出适合的工作环境，使训练能对学员产生实质的工作帮助，甚至对于组织经营绩效产生影响。

　　课后行动计划由受训之学员提出，拟定行动目标与行动方案后，由主管亲自沟通讨论；由于有清楚的目标设定，与达成目标之具体行动计划；可让主管具体评估学员现阶段之知识技能＋课程所学，是否具有充分条件达成目标，常是企业用以达成「训练移转」之有效措施。

　　所以完整的训练计划不是课程结束之后就结束了，也要建构完善的课后行动计划，不但能提高行为层次的训练成效，确保训练所学能有效应用于工作岗位中，还要能利于进行行为改变的追踪评估。

课后行动计划表（范例）

课程名称：　　　　　　　　　　　　姓名：　　　　　日期：

课后感想：	
改善提升工作绩效的行动方案	
项目、作法（What）	
目的、原因（Why）	
期限、日程（When）	
对象（Who）、在何处（Where）	
期望目标（What）	
备注：有需单位主管或同仁，提供何种协助或支持：	

以某公司储备高阶主管培训班为例，具体做法为：

1、自我发展计划书：包括四个部份：

(1)学习内容重点与心得感想、

(2)公司经营管理具体改善建议、

(3)单位或部门工作改善计划、

(4)未来职涯规划与自我学习重点。

此计划书由受训学员结训二周内撰写完成，先呈单位主管核阅，再后送交训练中心初评，后由训练中心呈人事处与学员所属副总经理评阅，最后交回训练中心登录分数。而这份计划书亦会连同学员平日考核纪录表与个人行计划转存人事部门，作为未来办理派升之参考。由于最后副总会仔细评阅每位主管提出的组织改善计划，曾经因为学员提出了一项改善某产品的制造流程，因而为公司节省了几亿元的支出，由此便可看出训练后个人与组织绩效的提升。

2、过程考评：训练辅导员在学员上课的过程中，会详实纪录每位学员的表现，包括上课投入的程度、与同侪的相处情形、是否有领导的潜能与特质、与讲师互动的情形等。

3、行动计划考核：参与学员在参训最后一天必须提出行动方案，并且回到工作岗位上具体落实，一段时间之后，总经理会亲自聆听方案内容与执行成果报告。由于事业组织相当庞大，能有机会与总经理相见是相当难得的一件事，无形中也有激励的效果。（来源：台湾地区职场教育训练发展之探讨，李蔼慈）

提案制度

参训学员结训后，如何将学习成果移转到实务工作，除上述「课后行动计划」为企业常用之措施外，「提案制度」也是一个良好选项。提案制度可使参训学员藉由提案及研究，持续训后的成果移转扩散，且试验或实施过程中，亦可带动相关成员之群体观摩与学习。

一般提案制度，提案初步的构想萌芽之后，提案者开始藉由小组讨论、试作（甚至跨部门讨論）等方式逐渐地架构出提案实行的具体方案。在提案被接受后，提案者透过与圈内成员或圈外成员互相讨论回馈，以修正提案的完整性与周延性，再经过试作。试作阶段主要的目的是测试、验证，以缩小「想法」及「实际」的差距（Gap），故此阶段常有「试作—调整」的循环，最终求得改善提案的内容可以确实地被落实。

经过「试做」，验证提案之可行性后，改善提案知识创造的结果或以工作流程之形式储存，或以书面文件（例如提案单）之方式储存；而重要的是「内化」➡将提案的内容转化成员工自身可理解的知識。

改善提案单如下范例：

改善提案单（范例）

部门单位：_____　　姓名：_____　　提案日期：_____

现况描述：
问题点与形成原因：
改善项目与改善步骤：
时程计划：
预期成效：
备注：有需单位主管或同仁，提供何种协助或支持：
主管意见：

多项研究结果指出 L1 和 L2 高度相关，L3 和 L4 高度相关，但 L2 和 L3 却低度相关。也有研究指出，L1 和 L3 之间没有相关，所以没有证据支持高满意度的课程，课后学员就会运用和实作。L2 和 L3 之间产生的 Learning-Doing Gap，即需要透过训练移转的机制来解决。而「课后行动计划」与「提案制度」，不失为弥补 Learning-Doing Gap 的良好机制。

L4 绩效层次

L4 结果层次主要在于衡量学员行为上的改变对组织带来的利益多寡，亦即学员参与训练对组织经营绩效有何正面的贡献，例如产量的增加、销售量的增加、质量的改善、成本的降低、利润的增加、投资报酬率的增加…等等；而对于一些较难以衡量成果的训练课程，则可用士气提升或是其他非财务性的指标加以衡量。

有些课程指针明确，L4 绩效层次的评量可以很清楚，例如服务业有关「服务礼仪、态度、应对」之训练，可以顾客满意度指标来衡量；制造业的技能操作训练，可以生产力、良品率等指标来衡量；业务人员销售技巧训练可以业绩指标来衡量。

但多数课程与绩效结果间之因果关系，未必清楚明确。例如有关「团队建立」与「人际沟通」之课程，有关「管理才能发展」之课程，有关「时间管理」之课程…等等。

此外，训练与绩效、结果间之因果关系，常是多元因果，不是单一直接因果关系；训练是

否产生组织所期望之绩效结果，有源于学员动机、态度之因素，有源于组织气氛与领导之因素，有源于同侪相互支持之因素，有源于课程吸收学习之因素。

但虽然是多元因果，在确定组织所期待之绩效结果此前提下，课程之规划设计与执行实施是否有预期效应？则是可以找出或推论出其因果关系或共变关系。例如成本管理课程，因企业每月都会结算当期经营成果，「成本管理课程」实施是否有其训练绩效，可以有清楚之训练前、训练后之「成本率」资料来推论。「质量管理」课程也有明确的训练前、训练后之良品率与不良率数据。「技能训练」课程也有明确的训练前、训练后之各项数据指针，如生产力指针、良品率指标等，以推论出其因果关系或共变关系。并进而寻思训练之所以有效、训练之何以无效。

附录：ROE（Return On Expectation）—以终为始的训练规划

Noe 于 2004 年提出策略性发展训练四阶段过程：

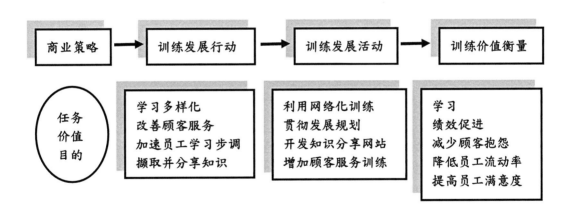

此模型显示，该过程一开始先确认商业策略（训练所欲导向的**任务、价值或目的**），再选择支持该策略之训练发展行动（L3 行为层次），再转化为训练活动，最后一个步骤是选定衡量指标（L4 结果与绩效）。（来源：银行员工教育训练课程学习成效评估之研究，李中天，2010，东华大学在职专班硕士论文）

ASTD ICE（The American Society for Training and Development International Conference and Exposition）是由世界上最大的职场学习与绩效组织—美国训练与发展协会所主办。在 2012 的年会，Wendy Kirkpatrick 发表 ROE（Return On Expectation）—以终为

始的论点。Kirkpatrick 四个教育训练成效评鉴分为：反应层次（Reaction Level，L1）、学习层次（Learning Level，L2）、行为层次（Behavior Level，L3）、结果层次（Results Level，L4）。**ROE—以终为始**，也就是从 Level 4 开始，了解最终的目的与期待（L4）来反推，必须要改变什么样的行为或态度（L3）？希望从训练中学到什么（L2），例如知识、技巧、信心及接受承诺，以及上课反应满意度如何（L1）等。

也就是说，结果导向的训练来自于设定预定达成的组织目标，以及需要有那些行为来完成（或改变动机、态度），再来分析什么样的知识、技能或情境效应，才能达到相关性及目标导向的行为，最后才是去考虑用什么上课的方法可以达到这样的目标与相应合的学员反应。

Kirkpatrick➜展示培训的价值

2009 年，在 Don Kirkpatrick 提出四层次模型 50 周年后，其孩子 Jim Kirkpatrick 发表文章指出 Don Kirkpatrick 四层次模型虽遭受许多误解，但其分析自始至终都是指向➜「展示培训的商业价值」。

Kirkpatrick 指出其分析模型有别于其他模型，在于五个原则：

1. 从结果开始

培训师（讲师）必须从希望的**结果**出发，然后决定什么样的培训能达成此结果。培训师们要决定能产生所希望行为的必要态度、知识和技能。终极挑战是让所做的培训不仅让参加者学到他们需要学的，还要让他们对培训项目喜闻乐见。

要建立有效培训项目，起初的设计是十分重要的，评估的方法论（从结果开始）的数据收集是从层次一开始，直到层次四。（但这却被许多培训师给忽视了）。

2. 预期回报 ROE 是价值的最终指针

Kirkpatrick 做过的很多培训和咨询，旨在帮助培训师与商业的相关利益者的要求间互相协商协调。在这个过程中，培训师不断地问问题以清楚那些重要的商业利益相关者的预期，以便切实达成他们的预期，使他们满意。然后，培训师需要做的是使那些笼统的预期转化为能以问题形式操作的、评估的结果。对你来说成功是什么？那些成功的指针能成为层次四的结果？你可以集中精力，寻求各方合作，达成这些利益相关者的预期，这就是目标。

3. 积极的预期回报需要合作关系

从以往的经验来看，培训师们能顺利地完成层次一和二。我们相信这是许多培训师几乎将全部的时间花在这两个层次上的一个原因。但培训项目的真正执行和企业的整体战略基本上体现在层次三以上。2008 年 Bersin 和 Associates 的研究表明高达 70% 的员工培训是以不同形式的边工作边学习的形式进行的（即 OJT）。因此，我们必须重新定位我们的角色，走出

我们驾轻就熟的层次，成为在职培训的专家，深入其中，要不然，我们就有失去饭碗的危险。

我们不仅需要咨询我们的商业合作伙伴去定义什么是成功，我们还需要整个培训过程中的通力协作。

培训前，专业的培训师需要与主管和经理们合作，使培训的参加者们做好准备。主管们应该向他们的直接下属说明培训的内容，培训的重要性，培训中和培训后的行为预期，整个过程中他们将受到的支持。

更关键的是培训后主管和经理的角色。他们的支持和鼓励对于巩固培训中新教导的知识和技能至关重要。他们的巩固和加强有多有力，培训项目的积极结果就表现得多明显。

培训师要清楚商业合作关系的重要性➜左边生意，右边培训，我们就是要搭一座桥联系起两者。向经理们推销培训绝对不容易，因为我们自己都不认为好的培训会带来好的结果。因为在培训和绩效表现的不同阶段我们都需要关键的利益相关者和我们合作。（按：此段话之精神原意，在指出培训只是一个重要过程，培训要有成效，是回到工作岗位后，有没有可应用发挥的领域，以及相关人员的支持和配合）。积极培训结果的秘诀不是培训本身，而是这样的商业合作关系。

4. 价值必须在能被展示出来前就被创造与设定出来

层次一和层次二之间是正向相关，也就是说，积极的学员会学得更积极。相似的是，层次三和层次四之间紧密相关。然而，层次二和三之间没有什么明显的相关性。简单的说，即使有了优秀的培训也不必然导向现实的学以致用，没有一贯地坚持巩固就没有想要得培训结果。Brent Peterson 博士 2004 年在哥伦比亚大学的一个研究，他比较了花在培训上的时间和与花在培训相关的其它的活动上的时间，到底是什么产生培训的有效性。他发现一般来说组织会在培训项目本身投入 85%的资源，但是这些只产生 24%的有效性。对于培训有效性更有显著作用的是培训后的后续工作。

这意味着什么？我们将时间大量投入到设计开发培训项目，开展培训项目（层次一和二），却只收益四分之一。我们几乎完全没有在能将培训转化为积极行为变化，和我们所期望的培训相应结果（层次三和四）的后续活动中投入时间。所以关键的是培训师要能延展他们的专业性，他们的深入程度，他们的影响和他们的价值，直到层次三和层次四。（按：也就是说，若没有一开始即设定 L3、L4 的目标，培训师也无从着力于层次三和层次四；也无从着力于如何获得相关人员的支持和配合）。

5. 提出一条令人信服的➜展示培训价值的证据链

层次一和层次二的数据或结果不会令人信服。

层次三和层次四的的数据或结果才会令人信服。

这一条证据链要能够链接起四个层次，展示四层次对商业利益的贡献。（来源：Kirkpatrick 柯氏评估四层次模型：五十年后新发现 1959-2009，培训与发展—HR 沙龙网站，2009-11-10）

Jim Kirkpatrick 在 50 周年后的省思的这些话，讲得含蓄、抽像；重点是要链接到➜绩效与结果导向的训练。绩效与结果导向的训练，除了培训，后续的工作更关键，也就是在后续应用发挥的工作场域。这场域须要主管的支持与引导，需要同僚的配合与协助，甚至需要下属有效的执行。但这场域却是讲师或培训师最无力涉及的场域；所以 Jim Kirkpatrick 会谈到「商业合作关系」的重要性➜积极的预期回报需要商业合作关系。所以关键的是培训师要能延展他们的专业性，他们的深入程度，他们的影响和他们的价值，直到层次三和层次四。

台湾这几年，企业内部训练的趋势，也已从活动基础（Activity Based）逐渐走向结果基础（Result Based）；换言之，就是从增进员工的知识技能，转移到重视员工所创造的工作绩效。

就 Wendy Kirkpatrick 的 **ROE Part 2—以终为始**（ROE）的训练新思维模式，可赋予训练的 ADDIE 分析模型一个新的角色任务➜以绩效导向为主的训练系统：

1、分析阶段（A）

可包括两个部份：

(1) 组织绩效需求诊断，以确认组织的绩效目标以及达成组织目标需要哪些行为表现。组织绩效需求来源，可能是源于较远之中长程目标，可能是源于年度营运绩效之提升，或者是客户需求之项目改善。

(2) 工作和任务分析，以确认员工需要知道些什么，以及能够作些什么。透过特殊的工具来进行程序性的、系统的、以及知识的工作分析，并将其文件化（documentation）。

如此才能于训练课程结束后，进一步追踪了解：组织是否表现得更好？工作过程是否表现得更好？以及个人（或单位）是否表现得更好？

2、设计时间（D）

设计时间主要考虑为 ➜需要有哪些课程或活动，以教导哪些知识技能或态度，才能达成组织的绩效目标。所以首先要考虑的是（What）➜需要有哪些课程或活动？再考虑（What）➜教什么，以及？（how）训练方式➜如何教？

设计的策略必须符应提升绩效的需求，且要能点出现况的问题点。在教学上讲师的角色非常重要，要能引出对问题改善的意愿，或提升绩效层次之意愿，以及改善或解决问题之系统性思考。此阶段所要发展出的课程方案须与前一阶段的绩效需求、训练目标相结合。

3、发展阶段（D）

此阶段主要指发展教材或活动设计，其主轴核心在（Why）为什么？、（how）如何？以及要达成（What）什么目标？要有何种态度、知能或行为表现（What）？

4、实行阶段（I）

此阶段主要是训练课程的实施与管理，亦即训练课程开课前、开课中或开课后的相关作业的执行、观察、纪录与管理。学员的学习活动是否投入，在于他的动机、意愿与态度；从观测学员的学习活动是否投入，再追踪训练结训后一段时间之行为表现，虽难以断言有直接、充分之因果关系，但这过程可以提供管理者相当有用的信息，以利决策评断与管理考核。

此外，课程运行时间，除了有形知识、技能之学习，也须着重于情境教学，以增强或改变态度、意愿与动机。

5、评鉴阶段（E）

此阶段主要在确认训练的效能，以绩效（从个人到组织）、学习（从知识到专业）和知觉（学员的满意度）三个层面来衡量。这个部份必须与第一个分析阶段连结在一起，并且在一开始要厘清训练课程最后期望的结果为何。绩效导向之训练，期望结果必然是有关绩效提升；所以重点是在（how）如何评鉴？（When）何时评鉴？（What）评鉴重点为何？以及（What）评鉴的结果会有何影响？

绩效导向训练强调训练后要能够将所学的知识与技巧，成功的运用在工作上；或能与同侪分享所学。要朝向此目标，主管扮演重要的角色，主管要能帮助及引领员工，在参与训练后将所学运用在工作上。此外，要达良好的训练成效，训练后的活动与应用，扮演重要的关键角色。因此于课程设计时间，即应思索结训后之相关工作领域如何应用之问题。例如接受 TWI 基层主管研习课程，结训后是否有 Leader 制度让他发挥？或设定为主管职务代理人，让他有机会历练？参加田口质量工程课程，结训后工作现场有无制程参数可供应用分析；参加成本管理课程，结训后有无各项成本数据可供实际检讨分析⋯等等。也就是说，绩效导向性训练是一套课程跟系统，它不只致着眼于课程规划设计之绩效导向，重要的是还要有工作领域上之相关配套措施。

第四章
职务能力盘点与学习地图

知识单元

企业的运作靠流程与组织分工，流程可能为生产作业流程、可能为客服作业流程、可能为订单（合约）审查流程…等等。从「企业价值链」的角度来看，一定要有完整的作业流程被完整执行，才能产生价值。而要执行流程之每一分段、或说节点，都有其「**知识单元**」➡构成企业知识系统的基本的要素。知识单元可以是构成知识系统的最小的最基本的要素，也可能是需高度心智活动之知识体。

制造产业生产前要先确认工令内容（例如确认规格、孔径、尺寸、材质、颜色等等是否符合工令要求），「确认工令内容」即是一个「知识单元」。若不了解此知识单元、或执行不落实，即可能出错。再如Process（制程）开机生产后第一要务是「落实首件检查」➡不制造不良品。首件检查是一个「**知识单元**」，有其首件检查所要检查的项目与内容重点。第二要务是落实「自主检查」➡不制造不良品、不流出不良品。「自主检查」也是一个「**知识单元**」，有其所要检查的项目与内容重点。

对餐饮业而言，每道菜从制作到产出，也可说是一个「知识单元」。每道菜有哪些主料、配料、各多少量，什么样的刀工、切法与大小，烹煮的程序、火候、时间…等等，构成每道菜的「知识单元」。

作业活动（Activity）

作业活动贯穿产品生产经营的全过程，从产品设计开始，经过物料供应、生产工艺的各个环节，直至产品销售到售后服务。在此过程中，每个环节、每道工序都可以视为一项作业；组织的每一项作业活动均需加以规划、控制，定义其工作细目以及工作次序，才能使组织在正常的轨道上运行，朝向既定的目标迈进。工作细目以及工作次序，如何做、以及标准、查核点等等，整合起来就构成一个个的「**知识单元**」。

标准作业程序

标准作业程序（Standard Operation Procedure，简称 SOP），就是将经常性、或重复性的作业活动的操作标准、步骤和要求，以明确的格式描述出来，用来指导和规范日常工作的一种书面文件；目的在于减少人为错误、降低顾客抱怨，进而提升行政效率及服务质量。标准作业程序常是经过不断实践总结出来的，在当前条件下可以实现的最优化的作业设计。标准作业程序能够缩短新进人员面对不熟练且复杂的学习时间，只要按照步骤指示就能避免失误与疏忽。以下简单举例：

训练教室使用「单枪投影机」+「笔记本电脑」操作流程

(1)、将笔记本电脑放置于讲桌上。

(2)、笔记本电脑接上「影像线」、「音源线」、「电源线」，并开启电源。

(3)、依照「单枪投影机开/关机操作说明」，开启单枪投影机电源。

(4)、将笔记本电脑调整成投射屏幕同步模式：Fn 按键 + F7 或 F8 按键（请参照键盘图标）。

(5)、压下摇控器中 Source 键，将单枪投影机讯号切换至笔记本电脑。

(6)、请旋转放大器中AUX钮，调整声音大小。

(7)、使用完毕后，关闭笔记本电脑电源。使用完毕后，依照「单枪投影机开/关机操作说明」，关闭单枪投影机电源。

单枪投影机开/关机操作说明

开机步骤

(1)、将布幕拉下。

(2)、按摇控器 电源on/off 键，绿灯亮表示开启电源。

关机步骤

(1)、按电源on/off 键二次，等待1-2分钟后即自动关机。

(2)、将布幕收起。

以上是基本的、操作性的SOP。SOP不一定只是简单的、操作性的SOP，也有复杂的SOP，例如工具机之操作SOP，从表面上来看各个作业工序，看不出其复杂度，但实际上要能真正上线操作，其所需知之知识，却是多项「知识单元」所构成之复杂知识体。以下以「**磨床**」举例说明。

磨床基本操作程序：

(1)、起动及停止磨床。

(2)、变换车头主轴转速。

(3)、变换进给量。

(4)、选配及变换齿轮。

(5)、装卸夹头。

(6)、装卸及调整顶心(针)。

(7)、装卸车刀及钻头等切削刀具。

(8)、变换及调整复式刀座角度。

(9)、裙鞍及进、退刀操作。

(10)、选配牙标。

虽然同样是SOP，但磨床操作之SOP显然比➡**训练教室使用「单枪投影机」+「笔记本电脑」操作流程，要复杂得多。**

例如：

(1)、要先了解磨床种类及构造、要能识别磨轮、要知道工作物的如何安装及夹持。

(2)、要学会基本识图：例如几何图画法、了解主要几何图形如方、圆及三角等之定理与特性。了解惯用线条及符号之意义。了解正投影原理、了解简单工作物之第一角及第三角视图与剖视原理。

(3)、要能阅讀工作图：

■了解国家标准之基本概念。

■了解工作图，知悉工件之形狀、材料、加工部位、加工符号、尺度、公差及配合等工作资料。

■了解按工作图所示作画线工作之要领。

(4)、了解及学会如何做精密量测。

再如平面磨床基本操作：

(1)、起动及停止平面磨床➡要先了解平面磨床之传动方式及工作安全规则。

(2)、床台横向及纵向之手动操作➡能操作床台运转手輪作床台横向及纵向之手动操作并定位➡要先了解平面磨床各机构之功能。

(3)、调整及操作床台之横向与纵向进给速率➡要知道如何调整及操作床台之横向与纵向进给速率。

(4)、调整床台横向及纵向移动距離挡块➡要知道如何调整床台横向及纵向移动距離挡块并定位。

(5)、控制磨削深度➡要知道如何操作各进给手輪，并能依其刻度控制磨削深度。

(6)、工件夹持及校正：

■磁性夹头夹持工作➡要知道如何使用平面磁性夹头夹持工件，及利用检校仪具作

　　　　检验与校正工作，并能依方法取置工件。

　　■精密虎钳夹持工作➜要知道如何精密虎钳夹持工件➜要先了解精密虎钳之规格。

　　■装卸定位靠板➜要先了解工件定位靠板之功用。

(7)、砂轮之选用、装卸、平衡、修锐及修整：

　　①、要先了解砂轮规格之表示方法及其意义。

　　②、要先了解砂轮材质、制法、组织、结合度、形状、缘形等之意义及适用范围。

　　③、要先了解砂轮安装压力均匀之重要性及吸墨纸与垫圈之作用。

　　④、要先了解砂轮平衡对磨削之影响。

　　⑤、要先了解砂轮磨削现象。

　　⑥、要先了解砂轮修整器之功用及原理。（来源：技能检定规范➜平面磨床，劳委会中部办公室编印，2005年2月）

所以SOP➜有基本操作性之SOP，也有高度复杂、需高度知能与技术之SOP。

备注：

惯用线条及符号：

实线➜代表实际的边线。

虚线➜代表中心线。

斜线➜代表剖面。

Φ➜代表　圆的直径、S➜代表四角的对边距离。

H➜代表六角的对边距离、R➜代表R角尺寸、C➜代表C角尺寸。

一、学习地图（Learning Maps）

　　「学习地图」➜把复杂的专业知识领域，以各个知识单元、或知识体描绘出来。

　　学习地图是指以能力发展路径和职业规划为主轴，而设计的一系列学习活动。通过学习地图，员工可以找到其从一名基层的新员工进入企业开始，直至成为公司高阶干部的学习发展路径。不同于《学习地图》（Colin & Malcolm，1997所著）一书作者采用「M.A.S.T.E.R.」加速学习法的六个基本步骤，教导学习者如何发挥潜力，更有把握地达成学习目标。本章节所讨论「学习地图」，主要从人力资源发展的角度来阐述➜重点在于，如何让员工知晓其学习路径，如何学习；以及如何让企业组织结构上的每一职位有着明确的「学习地图」。

　　企业的学习可分为三个层次➜个人学习，团队学习，以及组织学习三个层次；本章节所

论述重点在于「**个人学习**」层次。但论述重点虽然在于「**个人学习**」层次，「**学习地图**」的开展，却有须从整体组织的角度，依「工作分析」与「工作说明书」来建构。

企业中不同工作岗位所要求的知识技术、能力不同，员工如何能提升知识技能，就如同开车到陌生地点时，一般都需要一个详细的指引或导航，以维持不断前行的动力和能量，并适时地加油充电，这就是学习地图的重要关键意义之一。

（一）、什么是学习地图？

什么是学习地图？我们可以把学习地图定义为：企业为引导员工进入某一工作领域，所勾勒、描绘的「学习路径」；学习地图一方面让员工知道其胜任工作所需的知识技能样貌，一方面也引导员工自我学习与提升。学习地图，是围绕着员工能力发展路径和职涯规划而设计的一系列学习行为，是员工在企业内学习发展路径的直接体现。通过学习地图，员工可以找到其从一名进入企业开始的新员工，直至成为公司高层干部的学习发展路径。通常，学习地图中拥有不同的学习路径，如专业路径、业务路径和管理路径等。在这些学习活动中，既包括传统的课程培训，也可包括其他的诸多新兴学习方式，如行动学习、在线学习等。

（二）、为什么需要学习地图 ？

1、让新进员工了解职涯发展路径。

2、让在职员工了解专业发展路径。

3、引领员工自我学习与提升。

4、有效结合企业和员工提升的能力需要。

5、建立知识管理之基础。

1、让新进员工了解职涯发展路径。

当职场新鲜人进入工作职场，虽然在学校阶段可能学习了一些基本知识技能，但相对于工作职场所需，要能实际应用发挥，事实上还有一大段差距，新鲜人对于自己是否能如期胜任工作，经常是怀着忐忑不安的心情。此外，所应征的工作是否如心中期望的理想工作，是否为兴趣或志向所在？有了「学习地图」，可以缩短企业与员工之磨合期，学习地图可以让每个岗位的员工明确自己的学习与发展内容。

2、让在职员工了解专业发展路径。

企业的知能与技术之学习，有其「**专业化**」之必要性，一如前面所提知识单元，是构成复杂专业知识体之单元，知识单元不易创造价值，却是学习复杂知识体之必要元素与路径。现

今企业强调「**创造价值**」，是以知识经济体制下，「**知能性工作族群**」成为企业价值创造之主要甚至是核心工作族群。企业要能深化知能性工作族群知价值创造力，首要之务在于「**专业化**」。此处所谓「专业化」尚不涉及「管理能力」，基层干部首重专业能力之培养，再涉及「管理能力」之培养。学习地图就是要让员工知道如何培养其专业能力。

学习地图可以根据员工职业生涯发展而进行动态调整。从新进员工到熟练员工，员工的学习与发展是单线条的。当成为专业员工之后，员工会面临是走专精路线或是管理路线的抉择，学习地图在这里可分叉通道，分别进入专家路线和管理路线，即"Y"型发展通道。

3、引领员工自我学习与提升。

员工能力的提升，职场 OJT 及企业培训固然重要，但自我学习与提升亦不可忽视，因为「自我学习提升」所展示的是➜更深层的意愿与动机。知识经济体制下，各种新的学习管道，因网际网络及无线网络之发达，如行动学习、e-Learning…等等，不再受限于时空环境而捶手可及。有了学习地图，职工之学习不再局限于职场，职场外，亦可依着学习地图自我充实学习。一项以来自不同产业之 200 位中阶主管为研究对象，经干扰结构方程式模式检验后发现，自我导向学习、知觉组织支持以及两者之交互效果能够显着提升主管之管理职能，进而增进工作绩效。（来源：主管管理职能提升：自我导向学习与知觉组织支持的交互效果；施智婷、陈旭耀、黄良志，台大管理论丛，22 卷 1 期）

虽然该研究是以主管管理职能为主题，自我导向学习无论是在管理职或专业职，均是能力提升的重要动力。

4、有效结合企业和员工自身的能力提升需要。

学习地图可满足员工个人发展的需求，也可使员工能力的提升依循在企业发展的需求范畴之内，而其重点之一在于➜知觉组织的支持。

从员工角度来看，学习地图能清晰的告诉员工，在能力发展的每个阶段应该学习什么内容，努力的方向和目标是什么，晋升和工作轮调应该具备什么样？以及学习什么样的能力。同时，也能让员工深入理解到学习内容和学习目标之间的相关性，以能力提升为导向，建构自己的「个人学习发展计划」。

个人学习发展计划可让员工从被动等待公司安排培训，变为主动要学习；从公司培训部门要为员工的培训负责，变为员工本人可对自己的学习成效负责；从公司提出培训要求，变为员工根据工作需要自己制定学习目标。

5、建立知识管理之基础。

学习地图就像目录，告知学习的路径与项目，但「内容」还是需要「知识管理」来填充。

知识管理（Knowledge Management）在 1990 年代中期后逐渐为企业所重视，企业针对所重视的项目，将个人及社群所拥有的显性知识和隐性知识予以确认、掌握、使用、创造、分享及传播；并求有效管理，以促使个人知识和组织知识结合产生综效、创造价值。「知识管理」须先区分项目、路径及内容，也就是说，知识管理有需以学习地图为基础。

（三）、如何绘制学习地图

前面提到，「职能分析」以「工作分析」为基础，事实上「学习地图」也是以「工作分析」为基础。是以要建构「学习地图」，「工作分析」或「工作说明书」是必要的基础。

绘制学习地图之程序步骤：

(1)、确认职掌、职责与工作描述。

(2)、透过职掌、职责导出主要工作任务。

(3)、透过工作任务导出主要工作项目。

(4)、透过工作项目导出工作绩效要求、或行为绩效要求。

(5)、透过工作项目导出执行工作所需知识（K）、技能（S）与态度（A）。

以下图示：

基本上这是针对单一工作岗位所做「学习地图」之较完整的程序步骤，但因各个企业体质之不同、或企业整体人力资源素养之不同，可以有较简易之程序步骤，如下略示：

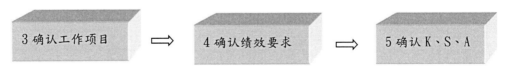

即直接从工作说明书之工作项目，导出绩效要求，及导出执行工作所需之知识（K）、技能（S）与态度（A）。或者，更为简单之建构方式，如下图：

也就是说，直接从「工作说明书」之工作项目，导出执行工作所需之知识（K）、技能（S）**（即暂不谈 A）**。

（四）、学习地图范例

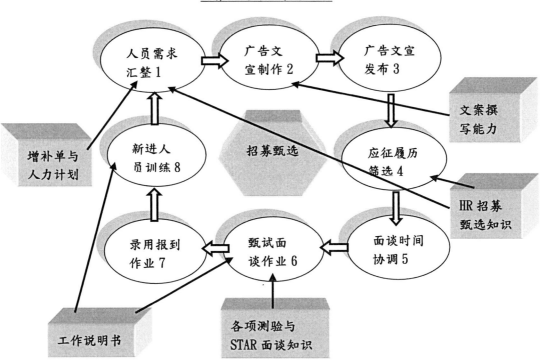

招募甄选作业学习地图

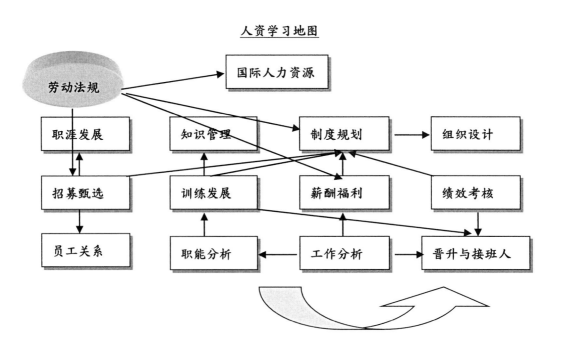

人资学习地图

总务学习地图

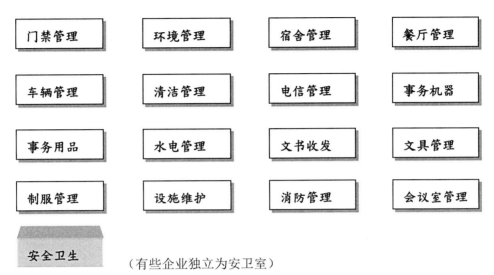

门禁管理	环境管理	宿舍管理	餐厅管理
车辆管理	清洁管理	电信管理	事务机器
事务用品	水电管理	文书收发	文具管理
制服管理	设施维护	消防管理	会议室管理

安全卫生　　（有些企业独立为安卫室）

（总务的学习地图，在各工作要项间并无知识知能之明确因果关系键）

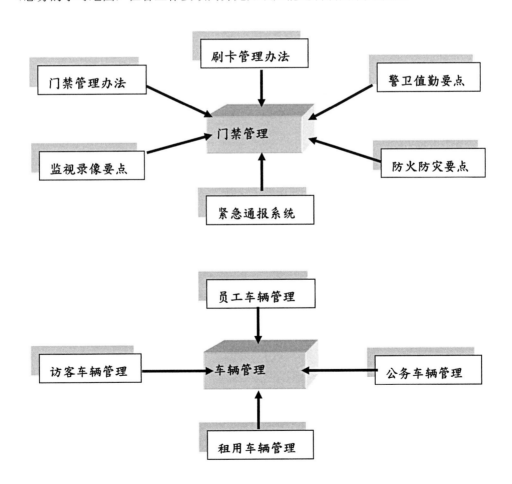

业务学习地图

商用英文	Invoice	熟悉公司制程	简报制作
计算机	押汇作业流程	熟悉产品报价	简报技巧
公司 ERP	国际付款条件	技术文件基本判读	参展
国际贸易条件	各项费用计算	熟悉合约审查	能规划参展
出口作业流程	熟悉公司历史	了解规格品与非规格	
报关作业流程	熟悉公司产品	能依牌价表报价	能开发新客户

研发学习地图基本路径

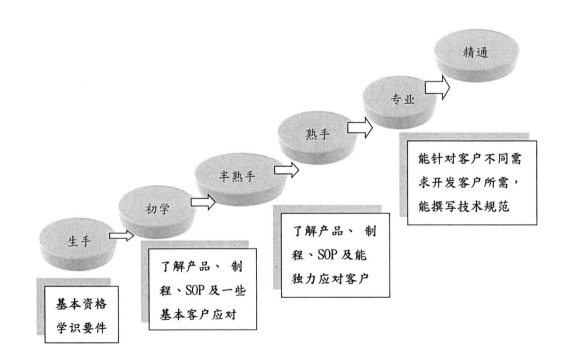

研发学习地图基本路径

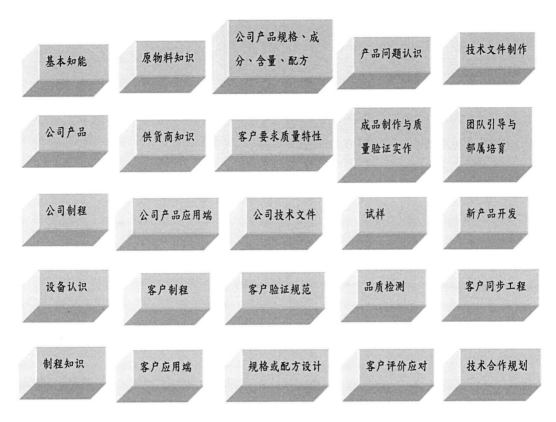

以上为「学习地图」之简单范例，之所以说是简单范例，因为我们尚未标示出各个学习单元之学习内容，所以以上范例，只能说是「**路径图**」。

学习地图之另一种型式

Case1：螺帽成型之抽线作业

1、抽线机台设备及零件基本认识。□ 备注：该项目只要稍有不熟，请于□ 内打×

2、产品规格与质量要求之确认能力。□

3、抽线模的认识与使用、操作：六角模、圆型模。□

4、辅助设备的认识与使用、操作：天车□、堆高机□、砂轮机□、矫直机□、绞头机□

5、工具的认识与使用、操作线架、扳手、六角扳手、铁线剪及各项手工具等。□

6、量具的认识与使用：游标卡尺。□

7、材料的认识与使用：润滑粉、铁线。□

8、知道盘元线径与适用机器。□

8.1　14mm以下　B-1。□

8.2　14mm～19mm　A-3、A-5 。□

8.3　26mm～34mm　A-2 。□

8.4　19mm～24mm　A-4。□

9、知道作业流程：绞头→上架→上模→运作。□

10、知道操作前应注意事项：

10.1抽线润滑粉是否足够。□

10.2风压是否足够（4.7 kg/cm2）。□

10.3气缸是否灵活。□

10.4抽线模是否正确。□

10.5盘元材质是否符合规格。□

10.6绞头后之线径是否能伸入抽线模具内。□

10.7线架置放是否正确。□

10.8否是依照生产工作令指定选用线材、模径。□

10.9检查工具、量具是否正确、适用。□

10.10检查盘元是否有瑕疵，如锈垢、污点等。□

11、知道操作前应注意安全事项：

11.1检查机器、模、治具之装设是否良好、正确。□

11.2检查作业区域环境状况是否良好。□

11.3检视各附属设备运转或操作是否不正常。□

12、知道开机步骤：

12.1将绞头后之线头伸入穿过抽线模，其长度足够被炼条头夹住。□

12.2将炼条另一端穿入抽线滚轮之凹槽内。□

12.3启动开关寸动使炼条随集线转轮转动至可使炼条头夹住线头。□

12.4将线头穿入炼条夹头，将斜叉销套进炼条夹头，启动开关寸动，使夹紧之炼条夹头拉紧线头。□

12.5试探性运转无碍则运转待压线轮轴放下不碰到为原则而停车放下压线轮轴。□

12.6继续运转则盘元随集线转轮缠绕，而推挤炼条夹头至集线转轮外时随即停车，卸除炼条。□

12.7正式运转。□

13、知道作业中应注意事项及安全要求：

13.1产品质量检验：

13.1.1自主检查，操作员得随时检查产品质量状况。□

13.1.2 若自主检查中发现产品不符标准，应立即停机，找出原因所在，予以排除或报告
上级，对于已生产之产品，应适时加以抽检。□

13.1.3经矫正后，需确认产品质量合乎标准，始得继续生产。□

13.2作业中应随时补足润滑粉，注意运转是否有异声？□

13.3作业中，若有分卷应立即以标签标示，内容含材质、炉号、重量、日期等。□

14、停车卸料步骤：

14.1按「停止」。□

14.2放松掉压线轮轴使盘元卸掉至下方线架。□

14.3推线架离机台送至集散地。□

15、作业后之处理：

15.1关掉电源。□

15.2清理现场工作环境。□

16、日报表之认识与纪录填写。□

17、机械每日点检表之认识与纪录填写。□

18、领料单之认识与纪录填写。□

19、贴线材标签。□

20、能判定抽线模不光滑，送模具课刨光重整。□

21、能检查酸洗线材瑕疵，如锈垢、污点等。□

22、能于抽线中发现咬模状况，知道如何排除。□

23、会定期点检设备齿轮油位及润滑油添注。□

备注：该项目只要稍有不熟，请于□ 内打×

此为与「标准作业流程」及「职务能力盘点」结合之「**学习地图**」，其特点为：

(1)学习路径明确、

(2)明确作业流程、

(3)明确作业前查检步骤、

(4)明确开机步骤、

(5)明确作业中应注意事项及安全要求、

(6)明确作业后之处理

(7)明确各项作业报表

(8)明确各项作业查检之重点事项。

由于有以上特点，常为制造业所使用。

Case2：人事助理之学习地图

1、基本计算机Office作业软件操作能力。 备注：该项目只要稍有不熟，请于 □ 内打×

 □Word, □Excel, □Outlook, □Powerpoint

 □中打 字/分、 □英打 字/分

2、熟悉公司各项人事规定：

 □薪资规定   □请假规定   □出缺勤规定   □加班规定

 □年休假规定   □出差规定

 □五险一金规定及扣款规定

 □住房公积金规定

 □职工福利金规定

3、人事基本资料查核确认能力。□

4、人事基本资料系统输入。

 □部门基本资料设定   □出勤基本资料设定   □班别基本资料设定

 □职等职级职称基本资料设定 □薪资项目基本设定   □五险一金资料设定

 □薪资所得扣缴设定   □离职原因设定   □奖惩基本资料设定

 □人员异动原因设定

5、人事薪资计算系统维护：

 □基本数据维护 □人事代码设定 □五险一金资料维护 □行事历管理维护

 □出勤维护 □考勤数据设定 □出勤数据维护 □出勤数据打印   □

6、薪资作业：

 □三节奖金发放作业 □年终奖金发放作业 □个别调薪作业 □整体调薪作业

7、熟悉公司教育训练规定与教育训练作业流程：

 □知道如何协调上课时间 □知道如何发出开课通知 □知道如何安排场地

 □准备各项训练用具、设施 □知道如何准备与分发教材 □知道如何处理上课签到

8、知道如何办理公司内训练及公司外训练。□

9、知道如何办理支付讲师钟点费。□

10、了解并能执行各单位训练申请之查核。□

11、派外训练能够查核、确认是否符合派外单位之需求。□

12、了解并能执行训练过程与结果之记录。□

13、了解并能执行训练数据之登录与建文件。□

14、了解并能要求受训员工于时限内提出『训练心得报告』。□

15、了解并能要求受训单位主管于时限内对受训员工实施训练成效评估。□

16、了解与熟习劳动相关法规：

　　□劳动法与劳动合同法　□年资之计算　　　□保密规定　　　□竞业禁止条款

　　□试用（考核）规定　　□工资给付规定　　□ 加班费给付规定

　　□工作时间、休息、休假规定　　□年休假规定　　　□童工、女工规定

　　□工伤补偿规定　　　□罚则规定

17、其他临时事项

备注：该项目只要稍有不熟，请于　□ 内打×

此为与「职务能力盘点」结合之「**学习地图**」，其分析设计须先条列工作项目，再分析各作业项目所需知能。

以上列举各式各样之学习地图，用意在说明，学习地图可以有多种不同的呈显方式，重点在真正能为企业所用。企业用起来方便、落实，而不拘泥于要如何呈显。

二、职能基准

简单讲，「职能」是用以描述在执行某项工作时所需具备的关键能力，目的在找出并确认哪些是导致工作上卓越绩效所需的能力及行为表现，以协助企业组织或个人了解如何提升员工工作绩效，使组织在进行人力资源管理的各项功能与人员训练发展实务时，能更切合实际需要。

职能基准（Occupational Competency Standard -OCS）为统筹分析同一类工作职系，为完成特定职业（或职类）工作任务，所需具备的能力组合。职能基准包括该职类之各主要工作任务、对应之行为指针、工作产出、知识、技术、态度等职能内涵，以下举例。

PCB制程工程师职能基准（简单范例）

工作描述：对异常处理进行监测与分析，藉由质量项目指针进行制程维护与改善，确保生产制程质量稳定与流程顺畅，以提升良率与产出。

入门水平：机械、电机电子、物理、化工、化学、材料等理工相关科系大学或专科毕。

主要职责	工作任务	工作产出	行为绩效指标	职能内涵（K=知识）	职能内涵（S=技能）	职能内涵（A=能力）
1.监控及改善制程质量	1.1处理质量分析	1.1.1制程问题分析报告	1.1.1正确判读报表数，并找到确切的失效问题点	1.统计制程管制（SPC） 2.制程失效模式(PFMEA) 3.设计失效模式(DFMFA) 4.基础统计学	1.QC七大分析方法能力 2.切片制作及判读能力	问题解决、分析推理、压力容忍、沟通协调、主动积极、自我管理、质量导向、成就导向…等等
	1.2巡检在线制程及预防、矫正问题	1.2.1点检窗体 1.2.2制品检查基准书 1.2.3倡导单	1.2.1不定期在线巡检、确保设备及制程稳定运作 1.2.2准确矫正制程以降低问题发生率 1.2.3让现场人员均知悉倡导内容并签名	1.6—σ基础概念 2.机台设计原理	1.机台操作能力 2.基本量测检验仪器能力	

（来源：台湾电路板协会）

上述例子因以图表显示，表格会过于冗长，故以下转换格式来说明：

PCB制程工程师职能基准：

主要职责：（主要由工作职责导出重要职责项目）

1.监控及改善制程质量、2.处理与排除制程异常、3.降低成本、4.协助新制程技术导入、5.协助试量产导入。

工作任务：（类如工作说明书之工作项目条列，条列方式则依职责项目来对应）

主要职责1.监控及改善制程质量➡对应的**工作任务**有：

1.1处理质量分析、

1.2巡检在线制程及预防矫正问题、

1.3维护制程规范、

1.4监控制程品质、

1,5改善制程质量、

1.6进行项目分析。

主要职责2.处理与排除制程异常➜对应的**工作任务**有：

2.1制定异常处理流程、

2.2处理异常品对策、

2.3处理突发性异常制程。

主要职责3.降低成本➜对应的**工作任务**有：

3.1节省原物料成本、

3.2进行制程优化。

主要职责4.协助新制程技术导入➜对应的**工作任务**有：

4.1开发新原物料、

4.2评估及导入新设备、

4.3确认新技术标准化。

主要职责5.协助试量产导入➜对应的**工作任务**有：

5.1评估超出现有制程能力之可行性、

5.2监控及分析试量产之良率。

工作产出：（类如企业《质量手册》之流程查检记录、常用窗体、查检表、改善计划书、作业规范等等）

1.1.1制程问题分析报告、

1.2.1点检窗体、

1.2.2制品检查基准书、

1.2.3倡导单。

1.3.1制程标准规范书（MEE）、

1.3.2文件变更申请单。

1.4.1SPC及SQC工程窗体。

1.5.1质量改善计划、

1.5.2质量改善时程表、

1.5.3成效确认报告。

1.6.1项目报告。

2.1.1异常处理规范书。

2.2.1异常处理窗体、

2.2.2PFMEA表单。

2.3.1技术分析与改善报告、

2.3.2异常处理规范书。

3.1.1生产成本分析表、

3.1.2生产参数列表与质量结果报告。

3.2.1实验设计（DOE）报告、

3.2.2暂时性制程变更表、

3.2.3小批量试制报告。

4.1.1新原物料评估报告、

4.1.2进料检验规范书。

4.2.1新设备评估报告、

4.2.2设备作业规范书。

4.3.1新技术评估报告、

4.3.2暂时性工程变更表、

4.3.3作业规范书。

5.1.1可行性评估报告。

行为绩效指标：（类似一般作业要求标准及行为绩效指标）

1.1.1正确判读报表数据，并找到确切的失效问题点。

1.2.1不定期在线巡检、确保设备及制程稳定运作、

1.2.2准确矫正制程以降低问题发生率、

1.2.3让现场人员均知悉倡导内容并签名。

1.3.1详细说明制程过程及相关参数，供现场人员依循，以确保制程正常产出。

1.4.1持续监控制程，减少制程变异（CPK）。

1.5.1运用QC手法找出异常原因以防止再发，并对需要管制的特性值，提供各种监控管制
方法，以降低不良率。

1.6.1跨部门沟通协调，有效执行项目决议，提升目标达标率。

2.1.1定期搜集该制程站所发生的异常项目，统整作成异常处理规范，使现场作业有所依循。

2.2.1当异常发生时，以可靠度为判定标准，制定适合的重工方式，以顺利达成产出目标。

2.3.1分析异常状况以找出问题根源，并拟定对策防止再发。

3.1.1在符合原本制程质量指针下，显着达到降低成本目标。

3.2.1在符合原本制程质量指针下，测试多因子多水平，找出选取最低成本参数。

3.2.2搜集小批量且长期（约一至三月）质量指针数据，并考虑衍生缺点，以利确认是否

符合制程质量指针。

4.1.1承接研发部门报告，协助测试新原物料，确认制造生产可行性，并订定检验规范。

4.2.1承接研发部门报告，协助评估新设备，确认制造生产可行性，并撰写作业规范。

4.3.1承接研发部门报告，协助评估新技术可行性，并制定作业规范。

4.3.2搜集小批量质量指针数据，确认符合制程质量指针，以完成新技术评估报告。

5.1.1分析试量产数据，以良率、可靠度与量产性（Cycle Time）为标准，以正确评估试量产之可行性。

职能基准须导出对应到职能内涵（K=知识）、职能内涵（S=技能），下表简单例示，以PCB制程工程师职能基准为例：

工作任务	工作产出	职能内涵（K=知识）	职能内涵（S=技能）
1.1处理质量分析	1.1.1制程问题分析报告	1.统计制程管制（SPC）、 2.制程失效模式（PFMEA）、 3.设计失效模式（DFMFA）、 4.基础统计学。	1.QC七大手法分析能力、 2.切片制作及判读能力。
1.2巡检在线制程及预防、矫正问题	1.2.1点检表单、 1.2.2制品检查基准书、 1.2.3倡导单。	1.6—σ基础概念、 2.机台设计原理。	1.机台操作能力、 2.基本量测检验仪器操作能力。
1.3维护制程规范	1.3.1制程标准规范书（MEE）、 1.3.2文件变更申请单。	1.PCB制程简介、 2.进阶原理➜单一制程细说。	1.制程分析能力、 2.数字处理能力。
1.4监控制程品质	1.4.1SPC及SQC工程表单	1.变异理论、 2.计数型控制图与其他类型管制图、 3.统计制程管制（SPC）。	1.操作使用量测检验仪器能力，如SEM电子显微镜、MSA量测系统、 2.统计软件操作使用能力。
1.5改善制程质量	1.5.1质量改善计划、 1.5.2质量改善时程表、 1.5.3成效确认报告。	1.工业管理、 2.基础统计学、 3.实验设计（DOE）。	1.切片操作分析能力、 2.操作使用量测检验仪器能力，如SEM电子显微镜、MSA量测系统、 3.可靠度分析、 4.EDX成份分析、 5.QC七大分析方法能力。
1.6进行项目分析	1.6.1项目报告	1.制程基础原理、 2.基础统计学、 3.风险与管理、 4.项目管理。	1.制程分析能力、 2.数字处理能力、 3.沟通协调能力、 4.解决问题能力。

「**职能基准**」之分析，其设计方向是依各主要工作任务➜对应工作产出与行为绩效指标➜再对应出K、S、A。这可让员工进入工作职场后，不管是初学或熟手，均能清楚知道学习方向与学习重点，以及产出重点和行为绩效要求。

三、职务能力盘点

职务能力盘点是一项浩大工程，需各部门不仅主管还包括员工之通力合作，且职能盘点之后若没有相关之后续措施，将徒劳无功。职务能力盘点是一项浩大工程，因此，先以一个部门、一个项目、或先以一个特定群体（例如基层主管）为对象来实施；会比较可行。实施有成，再逐步推行。

基本上，建立企业各职务之职能模式，就已经工程庞大，因为职能模式先要以「工作分析、或工作说明书」为基础，一般论述职能模式，很少先说明这一点，就直接论述职能模式如何建构。直接论述职能模式如何建构，不是不可行，只是没有先以「工作说明书」为基础，要投入的人力、时间以及与各单位说明，都是繁重的工作，且不容易聚焦。在谈职能模式之前，会先谈工作分析与工作说明书也是这个道理，因为知识有其层级性、关联性，跳跃性学习不是不可，但困难度高。

以下简单举例工作分析、工作说明书与职能模式之关联性：

1. 工作说明书条列了工作项目，有了工作项目才得有效搜集该些工作项目所需知识技能。
2. 从工作项目搜集该些工作项目所需知识技能，才得以分辨该工作所需抽象思考能力，是简单、复杂、或高度抽象。
3. 工作说明书所条列之职掌、职责，即为该工作岗位所要求的工作任务、绩效要求与工作表现。
4. 工作分析说明了该职务上下从属关系及工作上的人际网络，此人际网络仅是单纯对内，或有时尚需与外部做沟通协调，或经常要面对外部不可预知之协商、交涉？不同层次之人际网络关系，所需人际关系能力，层次也不同。
5. 相同部门不同的工作环境、不同的工作关系，职能构面的概念意涵也不同，例如同样是仓管人员，管帐的与送料的所需人格特质与知识概念即不同。

设若要跳过工作分析、工作说明书之阶段直接建构职能模式，藉助外部专家、顾问是比较可行之途径。而职务能力盘点首先即需要有公司各个职务之职能模式或「职务能力说明书」。

1、职务能力盘点目的

职务能力盘点首要在区辨以下关键事项（如下图）：

● 知识、技能（够不够）

● 资源、设施（完不完备）

● 态度、意愿（愿不愿意）

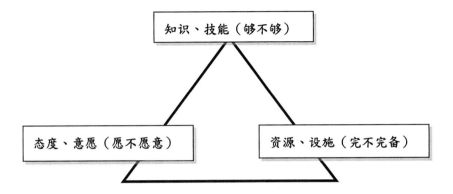

所以职务能力盘点的实施，企业一般会佐以「绩效考核」，尤其是考核动机与态度。

2、职务能力盘点内容

职务能力盘点的内容：「外显知识」与「内隐动机、特质」以及「资源设施」。盘点步骤为：

➜ 外显知识、技能的层级分类。

➜ 行为事例定义或标准的建构。

➜ 实施知识、技能的盘点。

➜ 行为事例的盘点。

➜ 透过绩效考核区辨出：

● 是否属于知识、技能的不足 □

● 是否属于资源、设施的不完备 □

● 抑或是动机、意愿的不足、不愿意？ □

(1)、外显知识、技能的层级分类：

外显知识、技能的层级分类，才得以分辨绩效不足是不是源于知识、技能的不足，此所以许多企业会实施专业技能检定；透过专业技能检定认定员工之技能层级，再对照其工作表现是优异、良好或差。针对工作表现差者，在区辨是否因资源、设施的不完备，抑或是动机、意愿的不足、不愿意。

(2)、区辨出是否属于动机、意愿的不足、不愿意：

依据技能检定，检定出员工之技能层级，在能力范围内工作绩效表现不佳，若非属资源设施不足之因素，则可区辨出是否属于动机、意愿的不足、不愿意。

以上的分析论述，主要是针对「非主管职类」之职务能力盘点；针对「主管职类」之职务能力盘点，除了解知识、技能的足不足，资源、设施的完不完备，抑或是态度、意愿、动机的足不足、愿不愿意之外，值得思辨的另一个重点是➜「**管理职能**」素养之充不充足。

3、职务能力盘点范例➜技能查检表

以下以国外业务技能查检表，以及接收检验人员T1技能查检表为例，说明如何实施技能查检。如前所述➜职能分析是建立在工作分析之基础上；技能查检表也须依「工作说明书」所条列之工作项目，逐一展开其所需知识技能。

国外业务T1技能查检表

（基本作业能力）

单位		被评核者姓名		职务：	到职日：	
NO	查　检　项　目			●良好	△尚可	×差
1	英文能力—□听—□说—□读—□写					
2	简报制作能力					
3	对客户简报能力					
4	国际贸易实务与知识—贸易条件					
5	出口作业流程之熟习与否					
6	了解报关作业流程					
7	了解国际贸易付款条件					
8	能判读2D图面					
9	商业英文书信撰写					
10	开发信、报价函等函电的研拟撰写					
11	了解出口货物运输保险种类，能够安排相关作业					
12	知道如何查询及计算出口海运运费及相关杂费					
13	熟悉公司产品—产品品号编码、生产流程、外包					
14	能操作公司ERP系统					
15	知道如何接单、报价					
16	能判别规格品与特殊品					
17	了解公司之产能规划					
18	能依产能负荷表研拟交货期					
19	了解客户之质量要求					
20	了解客户之特定要求					

国外业务T2技能查检表

单位		被评核者姓名		职务：	到职日：	
NO	查　检　项　目			●良好	△尚可	×差
1	能有效处理客户抱怨事件					
2	熟悉订单、外购单制作及合约审查规定					
3	产品报价—正确性、速度					
4	了解公司产品交期—能应用产能负荷表➜有效应对交期					
5	了解公司产品的竞争力➜有效应对报价					
6	能对应交货期变更事项					
7	能对应订单变更事项					
8	能对应紧急插单要求					
9	能对应规格变更事项					
10	能对应外购品交期变更事项					
11	能对应托外加工质量事项					
12	能规划参展事项					
13	能参与及主导展览时之应对					
14	熟知市场信息➜第三方、竞争对手、新产品、新法规					
15	开发新客户、新市场能力					
16	旧客户维系能力					
17	关键人物关系维系能力					
18	开发、发现客户新需求能力					
19	培育资浅同仁之能力					
20	能创新客服措施					
21	能论述客户价值主张					

接收检验人员T1技能查检表

（基本作业能力）

单位		被评核者姓名		职务：	到职日：	
NO	查 检 项 目			●良好	△尚可	×差
1	了解公司之产品种类与生产制程					
2	了解公司之协力商与需求特性					
3	了解公司之ISO、TS16049管理程序与品保要求					
4	对材质特性的了解。					
5	对产品规格尺寸、公差、质量特性及客户特性要求了解。					
6	具工令图面判读能力。					
7	了解公司接收检验处理程序					
8	能辨别产品是属于□查验处理、□抽验处理、或□不验品					
9	能辨别产品查验处理之重点，并做好查验检查					
10	能辨别产品抽验处理之重点，并做好抽验检查					
11	能辨别产品应有品名、规格、数量（批号）					
12	能辨别产品是否应附「检测报告」、「材质证明」					
13	能辨别外购品检验重点					
14	能辨别电镀品检验重点					
15	能辨别镀锌品检验重点					
16	能辨别热处理品检验重点					
17	知道不合格品处理程序并做好不合格品处理					
18	能判读产品规格及选择适用检测量具来判别了解质量					
19	能适时完成指派工作					
20	对工作所遇问题适时回报					
21	具培养新进人员能力					

接收检验人员T2技能查检表

单位		被评核者姓名		职务：	到职日：	
NO	查 检 项 目			●良好	△尚可	✕ 差
1	有能力做好产品接收检验的检测与分析					
2	有能力辨别、检测产品「涂装」之质量要求					
3	有能力辨别、检测产品「涂敷润滑油」之质量要求					
4	有能力辨别、检测产品「镀锌」之质量要求					
5	有能力对产品「氧化膜检测」并辨别其质量要求					
6	能开立「不合格品处理单」及处理后续相关动作					
7	有能力处理委外加工、外购品接收检验之异常状况					
8	能鉴别公司标准、国家标准、国际标准及顾客标准					
9	针对不合格品，能判别需重工或剔选动作，或确认批退					
10	有能力评估、分析供货商进货质量实绩					
11	能研拟、改善「接收检验」之程序或作业标准					
12	有能力建立「免验厂商」标准					
13	能研拟、改善「不合格品」处理之程序或作业标准					
14	能研拟、改善「供货商辅导」处理程序					
15	有能力做好供货商辅导管理					
16	原物料不良品之改善对策及处理					
17	具规划整体接收检验工作之能力					
18	具培训整体接收检验工作之能力					

以上为针对外显知识能力之「技能查检表」简单范例；依此范例，可提供各部门参考，制作出各部门各同仁之「技能查检表」。「技能查检表」宜先由员工自评，再由主管检核，如此可让员工与主管之认知差距作一沟通调整。

建立了外显知识技能之「技能查检表」之后，接下来要建立内隐特质之行为事例查检表。

4、职务能力盘点范例➔行为事例查检表

行为事例查检表要先定义能力项目、概念意涵、以及行为事例，以下以基层主管之职能模式举例如下：

能力项目	概念意涵	行为事例
沟通协调	能善用沟通技巧，清楚正确的表达或传达意见，以有效解决冲突或达成共识。	能善用沟通技巧来解决冲突或达成共识。 能有效的运用沟通，使他人同意自己的意见。 会从不同管道来搜集信息以有效沟通。 能扼要正确的表达意见或传达讯息。 能够有效的传达公司的政策与上司的指示。
团队合作	积极投入、能信任他人、愿意与他人合作，且乐于将个人经验和同仁分享。	追求团体绩效高于追求个人表现。 愿意与他人分享、交换资源或意见。 能与他人建立密切的合作关系。 有效营造团队精神，发挥部门的战斗力。 能对团队的成员表达正面的态度与期望。 拥有向他人学习的意愿。
问题解决能力	透视问题的核心，运用最有效率的方法来解决问题，同时能够提出根本的解决之道；亦即利用最具创造力、整体性的方法解决问题。	具有正确、迅速处理顾客疑问与抱怨的能力。 有创意地运用不同的技术来解决顾客的问题。 根据数据，分析工作未达预期目标的原因。 能预防已经发生过的问题，以防止问题再发生。 能确认改善计划的进度与结果。 当异常发生时，能立即判断轻重缓急作出对策。
自我管理	能够自我鞭策、管理，对于预定的工作计划或上司临时交办的事项，能在既定的时间内迅速、有效的加以完成，以达成预定的工作目标。	为确保高工作质量，会订出自己的工作流程。 会利用系统性的方法来组织与记录工作进度。 能够做好时间管理，使工作更有效率。 能随时督促自己。 具备强有力的企图心。 能承受较高的压力与风险。

能力项目	概念意涵	行为事例
主动积极	踏实、负责,具有敬业的精神,能主动发掘工作上的种种问题,并且会尝试自己先解决问题,而后再向上司反映,而非被动消极的因应。	坚持到底、绝不轻言放弃。 能找出目前所存在的机会,并适时的把握。 能快速、果决的处理危机事件或紧急情况。 会努力创造潜在机会,避免未来可能发生的危机。 在事情发生时,会试着找出其他人的观点。 要求做事前会确认出自己该做的事并采取行动。 愿意付出额外的努力来达成工作目标。 能主动配合工作需要,弹性调整工作时间。
执行力	能够自我鞭策、管理,对于预定的工作计划或上司临时交办的事项,能在既定的时间内迅速、有效的加以完成,以达成预定的工作目标。	对于新的事务,虽然困难重重,也会尝试去做。 能将团队内的人员、对象做出适当的分配。 能够随机应变来处理工作中的突发状况。 具备安全、质量与成本意识。 能够持续改善工作方法与作业流程。 能在既定的期限内完成上级交付的目标。
培育部属	会积极的针对部属的需要,来安排相关的教育训练计划,并能有效的教练和监督工作成果,且不断的分享工作经验与知识,来发展部属的工作能力。	充分了解部属的能力、性格与需求,分派适当工作。 能与他人分享知识、经验与建议,帮助其绩效改善。 能随时掌握部属的工作进度与工作绩效。 能实时提供部属正面的以及具建设性的绩效回馈。 能提供部属所需资源、移除阻碍,帮助其达成目标。 能让部属清楚知道他们该做些什么及何时该完成。

(来源:基层主管职能量表之建立与验证-以某化工公司为例,吴昭德,2002,中央大学人力资源管理研究所硕士论文。)

所以定义了能力项目、概念意涵、以及列举行为事例，才能进一步对内隐特质进行盘点，盘点表范例如下：

(1)行为评价范例

(2)行为锚定范例

1、行为评价范例

能力项目	行为事例	优	尚可	差
沟通协调	能善用沟通技巧来解决冲突或达成共识	☐	☐	☐
	会从不同管道来搜集信息以有效沟通	☐	☐	☐
	能够有效的传达公司的政策与上司的指示	☐	☐	☐
团队合作	能与他人建立密切的合作关系	☐	☐	☐
	有效营造团队精神，发挥部门的战斗力	☐	☐	☐
	能对团队的成员表达正面的态度与期望	☐	☐	☐
问题解决能力	根据资料数据，分析工作未达预期目标的原因	☐	☐	☐
	能预防已经发生过的问题，以防止问题再发生	☐	☐	☐
	能确认改善计划的进度与结果	☐	☐	☐
	当异常发生时，能立即判断轻重缓急作出对策	☐	☐	☐
自我管理	会利用系统性的方法来组织与记录工作进度	☐	☐	☐
	能够做好时间管理，使工作更有效率	☐	☐	☐
	能随时督促自己	☐	☐	☐
	具备强有力的企图心	☐	☐	☐
	能承受较高的压力与风险	☐	☐	☐
执行力	能将团队内的人员、对象做出适当的分配	☐	☐	☐
	能够持续改善工作方法与作业流程	☐	☐	☐
	能在既定的期限内完成上级交付的目标	☐	☐	☐
	承诺的事项必全力以付来达成	☐	☐	☐
培育部属	能有效制定部属培育计划并有成效	☐	☐	☐
	能分派不同工作让部属有学习机会	☐	☐	☐
	主动与部属分享经验与建议，帮助其绩效改善	☐	☐	☐
	能实时提供部属正面的以及具建设性的回馈	☐	☐	☐
	能与部属共同讨论建构部属的个人发展计划	☐	☐	☐

（备注：一般评量量表以五个尺度或七个尺度为佳，此处以三个尺度只是为了说明效果）

2、行为锚定范例

团队合作	分享知识经验	程度1：不常或很少与他人分享知识经验。 程度2：虽愿意与他人分享信息、知识、经验，但相当保留。 程度3：愿意与他人分享信息、知识、成功与失败的经验。 程度4：常主动与团队成员分享信息、知识、成功与失败的经验。 程度5：能无私地分享个人所知信息、知识或经验。
	提供回馈或协助	程度1：很少意愿对团队成员提供工作上的协助或回馈。 程度2：偶尔会对团队成员提供工作上的协助或回馈。 程度3：能主动对团队成员提供工作上的协助或回馈与建议。 程度4：能以团队目标为目标，时常协助成员，或提供回馈与建议。 程度5：主动积极，以团队目标为目标，除时常协助成员，并能提供建设性之回馈与建议。
规划控制	设定明确的工作目标	程度1：几乎不会针对部属设定明确的工作目标。 程度2：虽有针对部属设定工作目标，但缺乏成果。 程度3：能够与部属共同订定工作目标，且有具体方案与路径。 程度4：能够与部属共同订定明确的工作目标及评量方法，且有一些成效。 程度5：能够与部属共同订定明确的工作目标及评量方法，并有具体成果。
	监控与矫正	程度1：几乎不会与部属检讨讨论如何达成预定的工作目标。 程度2：会与部属检讨讨论如何达成预定的工作目标，但查核点不明确。 程度3：能够与部属检讨讨论如何达成工作目标及实施方案。 程度4：能与部属讨论如何达成工作目标，且有明确的查核点及评量方法。 程度5：能与部属讨论如何达成工作目标，并有具体成果。

自我管理	对自己的目标、观念和行为表现等进行管理	程度1：不常或很少给自己设定目标。 程度2：虽能设定目标，但达标率不高。 程度3：能给自己设定明确目标，并力求达成。 程度4：除能给自己设定明确目标，力求达成，并展现企图心。 程度5：能给自己设定明确目标，展现企图心，并言而有信。

分析判断	搜集有用信息之能力	程度1：面对议题时，很少搜集相关信息，多凭个人经验判断进行判断。 程度2：面对议题时，仅能搜集有限的信息，片面地进行决策或判断。 程度3：面对议题时，能够搜集相关信息，作为决策或判断的参考依据。 程度4：面对议题时，除能够搜集有用的信息，并做出有效判断或决策。 程度5：面对议题时，所做判断或决策常都能直指问题核心。
	问题解决	程度1：面对问题时，决策或判断的效益差，常无法解决问题。 程度2：面对问题时，决策或判断的效益尚可，能解决部分问题。 程度3：面对问题时，决策或判断有其效益，能解决或排除问题。 程度4：面对问题时，能先期预防或排除，避免问题发生。 程度5：面对问题时，能做出有效判断或决策，并化问题为机会。

提升绩效	设定明确绩效指标之能力	程度1：几乎不会针对部属的工作订定明确的绩效指标及评量方法。 程度2：虽然会订定一些绩效指标及评量方法，但是不够明确。 程度3：能够与部属共同订定明确的绩效指标及评量方法。 程度4：能够与部属共同订定明确的绩效指标及评量方法，且有成效。 程度5：能够与部属共同订定明确的绩效指标及评量方法，且成效卓著。
团队学习	团队学习	程度1：几乎不会针对部属的工作，引导团队学习。 程度2：虽能针对部属的工作，引导团队学习，但是缺乏方法。 程度3：能针对部属的工作，引导团队学习，有初步成效。 程度4：能针对部属的工作，引导团队学习，成效可见。 程度5：能针对部属的工作，引导团队学习，且成效卓著。

时间管理	明确的工作进度和时程计划	程度1：不常或很少设定明确的工作进度或时程计划。 程度2：虽能设定工作进度或时程计划，但达标率不高。 程度3：能设定明确的工作进度或时程计划，并力求达成。 程度4：能设定明确的工作进度或时程计划，力求达成，并展现企图心。 程度5：能设定明确的工作进度或时程计划，展现企图心，并言而有信。

培育部属	设定明确的学习目标	程度1：几乎不会针对部属设定明确的学习目标。 程度2：虽有针对部属设定学习目标，但缺乏可行性。 程度3：虽能够与部属共同订定学习目标，但不够具体、或缺乏成效。 程度4：能够与部属共同订定明确的学习目标及评量方法，且有一些成效。 程度5：能够与部属共同订定明确的学习目标及评量方法，并有具体成果。
	建构个人发展计划	程度1：几乎不会与部属讨论如何建构部属的个人发展计划。 程度2：会与部属讨论如何建构部属的个人发展计划，但缺乏可行性。 程度3：能够与部属共同讨论建构部属的个人发展计划及评量方法。 程度4：能与部属共同讨论建构部属的个人发展计划，且有一些成效。 程度5：能与部属共同讨论建构部属的个人发展计划，并有具体成果。

行为事例锚定法之其他范例：

●**责任感**➜程度区分如下：

1. 会努力做好自己职责范围内的工作。

2. 能在规定的期限内完成自己的工作职责。

3. 对于上层主管交办的任何工作会尽心尽力的完成。

4. 对所负责的工作抱持高度的热忱及工作意愿。

●**主动性**➜程度区分如下：

1. 工作时通常不需主管叮咛即可自动自发完成工作任务。

2. 有高度的自律能力。

3. 愿意主动承担更多的工作。

4. 愿意做本分工作以外的项目。

5. 会主动付出额外时间以使工作能顺利完成。

●业务人员之倾听能力→行为表现与程度区分

程度 1：面对他人所表达之意见与看法，无法有耐心的倾听。

程度 2：在讨论的过程中，能够倾听他人不同的意见及看法。

程度 3：在倾听对方意见的过程中，能够站在对方的立场，试图了解对方所要沟通的意念。

程度 4：在讨论的过程中，能针对他人所提出之意见，结合组织的立场，提出个人之意见。

程度 5：在讨论的过程中，能够客观的接收到他人所提出之口头与非口头意见，并客观了解。

●有效安排与掌握时间

程度 1：无法将时间作妥善分配，以致于常和他人时间表产生冲突。

程度 2：能够协调他人与自己的时间，不致和他人的时间产生冲突。

程度 3：能够有效的利用与安排自己的时间，并和他人之时间表配合，以达成组织的目标。

程度 4：在达成组织目标的过程中，能和他人充分沟通协调，以节省不必要之时间浪费。

程度 5：能善用时间，将他人与自己的时间作妥善分配，以达成组织目标。

●有效掌握机会

程度 1：在面对工作上的机会来到时，常常错失最好的时机，慢人一拍。

程度 2：能够看到机会的产生，但却无法适时的把握利用。

程度 3：不但能预先看到工作上的机会，还能立即的掌握，以替自己创造更大的效益。

程度 4：在处理工作事务的过程中，对于工作要求范围内的机会，能预先得知并立即的掌握。

程度 5：对于工作要求范围之内的机会不但能预先得知且立即的掌握，针对工作要求范围之外的机会也能有效的把握，进而超越组织目标。

备注：从以上行为锚定法之盘点范例，可以看出「行为锚定」盘点并不太适用于中高阶层，因为合理来讲，中高阶层的职务能力落点几乎不会在程度 1、程度 2 及程度 3 这些范围。

职务能力盘点之后

职务能力盘点之后，重要的是→回馈、引导与发展。

外显专业知能层面因有「技能查检表」可据以实施训练，可以 OJT 方式、项目执行、工作轮调、自我学习或以课程培训方式来训练。而内隐特质与行为层面有须藉由绩效考核或回馈面谈，来指导改善或激励提升。

一般企业之绩效考核常列为「机密文件」，由于绩效考核结果无论是好是坏，对当事者个

人均有某种程度之冲击影响，列为「机密文件」固无可厚非。但若善用内隐特质与行为层面考核或盘点结果之各项统计分析图表，将有助于主管与部属之绩效回馈面谈。（**让数据说话**）

设若避免对员工冲击过大，不以绩效考核型式，仅以「职务能力盘点」来了解员工能力特性，以做为训练发展之参考依据，也是有需建立各项「职务能力盘点」后之统计分析数据与图表：

（1）、例如以「散布图」客观地让员工知晓其该项行为能力落在哪一层次或位阶。

例如行为量表总分之散布图（分数越高越符应公司要求➜分数低者，即有加以训练或实施指导之需求）

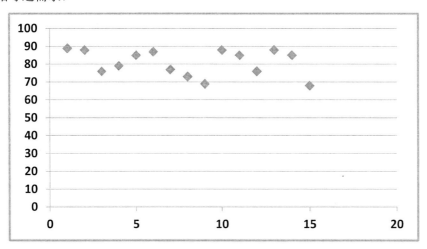

而分数低者需要哪些训练或指导？再依各职能项目，鉴别出低分者➜例如设定明确的绩效指标能力之散布图（分数越高越符应公司要求，分数低者需要即需训练或指导）

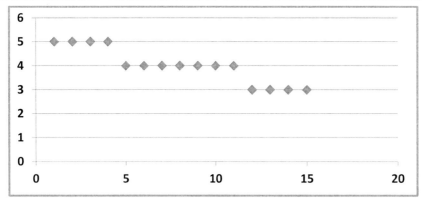

（2）、以平均值及标准偏差客观地让员工知晓其该项行为能力落在哪一层次或位阶。

（3）、以众数描述公司员工之行为特质（众数：指出现次数最多的数值。）

建立各项「职务能力盘点」后之统计分析数据与图表，对企业教育训练之聚焦与成效评核将有很大的帮助。

职 能 与 绩 效 考 核

第 五 章

传统的绩效考核模式，以工作或业绩表现为主导，再佐以工作态度、纪律或团队合作等「质性」指标，实施一个月、一季、半年或一年的绩效考核。这样的考核模式施行已久，有它存在的环境背景，也有它某种程度的成效。但因应二十一世纪知识经济与全球化之变局，传统的绩效考核模式，已无法因应人力资本发展之需求，需有一个新的措施与做法来因应变局，此即职能导向的绩效考核模式。面对全球化市场竞逐的环境，只有针对组织的核心优势从新定义，并聚焦强化，才能维系组织的竞争动力。

一、职能与绩效之关联模式

职能与绩效之关联模式，简略描绘如下：

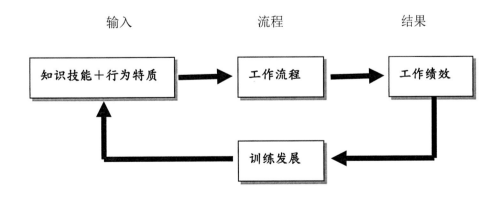

（来源：主管管理才能评鉴量表之建立与信、效度分析－以某商银为例，邓国宏，2000，中央大学人资所硕士论文）

职能导向的绩效考核模式与传统绩效考核模式的主要差异，在于将「职能」（或说：行为特质）列为重要考核项目之一，而不只着眼于工作或业绩表现。诚然，过去许多企业也强调「计量的工作表现」与重视「质性」的工作态度、纪律或团队合作等「质性」指标；那职能导向的绩效考核模式与传统绩效考核模式究竟又有何差别？

差异在于传统绩效考核模式无法聚焦于「未来」、无法聚焦于「变革」。职能导向的绩效考核模式能聚焦于「核心职能」、能聚焦于「工作职能」，所以能聚焦于未来、以及引领变革。

员工核心职能

核心职能是指公司认为全体员工都需要具备的重要职能，且能与竞争对象产生差异化，例如台积电强调诚信正直、高科技业强调成就创新等。在此「核心职能」之基础上，又可展开为高阶主管核心职能、中阶与基层主管核心职能，以及一般员工之核心职能。

例如中华汽车核心职能强调：

- **持续改善**
- **分析能力**
- **创新能力**
- **积极主动**
- **信息掌握与应用**
- **强化伙伴关系**

依据《Career 就业情报》2003 年的调查，有高达 9 成企业将「**团队合作**」视为员工最重要的核心职能，无论在科技业或服务业，「团队合作」都名列前三大核心职能。其他 9 项企业最重视的员工核心职能，依照排名分别为主动积极、持续学习、责任感、创新求变及进行突破性思考、正直诚信、客户导向、问题分析及解决能力、质量管理、反应速度。这几项核心职能同时包含个人道德面、态度面、执行面及行为面。调查结果也发现，「客户」与「质量」是目前企业相当重视的两项课题，这也反映在员工的职能要求上。

主管首重决策与创新能力

至于主管职能部分，「决策能力」与「创新求变及进行突破性思考」并列第一，各有 6 成企业表示，这是他们最重视的主管核心职能。（来源：Career 就业情报杂志，328 期）

台湾第一大汽车经销商➡和泰汽车就透过建构职能模块，摒弃早期以考绩表现并参考年资来决定晋升与否的方式，改变为考绩表现与职能成绩各占晋升条件的一半，成绩符合者方可晋升，以提升员工能力。和泰汽车于 2001 年 6 月首度运用「职能发展中心」（Assessment

Center）作为拔擢内部人才之手法，针对各单位推荐之晋升五职等人员。采用「个案分析与报告」、「小组讨论」、「人员访谈」三种方式实施。评鉴之评核人员则由公司经理、副理及课长级人员担任。依据受试者于评鉴中所得的各项职能分数，与考绩加总排名后，择优晋升。（来源：和泰汽车网站➜关于和泰汽车➜和泰汽车六十年➜第十六章）

2001年的一项研究，以一个在台湾专门制造气体与化工的中、美合资公司为研究对象，目的在验证由其美国总公司于2000年所完成的8项基层主管职能构面与量表，是否适合于台湾公司基层主管的核心职能量表，进而作为未来个案公司针对基层主管实施招募遴选、培育发展与绩效评估时来运用。

个案公司之基层主管职能构面，包括：沟通协调、专业知识技术、团队合作精神、问题解决能力、主动积极、自我管理、执行力与培育部属，计有8项构面。

从问卷回收后分析得知，自评与直属主管及部属之间的评估分数均呈现正向关系，其相关系数大约在0.21至0.67左右，显示自评、主管评与同事评呈现正相关，表示自评与主管评、自评与部属评对于核心职能的认知是一致的。

此外，该研究参考个案公司前两年度的各个基层主管年度绩效考核成绩，与其两年来平均的成绩，共三个成绩来作为依据，以了解基层主管的职能表现与工作绩效之间的相关程度。分析结果发现，不论是以第一年的绩效作效标，或是以第二年的绩效来作效标，或是以两年的平均绩效来作为效标，八个基层主管职能构面与绩效之相关程度均达到显着水平，显示该量表具备不错的效标关联效度；而每项构面之间亦均有相关性。该研究先将个案公司基层主管之近两年来的平均绩效，并概分成三类，分别是：

第一类：两年绩效为86－95 分者，共10 位。

第二类：两年绩效为80－85 分者，共39 位。

第三类：两年绩效为70－79 分者，共17 位。

研究结果显示➜基层主管的绩效表现与八个职能构面有明显的差异，其中在第一类绩效较佳之基层主管，其在八个职能构面项目的表现上，明显的分数比第二类与第三类的基层主管来的高；而第二类的基层主管，其在八个职能构面项目的表现上，明显的分数比第三类的基层主管来的高。也就是说这八个职能构面可有效测出个案公司基层主管之绩效水平。（来源：基层主管职能量表之建立与验证-以某化工公司为例，吴昭德，2002，中央大学人力资源管理研究所硕士论文。）

也就是说，个案公司基层主管职能之8 项构面，包括：沟通协调、专业知识技术、团队合作精神、问题解决能力、主动积极、自我管理、执行力与培育部属；由自评与主管评、或自评

与部属评之得分均呈正相关，且可预测该基层主管之绩效表现。

多项研究也都证实职能与绩效之高度关联，2010 年发表的一份研究，主要目的在了解高科技产业内绩效优异员工的背景与职能条件，包含员工核心职能、主管管理职能与各项职系的专业职能。该研究以台湾一家科技大厂之员工为个案研究对象，该公司曾于 2005 年在知名顾问公司协助下，为员工施行职能评鉴，该研究经个案公司授权取得 1,065 笔员工职能评鉴的次级分数、1,221 笔 2006 年工作绩效的评比、1,310 笔 2007 年工作绩效的评比，以及 1,583 笔员工的基本数据后，取其集合，最后得到 835 笔有效样本数据。将总样本划分为绩优与绩差两个族群，并采用卡方检定法与均值检定法进行统计分析。研究结果发现，绩优员工们多是男性、青壮年（30 至 40 岁）、教育程度较高（研究所以上）、工作年资较长（10 年以上）、主管职，并且担任研发、项目管理、营销业务职者。核心职能有六项：「问题解决」、「压力忍受」、「市场敏感」、「计划组织」、「分析判断」、「危机处理」。研究还发现绩效特别优良者除了拥有核心职能外，还具有高度的「专业学习」、「主动积极」、「逻辑推理」、「应变反应」的能力。（备注：台湾高科技产业之研发、项目管理、营销业务职者以男性居多。）

（来源：绩效优异员工之背景与职能条件：在台上市电脑系统公司为例，吴欣蓓、陆洛、巫姗如；人力资源管理学报，10 卷 2 期，2010/06/01）

由于职能量表之评分，可预测未来之绩效与行为表现，职能模式之建构，遂成为引领企业变革与策略执行之有效工具。

2010 年，IBM 针对全球 60 个国家、33 项产业的 1,541 位 CEO 进行深入访谈，CEO 们一致认为现今所面临的经营环境前所未有，充满不稳定与不确定性；渐进式的改变，在这个全球营运方式产生重大变化的世界中已不足够。深入探究「杰出企业」驾驭复杂环境的成功之道，可清楚发现纵使客观条件迥异的企业，不约而同地聚焦在三项关键能力：

(1)关键能力一：体现创意领导

创新当然不是口号，而是「杰出企业」CEO 最重要的领导特质。选择改变并不容易，但创意领导者更愿意接受改变旧有商业模式的风险，勇于尝试跳脱「恒久不变」的管理风格。在 CEO 心中，「创造力」是未来五年最重要的领导特质。

(2)关键能力二：重塑客户关系

在错综复杂的商业环境中，客户不仅是企业的获利来源，更可能成为企业的成功伙伴。「杰出企业」懂得运用多元沟通管道，让客户持续参与并共创价值。杰出企业的成功 CEO 们视信息洪流为洞察客户需求的机会，更将「消费者亲密度」列为第一要务！

(3)关键能力三：建构灵活营运

CEO 们透过各种方式来驾驭复杂环境，他们重新设计营运策略，以提升速度与弹性，并将有价值的复杂情境，巧妙地融入到简约的产品、服务及与客户的互动中。多数「杰出企业」倾向于精简营运，才能有效管理复杂环境。危机同时伴随商机，倘若企业能维持灵活营运，便能掌握机会因应挑战、拥抱新商机。CEO 们同时建议企业学习「隐藏」复杂性，让客户与员工以最简洁的方式创造价值。（来源：驾驭复杂环境，开创崭新利机，IBM，2010）

体现创意领导、重塑客户关系、建构灵活营运➡这都是要导向「未来」的经营模式，传统的绩效考核模式难以聚焦于此。惟有聚焦职能，建立共同使命的团队，才能有效引领变革。

二、聚焦职能，建立共同使命的团队

企业的营运绩效有赖专业的团队，而团队则由「人」所组成。管理大师明兹伯格（Henry Mintzberg），曾经说过，当今企业的种种问题，都源自于「管理的危机」(Crisis Of Management)。企业必须重新反思，重新聚焦，并且重视企业的核心价值。Michael Hammer 曾言：绩效考核与奖酬制度，是形成企业文化的最重要关键因素。职能与变革之关联模式略示如下：

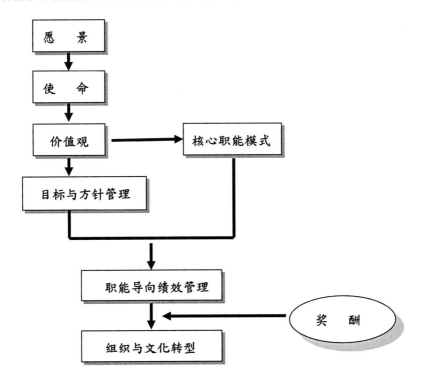

主管管理职能模式导入案例

CASE1：某汽车经销商高阶主管之管理职能构面

下表为某汽车经销商高阶主管之职能构面、概念意涵与行为事例

能力项目	概念意涵	关键行为事例
策略管理	具有前瞻的思维及洞察力，能使环境、组织以及策略目标达成三者间良好的协调，并能就组织竞争优势、营业目标、营业活动范围和营业重点等等设定较为长期的规划。	1. 能根据资料分析市场需求量。 2. 能依据对手状况来拟定策略。 3. 能根据公司所处环境发展适当的竞争策略。
顾客至上	抱持以客为尊的信念与顾客建立紧密的互动关系，以负责亲切的服务态度，快速地响应顾客的问题，重视并发掘顾客的潜在需求。	1. 以负责的态度快速解决顾客的问题。 2. 鼓励员工设法满足顾客的需求。 3. 与外部顾客建立紧密客户关系。
部属培育	依部属特质及工作表现给予适当指导，教导部属如何解决问题，培养其独当一面的能力，使其勇于接受各项磨练及挑战。	1. 能掌握了解部属的特质并给予不同的目标设定。 2. 能教导部属正确的工作方法与步骤。 3. 能指导部属如何解决问题。
员工体恤	主管主动地关怀、顾虑及体谅员工的感受，并能让员工了解到如此的善意。	1. 能让员工觉得受到尊重。 2. 能对员工表达关怀与体恤。 3. 能留意员工满意度的变化。
热情投入	对所负责的工作抱持着高度的工作意愿及热忱，将任务的达成视为自己的责任，面临困难时，愿意付出努力与心力以达成任务。	1. 对于交付的工作，会积极动脑筋想方设法去行动。 2. 对所负责的工作展现高度的兴趣，愿意运用额外的工作时间执行任务。 3. 日常工作时精力充沛、积极主动，具有很高的活动力。 4. 主动发觉问题，比别人先开始行动。

能力项目	概念意涵	关键行为事例
团队意识	能包容并重视团队成员的个别差异，鼓励成员以个人与团队双赢的态度合作，并引导成员整合歧见，一起解决问题，在适当的时机让团队成员参与决策。	1. 让不同部门为共同的目标合作。 2. 鼓励成员间相互支持协助的行为，塑造团队互助风气。 3. 能将工作绩效归功于团队。
引导变革	有效传达公司的变革政策，引导部属愿意接受并配合执行。	1. 能有效传达公司的变革政策，引导部属愿意接受并配合执行。 2. 能尊重与支持同仁在工作上所提出的创意作法。 3. 容易接受新的想法与做法，使自己成为促进变革与创新的模范。
决策能力	能搜集与分析各种不同资料，找出其关联及因果关系，以作为决策判断的基础。	1. 决策不但能有根据而且快速。 2. 能搜集与分析各种不同资料，找出其关联及因果关系，以作为决策判断的基础。 3. 能根据策略、政策或计划方案的优缺点，发展决策分析模式，选择最佳方案。
沟通协调	能代表公司与其他经销商保持良好沟通。	1. 能代表公司与其他经销商保持良好沟通。 2. 能代表公司与外部相关利益团体维持良好关系。 3. 能清楚地与员工沟通组织策略及个人期望。
绩效管理		1. 能公平与正确地评估所属成员的绩效表现。 2. 能适时与所属成员讨论其绩效表现，明确的指正部属的工作缺失，并给予适当的绩效改善建议。 3. 能将个人目标与公司策略链接起来。

（来源：高阶主管管理职能之建立—以某汽车经销商为例，陈彦儒、林文政）

CASE2：某金控公司管理职能模式

高阶主管管理职能构面➜包含：经营敏锐度、公司策略与制度规划、变革管理、绩效管理、领导统驭。

中阶主管管理职能构面➜包括：规划与执行、团队建立、绩效管理、沟通协调、员工发展。

基层主管管理职能构面➜包括：规划与执行、团队建立、绩效管理、沟通协调、员工发展。

高阶主管管理职能构面

能力项目	概念意涵	子构面
经营敏锐度	能有效地解读各项信息，以掌握产业发展脉动，进而预测公司未来阶段性发展可能遭遇到的问题，并提出对策。	1. 掌握金融产业环境及信息。 2. 提出经营对策。
公司策略与制度规划	能够根据公司所处的经营环境，规划公司年度发展策略，拟订主要的营运方针，布署关键人事，建立及推动各项制度，并适时与部属说明及沟通经营策略。	1. 公司策略与营运。 2. 策略沟通。
变革管理	能预视组织面、经营方针面或制度面需要进行变革处，发动变革，并引导员工接受变革。	1. 变革规划。 2. 推动变革。 3. 引导改变。
绩效管理	能够清楚地规划并订立公司经营目标，促使各部门有效落实绩效控管，并针对目标达成情况给予回馈，以确保公司年度目标的达成。	1. 目标制定。 2. 绩效控管。 3. 绩效考评与回馈。
领导统驭	能有效结合公司内外部资源，运用个人影响力及各项方法，激发部属与同侪工作热忱；有效管理组织冲突，并引导部属完成部门或组织目标。	1. 影响及激励他人。 2. 资源分配与运用。 3. 冲突管理。

中阶主管管理职能构面

能力项目	概念意涵	子构面
规划与执行	能根据部门资源，订定部门年度经营策略与方针；有效分配部门资源，规划可达成目标之各项行动方案。	1. 部门方针拟定。2. 资源争取与分配。3. 行动方案制订。
团队建立	能掌握部门成员及公司资源，建立良好的分工与合作方式；凝聚团队成员之专业共识，化解组织冲突，营造部门内良好的工作气氛。	1. 知人善任。 2. 促使团队合作。 3. 工作气氛营造
绩效管理	能清楚且具体地设定部门年度绩效目标；善用各种管理及激励工具控管绩效达成之进度；定期进行绩效评核，并给予回馈。	1. 目标制定。 2. 绩效控管。 3. 绩效考评与回馈。

能力项目	概念意涵	子构面
沟通协调	能建立良好的沟通气氛；能够清楚地传达想法，倾听他人的意见，并能发挥影响力，达到沟通协调的目的。	1. 清楚表达想法。 2. 讯息确认。 3. 广纳意见。
员工发展	能充分运用资源与个人影响力，协助部属持续学习；能够激发员工持续追求专业成长的动力。	1. 专业的指导与咨询。 2. 协助专业发展。

基层主管管理职能构面

能力项目	概念意涵	子构面
规划与执行	能够依据部门年度计划或特殊任务需要，拟订详细的行动计划，执行并确保任务能如期完成。	1. 行动计划之拟定。 2. 执行力。
团队建立	善用团队运作的技巧，有效解决团队冲突，促使团队成员建立专业共识、互相协助以完成工作任务。	1. 促使团队合作。 2. 冲突管理与建立共识。 3. 团队士气的营造
绩效管理	能订定团队成员的年度绩效目标，有效地管控其工作进度，公正地评量其工作成效；能与部属共商绩效改善计划，协助其改善。	1. 目标制定。 2. 绩效控管。 3. 绩效考评与回馈。
沟通协调	能与团队成员建立良好沟通气氛；能清楚地传达想法，并倾听成员的意见；能确认上下沟通的讯息一致。	1. 清楚表达想法。 2. 讯息确认。 3. 广纳意见。

（来源：某金控公司管理职能模式之建立及管理发展之研究；周孝慈、郑晋昌）

CASE3：某个案公司管理职能模式

高阶主管管理职能	中阶主管管理职能	基层主管管理职能
1. 变革领导	1. 培育及激励部属	1. 人际了解
2. 经营敏锐度	2. 团队绩效管理	2. 团队建立
3. 公司策略与营运	3. 组织/规划	3. 个人绩效管理
4. 培育部属	4. 项目管理及执行	4. 执行力
5. 企业伙伴关系维持与建立		

以下以个案公司高阶主管管理职能为例，阐述其概念意涵与关键行为指标：

职能项目	概念意涵	关键行为指标
1. 变革领导	能够洞悉组织内外在的环境变化，了解组织变革的需求，提出具前瞻性且有利于组织成员发展之因应方案，以期塑造并影响组织成员之态度与行为，激发组织成员朝既定方向改变，以完成预定之组织目标。	能观察并有效预测产业及市场的未来发展趋势，并适时针对公司未来的走向提出对策，领导公司朝向永续发展的目标迈进。

职能项目	概念意涵	关键行为指标
2. 经营敏锐度	能有效地解读各项信息，掌握产业发展脉动及擘划公司未来发展方向，进而预测公司未来阶段性发展可能遭遇到的问题，并提出对策。	能因应环境和市场发展趋势，随时机动调整公司营运策略。

职能项目	概念意涵	关键行为指标
3. 公司策略与营运	能针对公司所处的经营环境与拥有的资源，规划公司年度发展目标，拟定主要的营运策略、建立及推动各项制度，并有效沟通与落实，以完成预定之组织目标。	能够充分了解并有效整合公司所属产业的相关信息，拟定公司短、中、长期发展的策略目标。

职能项目	概念意涵	关键行为指标
4. 培育部属	能够针对团队成员发展之需求进行分析，并以高度企图心，提通管道与机会协助成员做长期的发展与学习。	能将个人的专业知识、工作和管理经验，做有系统的整理与分享，提供部属做为学习与参考之用。

职能项目	概念意涵	关键行为指标
5. 企业伙伴关系维持与建立	能够善用各种资源管道，与有助于达成企业目标之现在与潜在伙伴，建立维持友善的关系与联系网络。	确认并维持工作上的合作伙伴或是客户间的合作关系。

（来源：管理职能模型之建置－以A公司为例；李嘉哲、郑晋昌，第十四届企业人力资源管理实务专题研究成果发表会，2008）

三、职能导向绩效考核实务案例

Case1：友讯科技

以自有品牌销售网通产品的友讯科技，产品遍布全球 170 个主要国家与市场，2010 年 1 月完成绩效考核制度大革新。前友讯科技行政暨劳安处资深处长徐行指出，新制度有几项特色，完全颠覆过去思维。

第 1，打破「满分一定等于 100 分」的刻板印象，累积总分可以超过 100 分；

第 2，职能评估的指标，由部门主管以及同仁自行选择，各指标所占比重，由双方共同讨论决定。

100 分+10 分（由其他部门推荐而记功）+10 分（跨部门专业执行成效佳）=120 分

绩效评估总分要破百，关键在于多参与跨部门合作。在友讯针对员工的绩效评估中，「关键绩效指标」（KPI）以及「目标管理」（MBO）等以结果导向的考核占 60％，以工作态度、质量、效率等整体表现的职能评估占 40％，由直属主管评比。此外，如果在 1 年内，由其他部门推荐而获得嘉奖或记功，最高可再加 10 分；跨部门合作项目，可视项目执行成效最高再加 10 分，因此，个人绩效评估满分为 120 分。

透过这样的方式，等于强调跨部门支持与合作的重要性，让员工除了专注自己部门的工作外，也能更重视与其他部门的团队合作。

至于占整体绩效评估 40％的职能评估中，不再由上而下单向决定，而是由主管与员工共同讨论，来选择指标内容与所占比重。

➔ 针对基层员工的职能指标有：客户导向、主动积极、创新、解决问题、持续学习、团队合作。

➔ 针对主管级的职能指标有：专注市场、获取杰出成就的决心、寻找最佳解答、因应变革、要求下属最佳表现、激发下属投入、赢得支持、发展自我与他人、展现高效能群体领导 。

针对每位员工不同的工作内容，基层与主管级员工可与直属主管讨论，分别从这 6 项与 8 项指标中选出适合本身工作内容的指标，各指标占职能评估的比重可以从 0－100％。例如，对业务人员来说，客户导向的指针比重应较高，而重视稳健与精确的会计人员，创新的指标比重应降低，各指标基于职务特色来调整。透过这次改革，友讯科技让员工一起参与决定绩效衡量的指标，让员工清楚知道「为何而战」，努力时也更有了方向。（来源：7 大企业，升迁密码大公开；《Cheers》杂志 116 期，2010－05）

Case2：三阳工业

三阳工业创立于1954年，是台湾第一家横跨机、汽车制造的国际化企业，三阳工业以「卓越创新、贡献社会、深耕台湾、布局全球」作为企业的发展蓝图。

经营理念：提供优良的产品与服务，赢得顾客喜爱，善尽企业社会责任。

三阳工业导入职能模式的动机为：

● 在公司经营理念下，人力资源各项策略如何结合？

● 中长期训练发展计划如何展开？

● 三阳需要的人才特征为何？

三阳工业核心十项职能→诚信、活力积极、创新、顾客满意、勇于面对并解决问题、国际化能力、策略规划、信息技术应用能力、专业技术能力，依不同层级有不同选择与权重。

主管核心职能→领导统御、变革管理、提升绩效、团队精神建立以及部属培育。参见下表：

人员层级与职能项目		经理	课长	班股长	Staff
核心职能	诚信	5%	5%	10%	10%
	活力积极	10%	10%	10%	10%
	创新	10%	10%	10%	10%
	顾客满意	5%	5%	10%	10%
	勇于面对并解决问题		10%	10%	10%
	国际化能力	10%	10%		10%
	策略规划	10%			
	信息技术应用能力			10%	10%
	专业技术能力		10%	20%	30%
管理职能	领导统御	10%	10%	10%	
	变革管理	10%			
	提升绩效	10%	10%	5%	
	团队精神建立	10%	10%		
	部属培育	10%	10%	5%	
合计		100%	100%	100%	100%

三阳工业职能导向之绩效考核，区分三类人员：

● 课长级以上主管

●一般人员

●Staff 人员、班股长

不同层级，职能分数所占比重也不同，参见下表：

类别	课长级以上主管	一般人员 职等 1→4—1 人员	Staff 人员、班股长 职等 4—2→10 人员
考核项目	1. PI 达标率 50% 2. 日常管理 20% 3. 职能 30%	1. 工作绩效 50% 2. 员工特质 25% 3. 工作态度 25%	1. PI 达标率 50% 2. 职能 50%
流程	1. 自我评核 2. 主管评核 3. 面谈考核	1. 主管评核 2. 面谈考核	1. 自我评核 2. 主管评核 3. 面谈考核
使用窗体	1. 主管人员绩效考核表 2. 主管人员核心职能评量表 3. 领导回馈与同侪回馈评量表	1. 一般人员绩效考核表	1. Staff、班股长绩效考核表 2. 职等 4—2→10 人员、班股长职能评量表

（来源：职能管理与绩效管理系统分享，三阳工业）（备注：三阳工业之绩效考核已电脑化联机操作）

Case3：塑料产业 C 公司在台湾子公司之研发人员

塑料产业国际集团 C 公司在台湾子公司之研发部人员，年度绩效考评包含三部分：目标管理、项目执行与个人行为与职能，分别占 40%、20% 与 40%。

(1)、目标管理（40%）：

考评期间各目标之达标率，乘以各项目标之分数，将各项分数加总后即为第一部分之总分。

(2)、项目执行（20%）：

研发人员之工作，常以项目形式执行，此为研发人员工作特性之一。项目执行之衡量方式采用「项目执行进度」作为衡量指针，量测方式为检视其是否按照事前排定之进度完成项目内容，以完成度百分比表示。

(3)、个人行为与职能（40%）：

采用行为锚定法详细定义考评标准，以五项绩效指标依其重要性分别给予不同之权重，此五项绩效指标：协调合作（25%）、专业知识（20%）、自发性（20%）、工作态度（20%）、创造力（15%）。

协调合作

极差：与他人协调性不佳，合作意愿低落。

差：与他人协调性处于被动状态，尚能与他人合作。

普通：尽力与人配合，能与人沟通协调。

佳：大部分情形都可与他人合作，能自动帮助他人。

优良：一向与与他人互动良好，主动合作。

专业知识

极差：知识明显不足，对于职责所知极少，需要相当多的教导与协助。

差：工作知识尚不足，需要一些教导与协助。

普通：知识尚可应付工作，需要一些指导与协助。

佳：所备知识足可完成工作，偶需一些监督与查核。

优良：俱备丰富专业知识，毋需指导或协助，可独力完成工作。

自发性

极差：极少自动完成工作，需不断督促。

差：需一些督促，工作意愿不强。

普通：很少主动承担新工作，但必要时仍会承担新的责任。

佳：愿意接受新事务，并承担责任。

优良：主动积极接受新事务，并承担所有责任。

工作态度

极差：常借故逃避工作，或推诿责任，工作成效不佳。

差：对工作任务偶有敷衍，被动配合要求，工作成效平平。

普通：能按上级要求完成任务，但须督导。

佳：工作努力，能主动配合公司要求。

优良：不畏劳苦，尽心尽力完成任务，工作计划及执行力佳。

创造力

极差：极少提出新观念或构想、建议。

差：偶尔能提出一些新观念或构想、建议。

普通：会寻找更好的方法以完成任务。

佳：经常提供解决问题的方法、观念或构想、建议。

优良：解决问题的方法、观念或构想、建议，经常都具建设性。

（来源：研发人员绩效指标与考核制度之建立➡以 C 公司在台之机械厂为例；陈般若、黄同圳，第九届企业人力资源管理实务专题研究成果发表会）

Case4：某科技公司职能与绩效考核的实施

绩效考核的实施，先与公司经营层了解企业的策略、目标、方针，转化为 KPI 与职能目标，再与部门主管讨论。经多次沟通讨论，并以多项经营数据试 run，先获得部门主管共识，再与员工沟通获得共识。

公司方针：积极主动、团队合作、学习与成长

公司层级目标为：

1、2015 年 EPS＞2.5。

2、营业额（业绩订单量）8 亿元↑、2 亿元/季（订单量）

将公司层级目标转化下放为部门目标，除参考历年度营运状况，各部门仍需依部门职掌与权责，主动将公司政策、方针，展开为部门目标，再展开下放为单位与个人目标。

各部门目标，以下为重点略示：

1、营业部门 KPI：

(1)业绩订单量达标率

(2)新产品、新客户订单量达标率

(3)新产品、新客户开发件数达标率

2、研发部门 KPI：

(1)新产品认证通过件数

(2)新产品开发件数

(3)研发时程计划达标率

(4)学习与成长

3、生产部门 KPI：

(1)交货目标与交货期达标率

(2)质量目标达标率

(3)SOP 遵守度

(4)人员稳定度

4、行政后勤部门 KPI：

(1)数据信息正确度

(2)数据信息及时性

(3)各项分析管理报告

(4)成本费用管控

(5)人员稳定度

经沟通获得共识后，考核指标、权重、加扣分项，以及自评表，以**营业部门**例示如下：（此考核表为 KPI 与职能考核相连结之设计，部门主管及业务，KPI 占 80％、职能占 20％；业务助理 KPI 占 60％、职能占 30％、出勤率 10％。）

营业部门→部门主管季考核表

姓名：　　　　　　　到职日：　　　　　　考核日期：

类别	指针项目	目标值	权重	实绩	得分	主管
1	业绩订单量达标率		30			
2	业绩订单量累计达标率		20			
3	新产品、新客户订单量达标率		10			
4	新产品、新客户订单量累计达标率		5			
5	新产品、新客户开发件数达标率		10			
6	新产品、新客户开发件数累计达标率		5			
7	团队领导		20			
得分			100			

加、扣分项目						
1	无呆账损失	+1				
2	无销货退回	+1				
3	一般客诉事件	−1/次	因业务因素之客诉事件			
4	重大客诉事件或呆账损失	−5/次	因业务因素之客户退货或赔偿、呆账损失			
5	化客诉危机为转机	+2—5分				
6	业绩超标加分	+2—5分	（含累计达标率超标）			
7	客户放量加分	+2—5分				

备注	考核项目前6项均依比例计分，但满分不超过权重分数。 本表先由个人自评、主管面谈沟通后，请于以下字段签名
等第	105以上 □A＋（优）、100—105□A（佳）、90—99□B＋（良好）、80—89□B（尚可）、70—79□B—（差）、69↓□C（劣）

总得分：　　　　　等第：　　　　　个人签名：　　　　　主管签名：

加扣分项主管意见：

附件：团队领导自评表

说明：团队领导：请于下列十项中，自选七项有确实做到者，请打∨。团队领导分数不以满
分 20 分为限，自评分数达 19 分或以上者，请主管陈述意见。自评分数未达 16 分
者，亦请主管陈述意见。

☐1. 对分歧的意见能适当疏导沟通而达成共识(2)

☐2. 能有效分配资源(2)

☐3. 引导和鼓励适当的、有建设性的良性讨论(2)

☐4. 能适时给予成员适当的回报或回馈(2)

☐5. 建立成员间的信任与共同目标(2)

☐6. 能带领团队学习(3)

☐7. 能激励所属成员的积极性(3)

☐8. 能激励所属成员的积极性并有良好绩效(4)

☐9. 对于客户之承诺都能如期达成(4)

☐10. 能做为所属成员的榜样(3)

得分：

个人意见或建议事项：（包含有益于公司或个人学习发展之事项）

签名：

主管意见或建议事项：

签名：

营业部门➜个人季考核表

姓名：　　　　　　　　　到职日：　　　　　　　　考核日期：

类别	指针项目	目标值	权重	实绩	得分	主管
1	业绩订单量达标率		20			
2	业绩订单量累计达标率		30			
3	新产品、新客户订单量累计达标率		20			
4	新产品、新客户开发件数累计达标率		10			
5	团队合作		20			
得分			100			
加、扣分项目						
1	无呆账损失	＋1				
2	无销货退回	＋1				
3	一般客诉事件	－1/次	因业务因素之客诉事件			
4	重大客诉事件或呆账损失	－5/次	因业务因素之客户退货或赔偿、呆账损失			
5	化客诉危机为转机	＋2—5分				
6	改善提案	＋1—2分/次				
7	业绩主导达成	＋2—5分				
8	业绩超标加分	＋2—5分	（含累计达标率超标）			
9	其他值得鼓励与嘉奖情事	＋1—3分	此项由主管主动提报			
10	挑战艰难或更高业绩目标	＋2—5分	例如承担更高业绩目标或开发困难客户			
备注	考核项目前四项均依比例计分，但满分不超过权重分数。改善提案➜对制度、流程之改善或激励士气之行为、表现。本表先由个人自评、主管面谈沟通后，请于以下字段签名。					
等第	105以上 □A＋（优）、100—105□A（佳）、90—99□B＋（良好）、80—89□B（尚可）、70—79□B—（差）、69↓□C（劣）					
	总得分：　　　　等第：　　　　　　　个人签名： 　　　　　　　　　　　　　　　　　　主管签名： 加扣分项主管意见：					

附件：团队合作自评表

说明：团队合作：请于下列十项中，自选七项有确实做到者，请打V。团队合作分数不以满
分 20 分为限，自评分数达 19 分或以上者，请主管陈述意见。自评分数未达 16 分
者，亦请主管陈述意见。

☐1. 不让自我情绪、情感影响团队及工作⑵

☐2. 能善用沟通技巧，清楚正确的表达或传达意见⑵

☐3. 能以包容的态度支持团队成员⑵

☐4. 愿意与他人分享、交换资源或意见⑵

☐5. 能与他人建立密切的合作关系⑶

☐6. 能够依据项目工作的重要性与急迫性来排出完成工作的优先级⑵

☐7. 积极投入、能信任他人、愿意与他人合作，且乐于将个人经验和同仁分享⑶

☐8. 踏实、负责，具有敬业的精神，能主动发掘工作上的种种问题，并且会尝试自己先解
决问题⑶

☐9. 能经常提出有建设性的建议⑶

☐10. 对于客户之承诺都能如期达成⑷

得分：

个人意见或建议事项：（包含有益于公司或个人学习发展之事项）

签名：

主管意见或建议事项：

签名：

营业部门➡助理个人季考核表

姓名：　　　　　　　　到职日：　　　　　　　考核日期：

类别	指针项目	目标值	权重	实绩	得分	主管
1	业绩订单量达标率	2015 Q2　KG↑	30	KG　　%		
2	业绩订单量累计达标率	2015 Q2　KG↑	30	KG　　%		
3	团队合作		30			
4	出勤率		10			
得分			100			

		加、扣分项目				
1	个人学习目标达成	+1—3分	依训练计划			
2	一般客诉事件	—1/次	因个人因素之客诉事件			
3	重大客诉事件	—5/次	因个人因素之客户退货或赔偿、或呆账损失			
4	改善提案	+1—2分/次				
5	业绩超标加分	+2—5分	（含累计达标率超标）			
6	其他重要加分	+1—3分	重要表现得以奖励者，此项由主管提出			

备注	考核项目前二项均依比例计分，**但满分不超过权重分数。** 改善提案➡对制度、流程之改善或激励士气之行为、表现

等第	105以上 □A＋（优）、100—105□A（佳）、90—99□B＋（良好）、80—89□B（尚可）、 70—79□B—（差）、69↓□C（劣）

总得分：　　　　　　等第：　　　　　　个人签名：

主管签名：

加扣分项主管意见：

附件：团队合作自评表

说明：团队合作：请于下列十项中，自选八项有确实做到者，请打V。团队合作分数不以满分 30 分为限，自评分数达 30 分或以上者，请主管陈述意见。自评分数未达 24 分者，亦请主管陈述意见。

☐1. 不让自我情绪、情感影响团队及工作(3)

☐2. 能善用沟通技巧，清楚正确的表达或传达意见(3)

☐3. 对交办工作能正确快速地执行(5)

☐4. 对交办工作若有意见或疑义均能适时表达或交换意见(3)

☐5. 能与他人建立密切的配合作关系(3)

☐6. 能够依据项目工作的重要性与急迫性来排出完成工作的优先级(4)

☐7. 踏实、负责，具有敬业的精神，能主动发掘工作上的种种问题，并且会尝试自己先解决问题(3)

☐8. 能经常提出有建设性的建议(4)

☐9. 对于客户之承诺都能如期达成(5)

☐10. 能经常适时提醒业务对客户之答应事项或应注意事项(5)

得分：

个人意见或建议事项：(包含有益于公司或个人学习发展之事项)

签名：

主管意见或建议事项：

签名：

研发部门→部门主管季考核表

部门		姓名		到职日		考核日期	
类别	指针项目		目标值	权重	实绩	得分	主管
1.	业绩订单量达标率			20			
2.	业绩订单量累计达标率			10			
3.	送样及产品认证达标率			30			
4.	学习与成长			20			
5.	团队领导			20			
得分				100			

		加、扣分项目		
1	重大客诉事件	—3分/次	因研发因素之客户退货或赔偿	
2	技术报告发表件数	＋1—2分/件	依技术发表会	
3	化客诉危机为转机	＋2—5分		
4	新材料或新配方开发完成	＋1—2分/件		
5	业绩超标加分	＋1—3分	含业绩累计达标率之超标	
6	一次送样即认证通过	＋3分/件	6与7不得重复	
7	认证通过加分	＋2分/件	6与7不得重复	
8	新产品或新客户下订单	＋2分/件		
9	新产品或新客户放量	＋3分/件		
10	前瞻性与创价性	＋1—3分	须提出具体事迹	

备注	考核项目前2项均依比例计分，但满分不超过权重分数。考核项目满分总分为100分。**本表先由个人自评、主管面谈沟通后，请于以下字段签名。**
等第	105以上 □A＋（优）、100—105□A（佳）、90—99□B＋（良好）、80—89□B（尚可）、70—79□B⁻（差）、69↓□C（劣）

总得分：　　　　　等第：　　　　　个人签名：   　　　　　　　　　　　　　　　　　　　主管签名： 加扣分项主管意见：

附件：团队领导及学习与成长自评表

说明：团队领导：请于下列十项中，自选七项有确实做到者，请打∨。团队领导及学习与成长分数不以满分 20 分为限，自评分数达 20 分或以上者，请主管陈述意见。自评分数未达 16 分者，亦请主管陈述意见。

☐1. 对分歧的意见能适当疏导沟通而达成共识(2)

☐2. 能有效分配资源(2)

☐3. 引导和鼓励适当的、有建设性的良性讨论(2)

☐4. 能适时给予成员适当的回报或回馈(2)

☐5. 建立成员间的信任与共同目标(2)

☐6. 能带领团队学习(3)

☐7. 能激励所属成员的积极性(3)

☐8. 能激励所属成员的积极性并有良好绩效(4)

☐9. 对于客户之承诺都能如期达成(4)

☐10. 能做为所属成员的榜样(4)

得分：

学习与成长：（须提出明确的资料）

☐(1)能要求及指导所属建构明确的学习计划与学习目标(2)

☐(2)能引导所属依时程达成学习目标(3)

☐(3)所属皆能建立个人发展计划(3)

☐(4)能引导所属依时程开发完成新配方或新材料(5)

☐(5)能引导所属解决客户端问题(4)

☐(6)学习的讨论有明确主题并符合公司需求(2)

☐(7)能引导所属乐于分享知识(3)

☐(8)所属成员之学习展现良好绩效(4)

☐(9)定期的技术发表会皆有明确的主轴与成果(4)

得分：

个人意见或建议事项：（包含有益于公司或个人学习发展之事项）

签名：

主管意见或建议事项：

签名：

研发部门➡研发工程师个人季考核表

部门		姓名		到职日		考核日期		Project	
类别	指针项目		目标值	权重		实绩	得分	主管	
1	项目业绩订单量达标率			15					
2	项目业绩订单量累计达标率			15					
3	送样及产品认证达标率		100%	25					
4	工作态度			15					
5	团队合作			15					
6	学习与成长			15					
得分				100					
加、扣分项目									
1	技术报告发表件数	+1—2/件		依技术发表会					
2	一次送样即认证通过	+5分/件		2与8不得重复					
3	重大客诉事件	−3分/次		因研发因素之客户退货或赔偿					
4	一般改善提案	+1—2分/次							
5	化客诉危机为转机	+2—5分							
6	新材料或新配方开发完成	+2—5分/件							
7	专案业绩超标加分	+1—3分		含业绩累计达标率之超标					
8	认证通过加分	+3分/件		2与8不得重复					
9	认证通过后客户下订单加分	+3分/件							
10	新产品或新客户放量	+5分/件							
11	其他值得鼓励与嘉奖情事	+1—2分		此项由主管主动提报					
备注	考核项目前2项均依比率计分，但满分不超过权重分数。**本表先由个人自评、主管面谈沟通后，请于以下字段签名。**改善提案➡对制度、流程之改善或激励士气之行为、表现								
等第	105以上 □A＋（优）、100—105□A（佳）、90—99□B＋（良好）、80—89□B（尚可）、70—79□B⁻（差）、69↓□C（劣）								

总得分：　　　　等第：　　　　个人签名：　　　　主管签名：

加扣分项主管意见：

附件：工作态度、团队合作及学习与成长自评表

说明：工作态度：请于下列十项中，自选七项有确实做到者，请打∨。工作态度分数不以满分 15 分为限，自评分数达 15 分或以上者，请主管陈述意见。自评分数未达 12 分者，亦请主管陈述意见。

☐1. 能适时主动回报交办工作进度(1)　　☐2. 经常展现愿意聆听客户意见之态度(2)

☐3. 经常能展现自动自发的精神(1)　　☐4. 经常展现愿意主动承担责任(2)

☐5. 经常能做好份内的工作并有良好绩效(3)　　☐6. 经常能展现负责任的态度(2)

☐7. 善于规划自己的工作并如期完成(2)　　☐8 勇于接受挑战并展现成果(3)

☐9. 面对困难或挑战，仍不放弃目标(3)　　☐10. 能树立良好工作风范，为同僚表率(4)

得分：

说明：团队合作：请于下列十一项中，自选七项有确实做到者，请打∨。团队合作及学习与成长分数不以满分 15 分为限，自评分数达 15 分或以上者，请主管陈述意见。自评分数未达 12 分者，亦请主管陈述意见。

☐1. 不让自我情绪、情感影响团队及工作(1)

☐2. 能善用沟通技巧，清楚正确的表达或传达意见(1)

☐3. 能以包容的态度支持团队成员(1)

☐4. 愿意与他人分享、交换资源或意见(2)

☐5. 能积极寻求与客户建立密切的伙伴关系(3)

☐6. 对客户之意见能积极主动、快速响应(2)

☐7. 能够依据项目工作的重要性与急迫性来排出完成工作的优先级(2)

☐8. 能主动发掘工作上的种种问题，并且会尝试自己先解决问题(2)

☐9. 能引领所属成员的积极性并有良好绩效(4)

☐10. 能经常提出有建设性的建议(3)

☐11. 对于客户之承诺都能如期达成(3)

得分：

学习与成长：

☐(1)能依时程建构学习地图(2)　　☐(2)能依时程达成学习目标(2)

☐(3)能依时程开发完成新配方或新材料(4)　　☐(4)能快速有效解决客户端问题(4)

☐(5)能依时程增建学习地图(2)　　☐(6)学习展现良好绩效(3)

得分：

个人意见或建议事项：（包含有益于公司或个人学习发展之事项）

签名：

主管意见或建议事项：

签名：

附录一：绩效管理回馈案例

以下，介绍某外商公司在台子公司之绩效管理回馈程序

绩效强化程序表

员工姓名：_____ 职称：_____ 任本职日：____年____月____日

部门：_____ 分公司：_____ 区 域：_____

【单元一：目前的绩效】

A 在此绩效评估期间之绩效（主管评核）

列出先前所设定此次评估期间内之绩效目标，并尽可能以具体与简洁的方式，纪录实际达成之结果，此外，也将未列于绩效目标但也同样是很重要的成果，列于所提供的字段。（备注：以下内容均为举例数据）

目标	结果
目标销售额：800 万 实际销售额：810 万	**3 符合期望的绩效：■ 达成目前职务及角色所需担负的责任，并完成先前与主管共同设定此一绩效期间的期望目标。**
未列于绩效目标的重要成果： 开发 10 个新通路，其中 8 个通路虽尚未成交，但已具体洽谈合约内容。	

B 多方回馈之意见（同僚评核）

与被评估的员工一起找在此绩效期间内，曾经与其共事且可提供此员工在目前及未来的绩效表现上的宝贵意见之同仁，请他们提供此员工的主要优点和可以改善的机会的意见，并加以汇总。除非经提供意见的同仁及被评估同仁之经理都同意，才会让被评估的员工知道数据提供者的姓名，否则，一律采取保密的方式。

> 该员态度积极，拜访客户时能主动了解客户需求，并适时推荐公司产品。惟，刚到职年余，一些话术技巧熟练度仍稍有不足、自信心与说服力稍嫌不够。…

C 对此绩效评估期间之绩效评估的结果

请由下列方格中选出与对员工绩效有影响之前述意见及员工绩效成果一致的空格

5 持续超出期望的绩效　□ 持续达成远超过目前职务所需担负的责任，持续的超越先前与主管共同设定此一绩效期间的期望目标，此为最高的评等。

4 经常超出期望的绩效　　□ 经常达成远超过目前职务及角色所需担负的责任，经常超越先前与主管共同设定此一绩效期间的期望目标。

3 符合期望的绩效　　　　□ 达成目前职务及角色所需担负的责任，并完成先前与主管共同设定此一绩效期间的期望目标。

2 低于期望的绩效　　　　□ 未达成目前职务及角色所需担负的责任，工作绩效低于先前与主管共同设定此一绩效期间的期望目标，需规划一个绩效改善计划并加以执行。

1 远低于期望的绩效　　　□ 对工作成果及对公司的贡献明显不足，需规划一个绩效改善计划并应立即做显着的改善。

D 员工的意见及主管提供的支持

纪录员工的意见及主管同意提供有帮助于此一员工未来绩效的计划。

1. 强化专业知识与推销话术，尤其是公司产品较其他产品优异性之比较。
2. 自信心与说服力是相生相助，尤其是获得客户之赞赏与支持，更有助于自信心与说服力之提升。….

E 在此绩效评估期间的职能开发结果

请列出上次绩效评估时所设定的目标，并将结果详细并具体的列出来。

待开发的职能				
目标			**结果**	
项目	前期等级	目标等级	具体描述	目前的等级
自信心	2	4	面对客户之一些质疑，响应时仍稍有一些迟疑，以及无法立即说出公司产品之优异性。	3
说服力	2	3	态度谦虚，能获得客户肯定。	3
时间管理	2	3	能有效安排时间行程并及时拜访	3
备注：				

绩效强化程序表

【单元二：未来绩效目标及人力发展的计划】

摘要数据

姓名：_____　　　本年度绩效评估结果_____

职称：_____　　　上年度绩效评估结果_____

职级：_____　　　下一个可能指派职务及其时间表_____

服务年资：_____　　　　　　　　　　　_____

任本职年资：_____

A 绩效目标及计划

绩效目标必须由员工及其主管共同规划，并取得双方同意，这些目标必须是具体的、可量测的，同时也必须与策略（BSC）目标相结合，以确保这个目标与部门及公司的目标是一致的。这些目标必须是有相当程度的挑战性，但也需考虑实际状况公司所能提供之资源。请将未来这一年的绩效目标，连同评估结果之方式列于下表：

目标	评估方式
1. 个人年度销售目标900万。 2. 提升说服力与自信心。	每月目标达标率、年中与年终目标达标率。客户平均成交时间缩短、多方意见回馈表、以及「行为事例描述」。

B 核心职能

主管与员工应运用职能工具手册：

1. 确认并共同协议提出最足以让员工在现任职务上能有杰出表现之职能及其等级。

2. 然后评估员工在这些需加强的职能之现有等级，以及

3. 分析1与2之间的差距，以确认哪一些是必须特别加强的。

4. 最后找出三个最需要强化的职能并由下表中勾选出来。

□概念性思考（**创造、解决问题的能力、专业技能**）。

□策略性思考（**关注顾客、业务策略能力**）。

□成果导向（**成果导向、组织承诺**）。

□主动性（**采取行动、着重质量与准确性**）。

□领导团队（**领导团队的能力、具说服力的沟通能力**）。

□变革领导（**适应能力、自信心**）。

□影响力（**影响力、了解组织的能力**）。

□指导能力（**指导能力**）。

□开发别人（**开发别人**）。

□团队合作（**团队合作**）。

□敏感度（**倾听与回应**）。

□其他技术、专业技能（**计算机技能、财务知识**…）。

C 发展目标与计划

列出在单元二、B 项的职能，包括目前的等级与下年度的目标，考虑个人在单元一 A 项所列之绩效目标与个人发展之目标。运用职能工具手册来为这些特定的职能设定具体的发展计划。此项包括待加强之职能、目前及目标之等级、发展计划以及时间表：

_____

_____

_____

D 过去的发展活动与结果

主管与员工应将过去一年来，针对个人，专业及技术之主要发展活动，包括训练课程、任务指派、参与项目以及在职能上的教导等等，这些活动所产生的结果为何？包含日期、发展活动以及产生的结果：

_____

_____

_____

E 未来的职务发展、员工意愿

指出员工未来可能担任的职务或扮演的角色，以及其可能胜任此职务或角色的情况。同时也指出员工对接受这个未来所安排之职务的迁调、海外派遣、跨国指派、跨功能指派…等等之意愿。

_____

_____

_____

多方意见回馈表

多方意见回馈表

受文人：

发文人：

我将与我的部属在近期内举行「绩效强化程序」的讨论，我们期望您能提供有助于这位同事在目前及未来工作表现上能有所帮助的宝贵意见，请尽可能将您的宝贵意见写在这份响应表，于年 月 日前转回给我。收到回函之后，我会将您与其他同仁的意见汇总，并列入PEP的讨论。若未经得您的许可，我决不会将您的姓名告诉被评估的同仁。谢谢您的协助。

回应者姓名：_____ 被评估者姓名：_____ 填表日期： 年 月 日

在此绩效评估期间，您与此同事之关系为何？此同事为您之

□间接部属 □直接部属 □直属主管 □主管之上司 □同事 □其他

请描述、摘记在这个绩效期间内，此同事与您共事时，对于您或您责任范围内的工作上是否有特别值得称赞的事情。请说明这些事情中最值得一提的以及其所获得的成果：

_____

_____

_____

请描述被您评估之同事有何特别的技能或是专长是您乐于持续看到的：

_____

_____

_____

对于协助被您评估的同事在工作上能有所改善的具体建议为：

_____

_____

_____

员工整体绩效指南

员工整体绩效指南（由直属主管填写）	
员工姓名：_____ 部门：_____ 填表日期：_____	
这个窗体可协助主管了解员工之整体绩效，在哪些方面他/她做得很好以及在哪些方面他/她需要改进。主管可在期中或年终面谈时使用此表，作为员工绩效改善之建议。	
主管教导咨询之建议	**建议员工进行之行动计划** 列出员工应该做/不要做/以不同方式做之具体事项
开始：员工尚未做但应该做	例如：1. 自信心、2. 影响力
警告：员工已经做但应该改变方式做	例如：1. 团队合作 、2. 倾听与回应
停止：员工已经做但应该停止	例如：1. 退缩与焦虑
持续：员工已经做得很好，并且应该继续做	例如：1. 关注顾客 、2. 成果导向 、3. 组织承诺。

职能培育表（员工）				
主管：_____ 员工姓名：_____ 填表日期：_____				
职能	**选出重要的打勾**	**需要的水平**	**员工的表现**	**差距**
关注顾客				
专业技能				
成果导向				
组织承诺				
自信心				
影响力				
团队合作				
倾听与回应				

职能培育表（主管）				
主管：＿＿＿＿＿＿＿＿ 员工姓名：＿＿＿＿＿＿＿ 填表日期：＿＿＿＿＿＿				
职能	**选出重要的打勾**	**需要的水平**	**员工的表现**	**差距**
解决问题的能力				
专业技能				
成果导向				
组织承诺				
自信心				
影响力				
团队建立				
倾听与回应				
说服力与沟通				
开发与指导部属				
业务策略能力				
客户导向				

影响不同的职能			
职能	**个人贡献者**	**基层主管/二阶主管**	**一阶主管/总经理**
解决问题的能力	●	●	●
专业技能	●	●	
成果导向	●	●	●
组织承诺	●	●	
自信心	●	●	
影响力	●	●	●
团队建立		●	●
倾听与回应	●	●	●
说服力与沟通	●	●	●
开发与指导部属		●	●
业务策略能力		●	●
客户导向	●	●	●

（来源：推动以平衡计分卡为基础的绩效管理制度之个案研究—以一外商食品公司为例，李郁卿，2002，中山大学人资所硕士论文）

附录二：台湾必治妥施贵宝的「绩效伙伴」

在台湾必治妥施贵宝，绩效管理制度称为绩效伙伴（Performance Partnership），强调在主管与部属之间，彼此应经常针对工作期望及表现作沟通讨论，并提供回馈及建议，以帮助工作绩效的提升并增进个人的学习与成长。在必治妥施贵宝，主管与部属必须共同对绩效的管理负责。

身为主管的责任包括：

●向部属沟通你对他们的工作期望（Expectation）。

●观察他们在达成工作期望的过程中所表现之行为或遭遇之问题,并经常就你的观察与部属作沟通讨论。

●对于部属的意见与回馈保持开放接纳的心胸。

●针对部属未来的成长提供书面的发展摘要（Development Summary）。

身为部属的责任包括：

●追求卓越以达成甚或超越主管的期许。

●了解自己的绩效对于部门及公司整体目标达成之贡献。

●展现达成工作期望的正面行为与成果。

●定期向主管就本身工作表现寻求回馈与建议。

●积极寻找各种资源与发展工具以提升个人工作绩效。

主管与部属共同的责任包括：

●建立彼此认同的工作期望。

●致力于工作绩效之管理与提升。

●彼此经常就工作进度作沟通讨论。

●彼此之间经常提供回馈。

●针对发展摘要作讨论。

●积极学习成长并充实专业能力。（来源：台湾必治妥施贵宝公司网站）

第 六 章
职 能 与 接 班 人 计 划

一、缘起

接班人计划（succession planning）大致缘起于 1960 年末、1970 年初，着重在人才绩效与潜力评估，以规划这些人才于企业组织中的升迁路径，及为其提供发展训练。过去的接班人计划所定义的范围较窄，通常只强调高阶管理者（如总经理、执行长）的职位承续，且较无人才发展的运用。但随着全球化的剧烈竞争，以及「**人力资本**」越来越被重视，「接班人计划」的涵盖面越来越广，并常从整体角度来关照，以培训企业所需经营人才。

人力资源的角色及发展主要历经了三阶段，从「人事行政」➔「人力资源发展」➔「人力资本」；每个阶段都有不同主题与强调重点，但都有需奠基于前段基础之完备。也就是说，没有完善与有效率的人事行政管理，就不容易建构出人力资源「选、用、育、留、晋」各层面之发展基础；一如在生产管理领域，没有有效能的做好「日常管理」，就不容易做好有效能的「生产管理」。同样地，「人力资本」的发展，有需奠基于完善的「人力资源」管理。

第一阶段人事行政	第二阶段人力资源发展	第三阶段人力资本 人力资源＋人才管理
● 人员聘用 ● 薪资给付 ● 基本福利 ● 人事管理	● 招募甄选 ● 学习与发展 ● 绩效考核 ● 薪酬规划 ● 沟通与组织气候	● 职能管理 ● 绩效管理 ● 接班人计划

人才管理（Talent Management）与人力资源管理（Human Resource Management），都是在处理企业员工的选、用、育、留的问题；然而两者最大不同之处在于，「人力资源管理」关心的对象，包含组织中全体的员工，而「人才管理」主要关心的对象，则是在组织中约 20% 的

顶尖员工。

实务上，组织中各种不同潜能的员工比例亦不相同，同时在人才管理上，也将因需求差异而采取不同的策略。就企业的人才策略而言，最基本的原则就是招募、培育与留任「关键人才」（Key Talent），因其对组织绩效有相当影响与贡献，并为组织中长期策略发展及重要业务所必需，甚至具备难以替代之能力或技能。

也就是说，组织中的员工为达成其个人与组织目标，所需的资源是不同的，如果员工在资源分配上没有太大差异，「资源不足」与「资源浪费」的情形将会同时发生。（来源：企业接班人计划实施现况调查；陈心婷、林文政，中央大学人资所，2009）

早于 2001 年麦肯锡顾问公司发表的「人才战调查二」，调查结果发现「高绩效员工为公司贡献的总产值大幅高出一般员工」。他们调查了全美 35 家大企业的 410 位公司的行政人员、管理阶层和业务人员，发现高绩效行政人员带给企业的产值比一般行政人员高出 40%；高绩效管理阶层为企业提升的利润也比一般管理阶层高出 49%；高绩效业务人员为公司增加的收入也较一般绩效业务人员高出 67%，证明人才的确为企业绩效表现带来较高的贡献（ERsoft 人资专栏，2008）。思科总裁钱伯斯（John Chambers）也认为：「与一般软件工程师相比，最优秀的工程师能写出 10 倍可用的程序代码，他们开发产品创造超过 5 倍的利润」。

因此，留住高潜力人才（High Potentials）的「发展」机会，例如提供他们多重生涯管道、跨功能、跨部门、跨国经验甚至接班人计划等，成了人才成长的重要发展机制。因此我们可以了解，投资组织内现有的人才及致力于发展他们的技巧，可以为组织带来莫大的利益；企业内部的顶尖人才对组织的生存与发展有着绝对性的影响，故人才管理的议题逐渐受到重视。（来源：企业接班人计划实施现况调查；陈心婷、林文政，中央大学人资所，2009）

人才管理与人力资源管理之差異

比较项目	人力资源管理（HRM）	人才管理（TM）
关心的对象	组织中全体的员工	组织中约 20%的顶尖核心人才
资源的分配	均等主义	菁英主义
服务的内容	一般化服务，如： 例行的招募甄选、教育训练、绩效评估、薪资与福利制度	差異化服务，如： 职能招募、高绩效人才与接班人计划、企业文化、绩效奖酬与留才
获得的效果	相加效果	相乘效果
创造的价值	一般	较高

（来源：周日耀，2008，修改并引自企业接班人计划实施现况调查；陈心婷、林文政，中央大学人资所，2009）

温金丰教授则指出人才发展的三种取向：

(1)、接班人计划（succession plan）

(2)、人才管理计划（talent management plan）

(3)、一般性升迁计划（general promotion plan）

接班人计划：

➡培养全面的、最高层级的管理者。

➡以最高阶职务为中心的思维（top position-centered thinking）。

➡通常是多位候选面对一个职务（多对一）。

人才管理计划：

➡培养多项专业的（通才的）的中阶或高阶管理者。

➡以组织为中心（organization-centered thinking）。

➡以人才为中心（talent-centered thinking）。

➡通常是多位候选人面对多个职务（多对多）。

一般性升迁计划：

➡培养功能性（专才的）的低阶、中阶管理者。

➡以专业职务为中心的思维（professional position-centered thinking）。

➡通常是多位候选面对一个职务（多对一）。（来源：接班人计划：实务运作与研究议题；温金丰 2014/03/05）

这样的分类，虽未必符合目前对「**接班人计划**」广义的定义，却很如实地描绘出当前台湾企业对人才发展的三种取向。

二、接班人计划

何谓接班人计划？接班人计划可说是一种长远性、系统性的视野角度与流程，针对企业未来的需要及组织领导与人才的延续，不间断的持续能力开发过程，以维持组织之绩效与竞争力。透过建立系统化、规范化的流程，来评估、培训和发展组织内部有潜力的人才，从而建立企业内部的优秀人才库，以获得目前和未来所需的核心能力。对企业而言，这个计划目的在能建立一支优秀的后援团队，以确保管理阶层及专业人才的连续性，并缩短填补职位空缺之周期，及满足将来的业务与经营需要。

上述的说明虽然有抓住接班人计划的重点，但并没有告诉我们「**接班人计划**」的程序、作

法与内涵。

William J.Rothwell（2005）认为，接班人计划与管理之内涵及定义系随着时代需求而不断转变。基本言之，接班人计划与管理系一企业或组织确保关键职位之领导延续性，及保存与发展未來的智慧与知識资本，并鼓勵个人之提升的審慎与系統化过程。同时其不仅限于领导管理层级，而应盖各類別与各层级之人选备案与员工发展。在知識经济时代中，接班人计划与管理亦可肩负起组织学习与传承制度记忆的角色与功能，基此，接班人计划与管理即是确保组织领导与智能干才的持续性培育，以及管理组织重要知識资产的主要途径。是以Rothwell 指出其系統性接班人计划与管理模式如下：

Rothwell 系统性接班人计划与管理模式

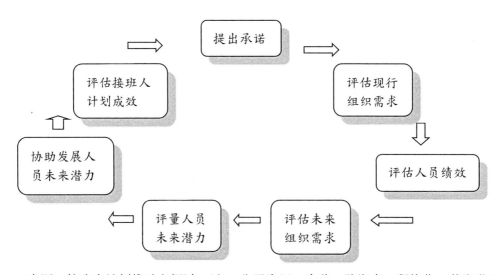

（来源：接班人计划推动之探讨—以 A 公司为例；余鉴、陈淑贞、程挽华、萧淑艺）。

美商惠悦企管顾问公司（2005）对于接班人计划作法，共分为四大执行步骤：

1、厘清企业愿景、确定核心能力。

企业所需具备的核心能力应与其经营策略紧密相连，而企业的核心能力只有转化为对内部各類职位和职位上的人员的要求，确保合适的人在合适的位置上，透过合适的能力做合适的事情，才能发挥最积极的作用。因此，只有当一个企业清楚认識到自身的使命与愿景，并且对未來 3 至 5 年的策略方向、重点措施与欲达成目标有了清晰的规划后，才可能逐步思考后面的问题，例如需要具备怎样的核心能力才能确保经营策略的实现、如何吸引和保留住那些具备职位能力的「核心人才」等。

2、找对接班职位细分个人能力要求。

仔细思考内部哪些职位是与企业的核心能力紧密相连，并对企业的未來发展与策略实现

扮演举足轻重的角色？这些职位通常就是企业要确定的「关键性要件」，也就是需要制定接班人计划的职位。一般而言，这些职位在企业内均属于中高管理层或专业技术职位。当确定了关键职位清单后，企业就可以根据核心能力架构进一步定出每个职位的个人能力要求，包括管理能力、专业能力与价值观三方面，并进一步细分成对在职人员行为指标的要求，以使他们清楚该如何应对本职的工作。

3、甄选接班候选人、建立人才储备库。

在确定关键职位清单及在职人员能力要求后，企业就可以根据这些进行内部选才。通常可以先要求内部中阶管理层推荐其直属的高潜质员工，并结合对其绩效评估结果，最后确定进入公司人才库的员工名单。而接班人的备选条件就产生在这个人才库中。在挑选过程中，人力资源部门应与直属部门管理阶层进行深入讨论，征询多方意见，包括候选人员目前的直接主管、再上一层的主管、客户等，对候选人进行充分的评估，以清楚了解他的能力、行为和业绩，确定其发展潜力。此外，在挑选接班人时，还应关注他们的行为是否符合公司整体文化的要求。

4、建立候选人档案、制定有效完整的培养计划。

确定接班候选人后，企业必须为他们建立相对应的个人档案，以便有效跟踪和监控其业绩和能力的发展轨迹，并为他们指派导师（coach），透过一对一的制度，给予他们「有的放矢」的指导，藉由与其交流思想、助其拓展能力、提供个人发展建议等方式，辅助他们成长。需要注意的是，在选取导师时，应避免指派候选人的上级，让他们的职位职能尽量错开，这样才能开拓双方的思维，促进无障碍的沟通和交流。此外，针对一些关键的接班候选人（对企业营运起关键性影响的职位），透过人才评量中心（assessment centers）的方式对其进行评估、回馈和培训，也是企业可以考虑的方法。（来源：接班人计划推动之探讨—以 A 公司为例；余鉴、陈淑贞、程挽华、萧淑艺）。

常见的接班人计划之「**培训活动**」有：

(1)、EMBA 课程：即高阶管理硕士学位班。

(2)、外派：短期或长期的至其他国家执行工作任务。

(3)、专题讨论（Workshop）：如研讨会、专题的讨论会。

(4)、工作轮调（Job rotation）：指的是系统及时间性的将员工从一个工作调到另一个工作。可能是在组织中的不同功能单位中移动，或是在同一功能单位或部门中的不同工作移动。

(5)、师徒制度（Mentoring）：导师（Mentor）系指在组织中较为资深的员工，在工作上已经具有相当程度的专业、经验与能力，可以指导、支持与回馈他人，并且帮助其徒弟在工作与互动方面的发展，建立正式及非正式的建议/发展互动关系。

(6)、工作观察（Job-shadowing）：即让员工花一些时间观察在职者或专家的工作行为。像是观察工作本身、组织文化或是可以寻问工作相关的问题，简短的访谈在职者或专家对于此被观察工作的想法等，以学习更多关于该领域的事务，寻求延伸的信息。

(7)、任务指派（Job assignments）：依据工作角色、功能或地区别，指派更重的任务，且通常超过候选人本身的技巧及知識能力。

(8)、教練型辅导制度（Coaching）：实务的、目标导向的一对一学习，专家教練或较高阶的主管，会在知識、观念以及技能给予示范，以协助员工习得执行任务所需的能力。

(9)、行动学习（Action learning）：指的是集合一群高潜能人才对组织现存的议题、组织的重要问题进行研究，并对组织内高层进行建议。参与行动学习的成员有直接承担工作任务的机会，不论是项目、政策的建议，或组织变革上皆不断的学习。并且通常可获得教練、导师及团队成员不断的回馈，且通常是由高潜能管理者组成的跨功能团队。（来源：接班人计划之程序与内容；社团法人中华人力资源管理协会网站，2011-11-19）。

2009年陈玉纹的研究指出，在受访企业中接班人计划的成功因素最重要的前几项是：高阶领导者对于接班人计划支持、建立辨别优秀的管理人才系统、扩大人才数据库、扩大候选人的来源、重视知識的传承与强化组织核心能力。（来源：影响企业实施接班人计划的成功因素；陈玉纹，中央大学人资所在职专班硕士论文，2009）。

三、IBM 接班人计划介绍

IBM 于 2002 年被《世界经理人杂志》（Word Executive Digest）评选为「发展领导才能」的最佳公司榜首，何以在人才频繁流动的 IT 产业，IBM 能接获此殊荣？

IBM 的员工常说，「无论你进 IBM 时是什么颜色，最后都会变成蓝色」。

许多在 IBM 公司工作多年的员工都认同，IBM 公司是一个值得让他们待一辈子的地方，因为 IBM 给员工一个明确的职涯发展蓝图，每个员工都清楚知道自己未来有机会发展到哪里，并且朝自己的目标不断努力迈进；所以在 IBM 公司工作的员工都不断在学习、以及成长。

（一）接班人制度—长板凳计划（Bench）
1、源由
接班人制度是 IBM 公司完善员工培训体系中的一部分，它还有一个更形象的名称—长板凳计划（Bench）；长板凳（Bench）一词源自美国，意指在棒球比赛时，棒球场旁边往往放着一只长板凳，上面做着很多替补球员。每当比赛要换球员时，长板凳上第一顺位的球员立即

上场，坐在第二顺位的球员立即递补为第一顺位，而刚被换下来的球员则坐到最后顺位。这种现象与 IBM 公司接班人计划的体制非常相似,因此 IBM 公司接班人制度**→长板凳计划**（Bench）即因此得名。

2、方式

每一位主管级以上员工，上任之始，都必须要有一个目标，确定自己的职位，在一二年内由谁接任，三四年内谁来接任。倘若主管突然离开该位置，可以立刻由下一个人选来接任，为此，须发掘一批有潜力的人。

3、目的

IBM 要求主管级以上员工，将培育部属当作自己的职务之一，让员工知道公司重视他们的价值，然后为这些菁英份子提供指导并丰富他们的经历，让他们有能力承担更高的职责。由于接班人成长将关系到每位主管的位阶和将来，因此主管们都会尽力培养他们的接班人，帮助部属成长。这项制度是 IBM 非常著名的人才管理方式，主要用意在于培养及锻炼有潜能的员工。IBM 清楚的接班顺位，不仅能凝聚优秀的人才，也让这些接班人对于未来的职涯发展有足够的信心，且愿意专心致力留在 IBM 服务。

（二）导师制度—良师益友项目（Mentor Program）

1、对象

主要分为二大类，一为新进人员（含自愿者、适应不良者），由人力资源部门及直属主管主动协助；另一类则是关系到接班人制度运作，为 IBM 公司内绩效排名前 TOP 20%的优秀人才，亦可称他们为「明日之星」。而导师则需由 IBM 公司职等为 bond7 以上之资深员工担任。

2、方式

采用「一对一」的方式进行，导师与学生间必须签订半年至一年的「师徒契约」，且还须设定任务目标、与导师定期会议的时间及学习目标、课程内容等具体的实施细项，让导师与学生都有清楚的执行架构可依循。此外担任导师的资深员工须提出成功指导学生的记录，其本身的职位才可获得晋升；例如：从 bond7 升等到 bond8 的基本要求是至少有二位以上的成功导生项目。（备注：IBM 的员工职级从 bond1 到 bond10，bond10 以上为 Executive 级别，职级 bond7 以上的为学有专精之主管或资深员工）。

3、目的

让学生可以快速地吸收 IBM 的文化，达到经验及专业的传承。对导师来说，不仅可以累积培养后进及待人的技巧，还能够更快被升迁。

新进人员进入 IBM 之后，公司会发掘每个人的工作 DNA，并用「2/8 原理」挑选未来之星，20%的人被挑选出来。被选中的「明日之星」需要参加特殊培育计划，强化他们的 DNA。因此 IBM 为他们寻找良师益友，或是进行工作轮调。类似工厂里的「师徒制」，老师傅将功力传承

给徒弟一般。而工作轮调计划，亦可使接班人的视野更为宽广。

（三）特别助理制度（Administrative Asistant）

1、方式

一个区域总裁在任职之前，必须要到另一个分区担任为期约三个月的总裁助理，而这段期间将被称为「**特别助理**」。特别助理必须协助该区总裁的所有工作，包括社交应酬等所有的日常行政工作。

2、目的

让特别助理得以近距离学习高阶主管的思维与视野，从「做中学」，在这过程中，在职的总裁则成为这位特别助理的良师益友，透过言传身教，提高其各方面的能力，例如决策方法、领导风格等。

这项特别助理的计划可说是上述「接班人」及「良师益友」制度的最高层级，IBM 每一区域的总裁都曾历经这段培训过程。或许也因为如此，IBM 的接班人培育制度能在高阶主管的支持下，成功地孕育许多优秀的人才。（来源：基业常青—探讨如何落实接班人计划；钟伊虹，T&D 飞讯第 71 期，2008/7）

担任主管助理，近距离观察学习

IBM 大中华区全球服务部工商事业群总经理金丽英，曾经担任周伟焜的助理，在 3 个月面对面的接触学习中，「可以从 Henry（周伟焜的英文名字 Henry Chow）身上挖的宝实在太多了」，金丽英说，她印象最深刻的就是周伟焜愿意花时间带领员工的领导方式。（周伟焜：前任 IBM 大中华区首席执行总裁及董事长，2009 年从 IBM 退休，2011 年 3 月 AMD 宣布任命周伟焜为公司董事会成员）。

金丽英记得有一次 IBM 人资部门请周伟焜为同事上一堂领导力的课，分享自己的经验。周伟焜不但在百忙之中接下了任务，还亲自准备 PowerPoint 档案、屡次修改上课内容。 课程结束后，有一位年轻的业务员问了个问题，但这个问题并非一时半刻可以回答，还必须要收集资料、整理分析之后才能有明确的答案，「结果 Henry 不但真的花时间整理出答案，还请我一定要找出那位发问的新人，完整地答复给他」。金丽英说：「如果我是那位业务员，一定很受感动，确切的感受到自己的大老板不是个说说就算的人」。

金丽英把这个故事谨记在心，不论参加演讲或给同仁上课，如果遇到无法立刻回答的问题，金丽英必定要求发问者留下联络方式，等待解答后回复讯息。「花时间去教导部属，让底下的人能做得更好，还要非常细心的让所有基层员工都能感受自己的声音是被听到的」，这是金丽英从周伟焜身上传承的蓝色。无论哪一种蓝，都是 IBM 的蓝色。身上的蓝色愈深愈浓，

代表着从 IBM 管理经验传承的调色盘中丰富的收获，师徒相称的培育与默契，是 IBM 接班计划中重要的传承。（来源：注重师徒传承—台湾 IBM「导师制度」；《经理人月刊》网站，2006-12-26）

台湾 IBM 总经理特助的经验谈

为培养接班人，IBM 有特殊的特助轮调训练制度，台湾 IBM 云端服务信息系统首席顾问庄士逸在 IBM 任职十余年，就曾担任过 3 任特助，最近一任是在 2008 年担任台湾 IBM 总经理特别助理。

在高阶主管身旁近身学习

「特助工作是在高阶经理人身旁的近身学习」，庄士逸表示，担任特助可学习高阶经理人看事情的眼界及高度，对于职涯发展有很大帮助。特助本身肩负多重任务，包括策略提供、行程安排、行政协助等，要做好内外沟通协调，让主管行程进行顺畅，并协助总经理办公室运作。

特助、秘书和司机是总经理的黄金三角，三方必须紧密合作。身为特助的他，从开会、拜访客户到晚宴，几乎整天与总经理形影不离，最了解状况，知道哪些事情必须跟进。因此特助要有判断能力，让身为后勤部队的秘书能进行内部资源调度。

确认自己所做符合主管期许

「想要做好特助工作，必须 know your boss」！庄士逸说，了解老板是特助最基本的功课，回想当时刚接特助时，他花了 1～2 个礼拜了解老板作息、生活习惯、做事节奏及价值判断点，这段「快速观察期」要很用心才行。庄士逸服务过 2 任总经理，前一任习惯在正常上班时间进办公室，后一任则习惯早上 5 点半起床运动，7 点半就会抵达办公室。但光是掌握作息还不够，还要了解主管的习惯。

像他观察到，虽然老板 7 点多就进办公室，但这段时间是老板的思绪沉淀期，许多重大决策都在此时决定。因此，庄士逸虽然也同样 7 点多到办公室，但并不会打扰老板，而是在旁候命，让老板有自我独处的时间。经过快速观察期后，自己得去适应主管脚步。更重要的是要利用观察结果作比对（mapping），看自己预估的和主管期望的是否相符。从各项细节做测试，看自己为主管所做的安排是否适切，例如开会需不需要准备投影笔等。

做到「你办事，我放心」

特助要懂得观察老板的需求，不等老板开口，就主动提供必要协助。由于总经理回来任职前已离开 IBM 数年，对于公司同仁不太熟悉。因此庄士逸主动提议，将中高阶主管的相片准备好，以便总经理熟悉，而总经理也欣然接受。

特助除了了解老板习性外，具备公司内部人际网络（networking）也很重要。以开会为

例，老板行程紧凑，其他高阶主管亦如此。如何在事前敲定大头们的时间，以及会前的安排确认、会后的代办追踪，让整天的马拉松会议及公司决策运作能衔接顺利，都在考验特助的人脉及沟通协调能力。

特助心诀：细心＋停看听＋拿捏

庄士逸认为，要成为老板的得力助手，必须做到「细心」、「停看听」及「拿捏」。在细心方面，帮老板安排各项活动、准备任何资料，细节不能遗漏。他提到某次不小心把给客户的感谢函内文搞错，等到老板签名时才发现，让他尴尬不已，日后也更加小心。

其次要停、看、听。以开会为例，要先停下来将自己的眼界拉高到主管角度，了解为什么要开这个会？为什么要讨论这些议题？接着要多观察，因为主管常会询问你的看法，这时得以客观中立角色来看事情。此外，由于开会时轮不到特助讲话，所以就是多听、勤做笔记。一天跟着老板开 7—8 个会，还得消化吸收，这时只能猛做笔记，等有空时再翻阅思考。

最后「拿捏」也很重要，「要看老板的心情和劳累程度，在对的时间说对的话」。庄士逸举例，通常老板早上一路和国外视频会议到中午，因此他不会在中午提供太多复杂信息，而是等到午后再找时间报告，同时也会观察主管开完会后的心情如何，在不影响主管情绪的前提下提供看法。

当然，特助的专业功力也不可少，包括了解市场脉动及管理策略方法。尤其在市场脉动方面，要了解整体产业趋势，当老板问起时，才能扮演好策略提供的幕僚角色。

「特助工作让人眼界大开」庄士逸认为，以前仅局限在自己部门，但现在必须跨组织、跨国界来看待事情，达到点线面的提升。要成为出色的特助，就得面面俱到。（来源：向总经理特助学习部属力；刘楚慧， Career 高阶人才网站，菁英信息站）

IBM 公司理所有重要的职位都有接班人计划，且是公开的，针对每一职位的接任者都有其特定的培训计划，而 IBM 则透过工作轮调及良师益友，栽培这些明日之星。最后他们还必须接受由公司高层主管所组成的评委会审定，在通过层层考验与现场答辩后，拥有优异成绩者才有资格成为正式的高级专业人员或是经理人。

IBM 透过客观的评鉴工具，以及公正公平的考绩制度，让员工取得信任与意愿，愿意积极参与接班人计划。以下将 IBM 接班人才培训过程略示如下：

STEP1 挑选具潜力的员工进入人才数据库	STEP2 三个月密集训练评量其领导力，并指定导师	STEP3 专业绩效评估、加强自我认知、进行二年职涯规划	STEP4 提名为经理候选人、晋升后必须通过 Basic Blue 基础管理课程	STEP5 取得认证后职等可晋升

钟伊虹认为 IBM 之接班人培训之所以成功，关键成功因素如下：

(1)、结合企业核心价值，组织焦点清楚。

(2)、「师徒契约」让项目落实执行。

(3)、培育后生成果列入导师个人绩效，增进参与对象执行意愿。

(4)、设计范畴兼顾组织需求与个人需求。

(5)、长期承诺与投资。（来源：基业常青—探讨如何落实接班人计划；钟伊虹，T&D 飞讯第 71 期，2008/7）

（四）IBM 以 10 项领导力指标，晋升核心人才

导师对学生的倾囊相授、培育提携，同时也是 IBM 升等的评量标准。IBM 的主管从 band 7 升等到 band 8 的基本要求，就是至少要有两个成功的导生项目。由于 Band 7 以上已属于高阶管理资深专业职，光有专业技术绝对不够，也必须同时兼备带人的技巧。

IBM 透过导师制度与升等评量，在高阶主管资深专业人才将经验传递给后进的同时，也增强了高阶人才的带人经历，让人才接班的水库不虞匮乏。前任 IBM 大中华区董事长兼首席执行总裁周伟焜本身就是「桃李满天下」的导师，大中华区大部分的高阶主管都曾经受过他的栽培，优秀的管理者能够把经验传承下去，让 IBM 的接班制度永远有新血加入。

IBM 利用领导力指标选出顶尖 20% 的接班人才库，再将这 20% 的人才，分为「有潜力成为总经理以上职位」的 ER(Executive Resources)、「IBM 院士」等级的 TR(Technical Resources)、以及「副总及同等级」的专家或主管 TT（Top Talent）。这些员工将进入 IBM 的核心人才库，接受领导、管理相关的一连串训练。表现优异的员工还有特殊的培训计划，主动申请便有机会在高阶主管培训项目 3 个月的期间内，担任国内外高阶主管的特别助理。项目期间内，除了兼顾自己本身的业务，不论开会或处理公务都必须跟在对方身边，近距离学习他们的思维与视野。（来源：注重师徒传承—台湾 IBM「导师制度」；经理人月刊网站，2006-12-26）

IBM 如何打造领导力？

环心：对事业的热情

IBM 认为他们的杰出领导者对事业、市场的赢得，以及 IBM 的技术和业务能为世界提供服务充满了热情。

对事业热情的指标：充满热情地关注市场的赢得；表现出富有感染力的热情；能描绘出一幅令人振奋的 IBM 未来图景；接受企业的现实，并以乐观自信的方式做出反应；表现出对改造世界的技术潜力的理解；表现出对 IBM 解决方案的兴奋感。

1 环：致力于成功

IBM 以三大要素来考察领导者是否致力于成功，它包括：对客户的洞察力；突破性思维；渴望成功的动力。

对客户洞察力的指标：设计出超越客户的预期，并能显着增值的解决方案；站在客户的角度和 IBM 的角度来看待客户企业；使人们关注对客户环境的深刻理解；努力理解并满足客户的基本及未来的需求；一切以满足客户的需要为优先；以解决客户遇到的问题为己任。

突破性思维的指标：必要时能突破条条框框；不受传统束缚，积极创造新观念；在纷乱复杂的业务环境中积极开拓并寻求突破的解决方案；能看出不易发觉的联系和模式；从战略角度出发而不是根据先例做决策；高效地与别人探讨创造的解决方案；以为企业创造突破的改进为第一要务；开发新战略使 IBM 立于不败之地。

渴望成功的动力的指标：设立富有挑战的目标，以显着地改进绩效；能够经常地寻求更简单、更快、更好地解决问题的方法；通过投入大量的资源或时间，适当冒险以把握新的商机；在工作过程中进行不断地改变，以取得更好的成绩；为减少繁文缛节而奋斗；将精力集中于对业务影响最大的事情；坚持不懈地努力以实现目标。

2 环：动员执行

一位杰出的领导是否能动员团队执行，达到目标，从四个要素可以考察：团队领导力；直言不讳；协作；决断力和决策能力。

团队领导力的指标：创造出一种接受新观念的氛围；使领导风格与环境相适应；传达一种清晰的方向感，使组织充满紧迫感。

直言不讳的指标：建立一种开放、及时和广泛共享的交流环境；言行要一致，说到做到；建立与 IBM 政策和实践相一致的商业和道德标准；行为正直；使用清晰的语言和平实的对话进行沟通；寻求其他人的诚实回馈以改善自己的行为；与他人对话应坦率，尽管有时这样做很难。

协作的指标：具有在全球、多文化和多样的环境中工作的能力；采取措施建立一个具有

凝聚力的团队；在 IBM 全球内寻求合作机会；从多种来源提取信息以做出更好的决策；信守诺言。

判断力和决策力的指标：即使在信息不完全的情况下也能果断地行动，也就是说能处理复杂和不确定的情况；能够根据清晰而合理的原因邀请其他人参与决策过程；尽快贯彻决策；快速制定决策；有效地处理危机。

3 环：持续动力

判定一个杰出的领导者是否能为组织带来持续的动力，IBM 也有三条标准：发展组织能力；指导、开发优秀人才；个人贡献。

发展组织能力的指针：调整团队的流程和结构，以满足不断变化的要求；建立高效的组织网络与联系；鼓励比较和参照公司以外的信息来源，以开发创新的解决方案；与他人合理分享所学到的知识和经验。

指导、开发优秀人才的指标：提供具有建设的工作表现的回馈；帮助提拔人才，即使这样会使人才从自己的团队转到另一个 IBM 团队也要如此；积极、现实地向他人表达对其潜能的期望；激发他人以发掘他们的最大潜力；与自己的直接下属合作，及早分配以培养为目的的任务；帮助他人学会如何成为一个有效的领导者；辅助他人发挥自身的领导作用；以自身正确的行为鼓励重视学习的氛围。

个人奉献的指标：所做的选择和确定的轻重缓急与 IBM 的使命和目标保持一致；保持有关本职工作的职业和技术知识；说明他人确定复杂情况中的主要问题；热诚地支持 IBM 战略和目标；为满足 IBM 其他部门的需要，放开自己的关键人才。（来源：IBM 如何打造领导力？品牌世家网站）

附录：IBM 长板凳上的人才→钱大群

2007 年 2 月，IBM 宣布钱大群出任 IBM 大中华区总裁一职，引起台湾与中国大陆信息业热烈地讨论，因为这位当年进 IBM 只拿到练习生职务的钱大群，16 年后竟接任 IBM 台湾区总经理，再 14 年后，又被升任为 IBM 大中华区总裁。大家好奇的是，他如何办到的？

钱大群自 1977 年加入台湾 IBM 公司后，在过去 30 年 IBM 的工作历程中担任过一系列的销售、服务、市场、营运和技术职务。

1993 年，担任台湾 IBM 公司总经理。在此期间，台湾企业经理人协会授予钱大群先生「1996 最佳总经理奖」。

1996 年，在纽约担任 IBM 公司董事长兼首席执行长葛斯纳（Louis V. Gerstner）先生的行政助理。

1997 年，钱大群先生担任 IBM 大中华区一系列高级职务，其中包括 IBM 大中国区营运副总裁，协助 IBM 大中华地区董事长周伟焜先生，对 IBM 在中港台的业务和合作伙伴等进行全面的运营管理和监控。

1999 年，钱大群先生在北京担任 IBM 大中华区系统与科技事业部总经理职务。在他任职其间 IBM 在中国和亚太服务器市场占据第一。

2001 年，在东京担任 IBM 亚太区系统与科技事业部副总裁，负责服务器、存储设备等销售与推广业务。

2004 年，在新加坡担任 IBM 东南亚/南亚区总经理。掌管业务区域包括印度、新加坡、马来西亚、泰国、印度尼西亚、菲律宾及越南。

2007 年 1 月，被任命为 IBM 大中华区首席执行长，掌管 IBM 公司大中华区包括中国大陆、台湾与香港三地之销售、研发、采购、营运等业务。

钱大群先生毕业于台湾淡江大学数学系，曾于美国哈佛大学企管研究所高级管理课程、IBM 全球高阶经理人课程进修。

从薪水全公司最低的练习生做起，钱大群抓紧每个学习的机会，用宽大的胸襟与道德，一步一脚印的坐上 IBM 大中华区总裁的位置。在这人才辈出的年代，他是如何办到的？

2007 年 9 月初，他返回台湾，除了解台湾 IBM 业务外，更接受《远见》杂志独家专访，述说就任半年来的心得，以及在 IBM30 年来的心路历程。

媒体询问钱大群过去半年来接任大中华区总裁的业绩表现，他开心地说，「业绩虽不方便公布，但这份成绩单值得我们用相框把它裱起来」，足见他自己对上任后的表现非常满意，也间接向外界证明他的实力。

钱大群离开大中华地区已有五年的时间，中间转赴新加坡出任 IBM 东南亚暨南亚区总经理，历经南亚大海啸，也看到印度市场的快速崛起。

钱大群 2007 年上任后只举行过一次公开记者会，后来就密集走访 IBM 各地 26 处分公司，除与员工面对面沟通阐述理念外，也了解各地客户需求。他说，他把精力主要花在两个方面，第一是怎样把 IBM 跟大中华的经济发展结合得更好。在中国大陆成长的时候，让 IBM 能成为其中强有力的合作伙伴。

其次，要花时间在人力资源的培养上。在人才培养过程中，更要注重如何去建立符合道德标准的规范，这也是工作重点。

做事➜首重细节，扩大价值

与钱大群共事过的前任台湾 IBM 总经理童至祥说，钱大群最令她敬佩的就是「重视细节」。

在 2007 年 5 月份钱大群回台主持一场研讨会时，他亲自准备简报，且对每个文字都仔细推敲，有时追根究柢到一字一句，让部属都感受到他的重视程度。一位参与安排的 IBM 台湾员工私下透露，钱大群常常会问幕僚，「这次会议，你想达到的目的是什么」？「除了这种方式外，你认为有更好的方法吗」？当然，部属压力不小，但也能感受到老板要他们不要「瞎忙」的用心，时时要想清楚做这件事的重点是什么？如何才能做得更有效率？

除了重视细节，钱大群也重视「扩大价值」。

即使是访谈、叙旧，也不只是随便聊聊而已，一定会充分运用访谈的机会，把「附加价值」发挥到最大，不致浪费时间，或流于闲聊而已。扩大价值与重视细节是钱大群在 IBM 工作的原则，其实这些原则早在他担任总裁之前，就已开始培养、训练了。

钱大群在 1996 年被 IBM 刻意栽培，依「**长板凳计划**」派到美国纽约 IBM 总部出任当时执行长葛斯纳（Louis V. Gerstner）的行政助理，也是有史以来第一位华人担任此职务。

钱大群回忆说，「周五接到总部通知，下周一就要赴美报到，连考虑的时间都没有」，但这是千载难逢的机会，更是增加自己附加价值的最好时机。

态度➜充分准备，随时上战场

喜爱打羽毛球的钱大群，「就爱它的速度快」，因为很刺激，也很有爆发力。「不仅挑战速度，更要挑战精准」他说。「我在执行长旁边，最让我印象深刻的就是他每件事都充分准备」，钱大群说。

他熟知商场就像球场，没有平日自我充实、随时准备好，当机会来时，可能根本无力承担。商场也一样，没有充分准备，机会来时也捉不着。

在担任葛斯纳行政助理的九个月期间，钱大群捉到最佳的学习机会，从更宽广的视野看问题、找答案。记得第一份工作是为执行长准备他与哈佛大学校长的对谈资料，对淡江数学系毕业，从没喝过洋墨水的钱大群来说，是一个很大的挑战。不过凭着已在 IBM 工作 20 年，1993 年即以 40 岁不到就接下台湾 IBM 总经理的他来说，早已熟稔 IBM 文化，更知道执行长的要求规格。他马上搜集哈佛大学可能面临的挑战、美国大学教育现况及 IBM 与哈佛大学的过往合作，并找出 IBM 转型经验可供哈佛大学参考之处等数据，「五天不到，就交给执行长参考」。

接下来的日子，钱大群跟着执行长全球走透透，一会儿接见银行总裁、一会儿是零售业龙头，一会儿又是政府官员，而他所准备的资料更是包罗万象，「早就超越过去单纯跑业务、提供信息产品服务的工作内容」。

实力—自大学开始准备英文

没有实力，钱大群是不可能赢得这样的机会。钱大群大学读的虽是数学系，但他深知英语的重要性，大学就加入英语会话社，加强自己英语沟通能力。钱大群虽没有主修英文，也没有留过学，但他早就准备好迎接宝剑出鞘的那一天。曾经在大学时期担任过钱大群三年导师的前淡江数学系教授黄柳男，称赞得意门生钱大群说道：「当我在报章杂志看见他时，这么多年了，钱大群踏实、稳重的样子还是一直没变」。在黄柳男印象中，钱大群一直是很认真与朴实的一位学生，特别是在运动及英语上。

当然钱大群没想到有一天能在 IBM 执行长旁担任助理，用着自修的英语沟通与简报。当初他只是单纯的想把英语练熟练通，可能日后出国读书时会派上用场。

起步➜从练习生开始学起

钱大群提到自己刚从大学毕业，找得第一份工作就是 IBM 计算机机房操作练习生（operate training）。当初台塑集团也有给他职务，但考虑到要学信息技术就非 IBM 莫属，他就到 IBM 报到了。

有一次，远房一位也在 IBM 工作的亲戚跟钱大群母亲聊天，妈妈当然很高兴谈起刚进 IBM 工作的儿子。那位远亲问了钱大群的薪资多少后说道，「哦，那应是台湾 IBM 员工薪水最低的吧」。只是没想到，当初这位职务只是练习生、薪水还是全公司最低的钱大群，30 年后竟坐上 IBM 大中华区总裁，辖下管理上万名员工，这应是那位远亲当时没料到的事吧！

「我一直认为找工作不是看职称大小，我也很少去注意 size（规模），上万人或是十人的公司，都不是我看重的，我只重视是不是有很好的学习机会」，钱大群说。「即使是练习生也有学习的机会」，当时的工作虽只是送送报表，但他仍比别人努力，下班后仍常看到他的身影，留在机房里默默的学习计算机知识。

前思科大中华区总裁杜家滨，一样也是台湾培养，而后掌管大中华区业务的总裁。他说，「钱大群就是 IBM 的 7-Eleven，他往往是最早上班，最晚下班的那一位」。「他不会交际，也不搞 PR（公关），他是练内功的人，做事认真、务实」，杜家滨形容说。

果然，钱大群没做多久的练习生，就晋级为系统操作员。再没多久，成为业务助理、助理系统工程师，更被升为系统工程师。

纪录➜台湾第一个本土总经理

不过钱大群的升官途径当然不仅如此，随后他出任系统工程部经理，更转换到业务部门，成为经销业务经理，再历经总管理处经理后，接任业务协理。此时，他已从工程技术背景，成功成为业务营销高手，更在 1993 年时接任台湾 IBM 总经理。练习生到总经理，只花了 16 年，打破台湾 IBM 的纪录，从没有人是从练习生升到总经理，也是第一位台湾本土培养出来的总经理。

进入 IBM 有两件事是钱大群最看重的，一是它创造了一个持续学习的环境，让进到这个蓝色巨大企业（IBM 企业识别色系为蓝色）的人，都能保持学习成长的心。其次，IBM 主管有一种胸襟，那就是「部属有一天将成为长官」的胸襟。

胸襟➔部属有一天将成为长官

钱大群第一天面试时主管就告诉他，「我要找一位未来我可以向他报告的人才（someday I can report to）」。这让钱大群很惊讶，怎么会有这种公司，这种主管，心胸大到愿意培养未来长官，完全不自私的心态。这种情况在当时就已发生。因为那位主管的上司就是以前他应征进来的，说这句话并不是随便说说罢了。

在讲究绩效、重能力的外商企业来说，部属变长官本来就不稀奇。但在华人社会中，要有如此胸襟，却很难。钱大群说，有一次他听葛斯纳（Louis V. Gerstner）分析，公司如何训练一名好的主管？葛斯纳告诉他，你可以派他去跟一位好主管，跟着学习，近身观察，久而久之就知道「哪一些是应该做的」。这是常用的做法，也正是 IBM 培养高阶主管的方式。另一方法也不错，就是派他跟随一位很烂的主管，也是近身观察他的一举一动，这样久而久之也能学习如何避免犯错，知道「那些是不应该做的」。

钱大群认为，一位好的主管领袖，可能是一位业务高手，为公司带进大笔订单及客户，也有可能是营销高手，创下亮丽的销售业绩，但是这些却都不是他最看重的。他认为，最难得的是懂得培养人才的主管，「不吝栽培部属的主管，这点更值得看重」。

（备注：前任 IBM 大中华区董事长及首席执行总裁周伟焜，于 1999 年 8 月接受专访时，也指出➔作为一位高级主管如果不能容人，只喜欢提拔那些想法、做法和你一致的人，就会在你的周围聚集一批与你的思维相似的人，那时，你这个主管就很危险了，因为当你江郎才尽时，你周围的人并不能帮助你。

周伟焜说他在 IBM 工作了 30 余年，头十年是他在不断地学习；而第二个十年，他开始学「管」。我第二个十年是在学习「管」而不是管理。这十年换了很多不同的岗位，如营销方面、市场方面，还有两年做过人事部门的主管，这使我有机会看到不同部门的运作，有机会训练怎样管一群人。第三个十年，我花更多的时间学会让我的员工、经理有更多的时间去发挥，目前我希望做的第一件事不是这一年有多少生意，这虽然对公司来说很重要，但对我来讲这不是最重要的，我们的目标是把一群很有能力的人培养起来。

周伟焜说：作为一个管理者一般要走过四个层次，一，学会跟人合作；二，学会怎样管人；三，学会怎样看人，学会看每个人的优点，并把每个人的长处发挥出来；四，要能容人，人的缺点有的可以改正过来，但有的一辈子也改不过来，所以要容人，要多看他的优点，并发挥他的优点。而第三第四个层次应该是高级主管所拥有的素质）。（来源：周伟焜看 IBM 兴衰；郑雅心，龙腾世纪网站）

胜出在伦理、道德与操守

问到自己被拔擢的主要原因？钱大群思考了一下，客气地说自己不是公司最厉害的业务，也不是能力最强的主管，「可能的优势是 IBM 现在想找一位符合企业伦理道德的人吧」他说。

钱大群待过新加坡，负责过东南亚地区的业务；也待过日本，曾与日本人共事过；更待过中国大陆，了解当地的文化。这些经历固然完整，但 IBM 此时看中他的诚信价值与道德操守，尤其是进军开发中国家，道德操守更应被重视。

「我待过东南亚国家，绝不能同流合污，不能与当地文化妥协」钱大群说，这与业绩表现一样重要。钱大群认为，要做到放诸四海皆宜的道德操守规范，十分不易。且要 IBM 在全球 30 余万名员工都能一致做到，更加困难。唯一方法是建立每位 IBM 员工能以身为当地的 IBM 员工为荣（Sense of pride of local IBM）。

当印度尼西亚发生大海啸时，印度尼西亚 IBM 总经理冲到第一线灾区，主动提供灾区救援信息管理（ERP）系统，事后印度尼西亚的 IBM 员工也认为自己做了有意义的事，自然也以身为 IBM 的一员为荣。

泰国也一样，IBM 同仁也在灾区成立计算机管理系统，整理罹难者的生命辨识遗迹，事后也获得泰皇的肯定，这件事也让 IBM 泰国员工很自豪，这就是 IBM 员工最大的回馈。

钱大群认为，薪水、待遇对员工固然重要，特别是那些开发中国家的员工，经济的压力是可想象的。但 IBM 不是仅提供金钱报酬而已，更重要的成就、价值与社会责任、荣誉，「在我看来也一样重要，甚至有过之无不及」。（来源：从练习生到 IBM 大中华区总裁钱大群准备了 30 年；徐仁全，《远见杂志》2007 年 10 月号）

2009 年 8 月，IBM 大中华区首席执行总裁的钱大群接替退休的周伟焜，兼任 IBM 大中华区董事长。2013 年 1 月钱大群在《CWEF 2013 天下经济论坛》，分享 IBM 如何成功转型。他说，IBM 学到最宝贵的课程，「就是转型时，要不断找寻自己的价值与活力」。钱大群认为，转型过程中，企业人才的领导力很重要。转型的人才，不在于能力大小，而在于热诚。

2008 年，IBM 完成全世界 1,700 位 CEO 与政府领导人的调查，归纳出成功企业 CEO 与一般企业 CEO 的不同洞察。钱大群指出，成功企业的 CEO 在面临转型时，都会不断地思考三项转型洞察。

第一，是要建立一个更开放、更交流的工作环境。

第二是，面对海量资料（Big Data）时代来临，企业如何运用这样大量的数据，来预估、分析、洞察，找到最好的客户与成长。

第三，企业必须建立更创新的体系，协同创新成为新模式。「你必须不断跟别人进行合作与创新」，钱大群表示。钱大群建议现场来宾，面对转型时，「不要迷信你很大，不要一味追求你的规模很大，忽略掉转型时，耕耘与找到转型的价值」。（来源：2013 天下经济论坛／人才、

研发、海量资料分析—企业转型三大关键；《天下志》网站 2013—01—07）

四、接班人计划个案介绍

A 个案公司

从事传统钢铁制造业的 A49 公司，为一家具有五十多年历史的企业，其事业版图横跨各类钢铁制造及营建工程，并于台湾各地设有专属营业据点与钢铁生产工厂，及海内外均设立分公司及转投资事业。组织经营宗旨以「成为专业金属解决方案的提供者」为目标，致力提供多样化产品予顾客，满足各层级顾客之需求。

A49 公司正欢庆组织创立满 40 周年时，总经理感知公司内部有文化封闭且产品单一化的现象，担忧此现象恐将有碍组织持续成长，遂于跨越千禧年之际，宣布组织将进行营运转型计划，并扩大产品线版图与事业类型，以期提升企业营运绩效。为了因应此政策的推行，人力资源部门提出「接班人培育项目」以满足组织事业扩张时大量的人才需求，此接班人培育项目推行之首要目标为配合组织及部门的中长期人力需求计划，同时，因为组织历史发展悠久，故希望藉由此项目同时解决组织内人才断层之问题；此外更试图达成与组织永续经营方针相互结合以及培育组织重要核心人才等三大目标。

项目主要参与对象为各事业部门内、行政业务的组长阶级员工以及生产部门的部级与厂级主管。接班人培育项目流程共分为四大步骤：

1、确认部门的核心职位及接替人选，并透过轮调制度全力储备人才；

2、自组织各部门内挑选绩效表现前 20%的优良员工为重点培训对象，并增加培育之候补人才，以降低重点人员流失的风险；

3、针对关键人才进行人才培育与部门轮调，并由项目负责人检测其是否符合接班人选标准，在轮调期间内给予目标员工等同组织内中阶主管之业务与待遇，以行政职为例，被管列为接班人选的员工将升为五职等的管理师，其待遇比照课长，免打卡并实行责任制；

4、由组织内部五位高阶主管组成之人力评鉴中心进行关键人才审核，审核标准为关键人才于培训期间所展现的组织能力、领导能力、整合资源能力、海外适应能力等是否符合接班人选标准，若经评核结果符合标准则给予经理级职阶。

此外，本项目并以颜色管理模式来标注各重要职位的接班人培训状态，而各职位状态以「**员工适性**」、「**绩效**」、「**年资**」三种指标来衡量该职务接班人预备状态，「红色」代表未来三年内可能退休且无接班人者、「黄色」代表部门未来五年无自请退休条件者、「绿色」代表部门

内未来有可能退休人才且接班人已经准备妥当；该公司并同时推行「绿色通道政策」奖励培训过程中表现优异的接班人，可经由人力评鉴中心核可后直接跳级晋升，以提升组织接班人之管理效益。

A49 公司于推行「接班人培育项目」过程中，也面临许多棘手的问题，如：员工会因为个人惯性，不愿接受公司安排的轮调计划或遇到主管对于自己部门内人才的爱护，不愿意割舍员工调派至其他部门。此时 A49 公司对员工采取半强迫式作法，让员工自行选择接受轮调或是考虑是否适合继续留任。A49 公司认为当员工不愿接受公司安排时，代表此员工的个人理念可能与公司经营理念有所差异，此对组织而言恐将增加组织日后人力资源分配上的难度，或造成管理困境，故组织遂采取半强迫的方式期盼能筛选出符合公司理念的员工。而在面对部门主管意见相左时，人资部门会与主管进行良性沟通与协调，以期接班人计划能顺利推行。

如今，A49 公司「接班人培训项目」推行成效显着，已成功解决先前人才断层的问题，并帮助公司营运转型成功。A49 公司更因「接班人培训项目」执行成效亮眼，而获得了 2008 年人力创新奖之尊贵殊荣。（来源：A49 公司接班人培育项目，彰化师范大学人资所）

B 个案公司

B 个案公司成立于 1977 年，提供多元性的财务金融商品与服务项目，包括租赁业务、分期付款业务、应收帐款受让管理业务、融资贷款型业务、跨国业务等，全方位专业化经营，居台湾租赁业产业市场龙头地位。

目前的资本额超过 90 亿，海外员工超过 1,500 人，总资产超过 900 亿，已发展为颇具规模之国际化企业集团，也是台湾百大产业之一。而营业据点更遍及海内、外，期以绵密的行销据点，提供无远弗界的专业金融服务。

个案公司 2011 年获颁劳委会「人力创新奖」后，2013 年并荣获美国训练与发展协会（ASTD）所颁发的「Excellence in Practice Awards」人才发展国际大奖，创台湾金融相关产业第 1 家企业获此殊荣。

个案公司接班人计划之规划特色与目的：

1、将组织经营策略及公司人才培育政策相结合。

本研究个案视人才为组织之重要资产，与透过分析企业发展策略、员工职能落差、组织绩效缺口等需求后，规划完整的训练体系与架构，期能透过训练以提升员工的职能，并促进企业整体经营绩效的提升。

2、透过接班人计划有效培育企业各阶层领导人。

个案企业组织文化较为保守，该公司中高阶主管几乎都是内部升任之人才，为因应各事

业体系的成长与扩大，及中高阶主管的备员机制必须建立；因此，特别规划了接班人计划以期公平且有系统地培育未來的接班人才。

　　每年各种「策略会议」是个案公司凝聚大家共识的重要机制，除检视公司整体状况，评估大环境的变化，并针对未来新的年度或 3 至 5 年内公司的新目标提前做准备。由于策略会议具举足轻重角色，所以每次都费时整整 2 天时间在公司外举行，如礁溪、日月潭等休闲地点，让主管们可以完全静下心谈论未来的走向。

　　策略会议在构思未来发展时，大家对于需要储备的资源，如产品的资源、财务的资源、人力的资源、其他各项资源的配备等等，均一并在会前、会中不断互动，提出各自需求。故在推动下一年目标时，各部门即有共识，使前台主管跟后台主管有一致想法，不致产生落差。

个案公司人力资源发展特色：

1、因应企业发展需求，弹性调整人力资源单位组织。目前各事业群都有自己专属的人力资源发展团队，使人力资源单位成为公司的策略伙伴，协助公司经营绩效的提升。

2、首创金融业界业、审双修专长的养成计划（Double Skills, High Competency），培养同仁具备业务推广与风险管理的双专长，成为优质的 TT 型人才！

3、落实关键人才发展计划。公司内部人才的养成，不依赖挖角而靠自行培养，扎实打造接班梯队；公司目前几乎 100% 的业、审主管都是内部自行培养，从基层一步步内升起来。

4、以实际行动展现对于训练的承诺、支持与要求，并将「成长」列入公司的四大价值观中。

个案公司三大核心竞争力：

➔ 业务营销能力、

➔ 审查风险控管能力、

➔ 快速复制核心竞争力的能力。

　　藉由人才的培训，不断复制公司的竞争优势，即业务营销能力与审查风险控管能力，并持续提升人员生产力。

B 个案公司之接班人计划实施方式

1、个案公司接班人计划的類别：

　　个案公司的接班人计划共分为基层、中阶、高阶等三个层级的培育计划，由该公司人资部门高阶主管主导。其接班人计划之规划模式与 Rothwell（2005）所提之意涵较为符合，该

计划由 2006 年开始规划实施，各阶层的接班人计划周期皆为期二年，期间仍不断地修正。而其接班人计划与组织策略的连结程度，则因各层级的关键人才之不同而有所不同；期备齐多元、弹性之人才库。

"本公司接班人计划，基层主管为科员升基层主管（科主管）；中阶主管为升部主管（协理）；高阶主管为升事业处主管（处长、副总）。"

"基层、中、高阶计划各自 2 年为一期，运作到现在，执行完成后会再做修正，会依据训练成果与反应作修正。"

2、接班人候选人之甄选准则及方法：

如何把关键资源放在关键人才上，对个案公司来说是相当重要的。个案公司于 2002 年将职能导入，透过评鉴中心、发展中心来筛选高潜力者（high potential）。而接班人候选人则先透过职能来做 360 度的考核，利用人才九宫格以筛选出绩效与职能二个分数皆具潜力者，而高潜力者（high potential）则采前 20%再加一些指标（如 180 度领导力、关键特质评测及个人性向测验）来建立人才储备库，更重要的是个人意愿。

"实施对象为部级以上（含）主管，遴选方式包括 180 度领导力与关键特质评测，MBTI 个人性向测验… "

"在员工成为 high potential 前，人资部门会用职能来做 360 度的考核，筛选出近二年绩效与职能二个分数皆具潜力者。而 high potential 采 top 20%，建立人才储备库。公司针对基层、中、高阶等加以筛选并培育，而公司筛选机制与指标除了看员工 2 年来的 Performance 及其职能，还有个人意愿，训练永远是留给有意愿者，中高阶人选会再将筛选的名单给主管，由人资与该单位主管确认，而高阶则无意愿问题，我们高阶也有有海外轮调的想法… "

人才九宫格略图如下：

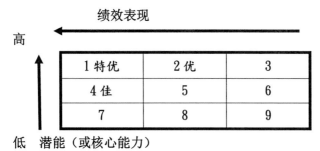

3、接班人计划之运作：

个案公司之接班人计划共包含了基层、中阶、高阶主管等三层级的培训计划，皆以 2 年为一期。各阶层培训计划详述如下：

(1)、基层主管接班人计划

基层主管接班人对象为副理升经理者，其课程设计除二天的管理课程外，还有项目小组，其作法源自行动学习，由 6 个关键因素（the problem、the group、the commitment to taking action、the commitment to learning、the facilitator、the questioning and the solution）來发展设计。其训練规划详如下表：

基层主管接班人计划之课程设计

主 题	活 动	方 式	目 的
管理能力	招募任用、绩效管理、情境领导、项目管理等管理相关课程	委外训練、讲座、哈佛个案、大师讲座、演練	培养未来应有的管理能力
项目小组	定义问题、团队建立、行动会议、专题研究成果发表	小组活动、撰写研究计划、演練	建立问题解决能力、并培养团队学习

(2)中阶主管接班人计划

中阶主管接班人对象为经理升部主管（如协理）者，中阶主管的培训乃是以模块的方式來进行，并搭配个人发展计划（IDP）。这四个模块是由人才发展中心（Development Center）所评鉴出受训者较为弱项的职能，共同的弱项由企训中心來培训，而个别的弱项则由个人与主管讨论，依个人需求对应发展项目，由 HR 部门协助辅导共同订定 IDP，此部分则不在本计划规划课程中。中阶主管接班人计划相关课程规划详如下表

时程	训練主题	训練天數	型式
第一个模块（前半年）	人才培育绩效	1.5 天	上课／作业，先由企训中心找出要上的课程，再由合适的外部顾问來训練。
第二个模块（第一年）	规划与组织	2.5 天	
第三个模块（1.5 年）	建立伙伴关系、促进团队	2.5 天	
第四个模块（第二年）	愿景与价值观、领导	2.5 天	

中阶的是以模块的方式，这 4 个模块是从职能评鉴挑出來的，为什么是这 4 个？因为公司有做 DC（Development Center），DC 评鉴出这 4 个职能是我们的弱项，所以规划这 4 个项目的一个个模块方式來上课，且每一上课/作业至少会到达 level 2（都会有课后的作业）。

在未有规划接班人计划前，个案公司为使中阶能顺利接班高阶，10 多年前就送中阶主管到美国 MIT 史隆管理学院，公司负担全额学费且带薪携眷，目前已均为高阶主管。

(3)高阶主管接班人计划

　　高阶主管接班人的培训模式共分为管理能力、专业能力、个人发展计划（IDP）及工作轮调等四大模块，其内容包括了哈佛个案、人力资源、财务风险、海外派遣、EMBA、语言学习等等，每一梯次课程规划为期 2 年。该计划规划建立后，大部分课程采委外训练，透过哈佛个案、大师讲座、演练等方式进行；管理能力及专业能力的训练目的主要在使受训者自我学习、整合运用，以培养决策判断能力。然而，因高阶主管候选人们时间较其他更难凑在一起，无论是培训活动、交作业、任务指派等等，受训者时间难以配合，这是公司在高阶培训的一大困扰。

时程	训练主题	训练型式
第一个模块	管理能力	委由外部顾问规划与执行，如哈佛个案研讨
第二个模块	专业能力	包括了内、外部讲师演练、讲座…等
第三个模块	个人化 IDP	海外学习、项目执行、EMBA、语言进修➔个人量身订做的学习课程
第四个模块	工作轮调	职位轮调

4、接班人计划之成效

　　由于金融海啸之故，各企业组织无不缩编裁员，本个案公司亦不例外，因没有接班机会，较难以衡量接班人计划之实际接班成效。然而，透过不断地修正各计划内容，基层主管接班人计划是其中最具成效的，该阶层的训练成效可达 Kirkpartick 所提第三阶层行为（behavior）的效果，也就是说该阶层受训者在接受接班人计划训练后，改变了其工作任务行为表现。而中阶主管的训练活动仅完成第一梯次，其成效就较基层主管培训差，其每一个模块的训练活动结束后，仅达到 Kirkpartick 所提第二阶层学习（learning）的效果，知识技能皆有所改善，但未能将上课所学转化到工作行为表现中。而由于高阶主管接班人计划受训者的时间难以相互配合，第一梯次的课程活动还尚未执行完毕，成效算是最差的。就现况而言，个案公司高阶主管认为可由中阶主管中找出 2-3 人来接替高阶的职务，但仍找不出一人可单独承担。这是个案公司所隐藏的危机。（来源：接班人计划推动之探讨—以 A 公司为例；余鉴、陈淑贞、程挽华、萧淑艺）。

C 个案公司

　　个案公司为全球金融服务的领导品牌，全球员工总数为 30 万余人，在一百多个国家为约两亿消费者、企业、政府及其他机构客户提供各种金融产品和服务，业务范围包括：消费金融、资本市场暨企业金融、私人银行、保险、证券经纪服务和财富管理。2007 年其税前盈余达到新台币 132.57 亿，居所有外商银行之冠。在人才培育方面，个案公司不遗余力地提供许

多员工训練与发展的机会，发展至今已有三十余年的经验，像是储备主管计划、全球人才培训计划等，透过各种平台、接口提供丰富的训練，而这些人才管理的活动，也因此带动了个案公司的业绩持续成长，成为金融产业的顶尖菁英，因此也成为许多相同、或不同产业亟欲学习的标竿企业。

个案企业接班人培训特色：

1、接班人计划与组织策略的链接程度，依不同层级的关键人才而有所不同；随时准备好多元、弹性之人才库。

愈高层级的关键人才接班人计划与组织的策略方向应该要更紧密，以随着组织的策略方向发展未来所需的人才。此外，中、基阶层主管的接班人计划，虽然不如高层主管与组织策略方向结合的这么紧密，但是也要随时准备好各种人才，不论组织的策略如何变，立刻都能派出适合的人才。

个案公司以「打仗」来比喻人才的发展，即不论上级的战略是什么，每个层级的主管还是照常将他的「特种兵」培育好，因为组织的策略是随时在变的，今天上面传出的策略是要攻下A、B、C 山头，则下面的主管即可从他培育的各种特种兵中派出最适合的人才，以达到组织的要求。"时机成熟、舞台出现的时候随时都有人才上场，培育一群可随时弹性运用的人才库才是较佳的做法"。

2、评选接班候选人的准则及方法：人才九宫格（绩效+潜能）。

依照员工的绩效及潜能，找出属于「高潜能」的人才并予以发展。绩效的来源为公司的平衡计分卡（balance scorecard）表现，潜能的部分，则依各层级主管对员工的观察、了解员工对生涯的规划及其人格特质等来判断是否具有管理及晋升的潜能。而较高层级的人才发展，还会配合职能模型及360 度等评量工具。

3、接班人计划的进行方式➡️储备主管计划、实际工作培训。

(1)、储备主管计划（MA, Management Associate）

由全球招募知名学校毕业的杰出青年，以建立领导人才库。这是一个系统化、为这些菁英人才量身订做的独立计划，共维持12—14 个月，让菁英们接受各部门的训練，像是透过正式的研讨会、结构化的轮调或外派及在跨部门、跨单位间赋予较重的任务与项目等挑战，以发展他们的高阶管理才能，协助他们了解个案公司的企业、市场、产品、服务及文化理念等，同时也有机会到亚太市场、抑或美国总部实习。在培训结束后，再各别将各菁英人才依能力及兴趣放置在各单位中，或再给予其他的长期任务。

(2)、工作中的培训，增加人才的历炼及挑战～学习及成长的组织文化

"实际上的工作培训，慢慢的增加接班候选人额外的工作任务（stretch assignment），先训练其骑脚踏车，等脚踏车骑稳了之后再让他们骑机车，最后再放手让他们开车"。像是透过专业的内部训练课程、师徒制度或是学习如何当讲师等即是经常使用的方式，偶尔也会有长、短期外派的机会。在增加工作负荷的同时，为了避免揠苗助长，也会察看其承受的状况及压力管理等，随时进行沟通、回馈、再修正。藉此培育出一群经历丰富、随时可上战场的人才库，管理空缺可以随时被填补，而在被晋升的人才后面同时也会有人可以立刻递补上来，一个接一个，保持组织不断的动能与活水。

因此，在工作中培训的部分虽然没有制式的发展步骤或 SOP 程序可供各层级主管依循，每位接班候选人所受到的发展亦不完全相同，但是这是一种鼓励学习与成长的企业文化，这样的人才培训观念早已潜移默化在组织当中，成为一种固定依循的正常模式。

4、接班人计划成效：降低人才流动率、提升组织绩效、高度内部晋升。

MA 计划及实际工作中的培育方式，成效都相当显着。特别是工作中的培训，不是正式的培训系统或流程，依然可以得到好的结果。以电话营销业务部门为例，员工流动率非常低及稳定，即使有员工离职也可以立即有准备好的「备胎」填补，保持随时准备好的状态。同时在营业额方面，同样一群员工，一年的绩效却比过去成长了 20—30%，也具体显现出人才培育的成效。员工素质也提高了，甚至有其他部门的主管来调动人才做跨部门的晋升，因此，高度的内部人才培育及晋升，也较少会有空降部队的产生，减少组织文化的冲击或降低其他可能的负面影响。（来源：企业接班人计划实施现况调查；陈心婷、林文政，中央大学人资所，2009）

D 个案公司➜中钢

中钢公司认为「人力发展是企业中重要的策略之一」，如何精实人力资本强化人才竞争优势，更是国际卓越企业面对国际市场竞争胜败之关键要素。近年来许多大企业无不积极推动人才管理，建立有效选才、育才及用才之人力资源管理机制；中钢公司在面对人力退休潮所带来知识技术经验传承的人才危机问题，亦早自 2003 年起即持续推动知识管理、e-Learning 及师徒导师制等方案，以加速蓄积人力资本，提升未来中钢新人之学习效率与效能，并增进其应变能力。

人力资本中所强调的另一重要部分即在各级领导人才（主管）之培育与储备，企业永续经营需要一代又一代的优秀领导人，培养未来接班人是每一领导人的重大责任，应投入大量心力发掘潜在的接班人，并有系统的施予培训，提供多面向职务历练机会，以逐渐强化其弱项，发展全面的能力。领导人应透过理性的提问、回馈、指导，以及透明的沟通来塑造菁英团队。

中钢公司人力发展的范畴与架构→（ system + content + IT platform ）

→教育训练（ CT + e-Learning ）、

→管理才能发展（ MD + succession planning ）、

→组织活力管理（ EOS + OD ）、

→能力管理（ CM + IDP = Talent management ）、

→知识管理（ KM + IC ）、

→绩效顾问（ HPI + Strategy HRD ）、

→eHRD。

人力发展的具体作法→建构良好训练学习环境：

1、建立「训练中心」，配置完善教学软硬件设施与器材。

2、建构「学习发展中心网站」，推动在线学习。

3、开发「训练发展管理信息系统」，增进训练管理效率。

4、成立「企业大学」，重点培育专业人才，如国际 化人才，金融人才与管理人才。

5、建构「知识管理平台」，推动建立知识库、专家人才库及知识社群。

6、推动策略变革与创新：塑造个人知识技术加速的学习环境与文化、塑造组织知识加速累积及分享的环境与文化，以强化组织应变的能力；以及塑造绩效导向的文化以发掘优秀人才。

中钢公司早期即已制订三级主管及二级主管培育训练作业要点，（即设定资格要件，挑选出重点人才实施训练及实习后，透过「人才评鉴中心」实施测评，通过测评者即取得晋升资格）并推展多年，已形成选训用有效连结的主管人才培育机制。

自2005年并制订绩优管理及专业人才培育要点，其目的在建立初阶绩优人才库，以培育储备三级管理人才及专业技术人才；并由各单位之人才培育小组，评核及遴选单位初阶及中阶绩优人才。

各单位于每年将遴选之绩优人才名单，经部门副总经理核签后送人力资源处汇整，呈总经理核定列为年度绩优人才库。并透过绩优人才个人发展规划（IDP），藉教导、训练、工作轮调历练、指定项目等培育方式，提升其管理及专业技术能力。例如推荐具领导潜力之初阶绩优人才参加三级主管管理才能训练（MTP课程）、管理才能评量（AC评测），及推荐具领导潜力之中阶绩优人才参加中钢公司企业大学管理人才培育班。各单位每年将绩优人才培育执行情形送人力发展组列入员工发展纪录，遇有职位出缺须推荐提名晋升时，得自人才库遴选专长适任与培育发展纪录较佳者优先考虑晋升。

为因应未来高阶主管之培育及接班传承，自2009年中钢公司亦积极规划建立「高阶绩优人才库」，遴选绩优二级以上主管，结合高阶主管轮调晋升方案加强培训、见习及职务轮调历练（含调派至集团企业），以储备全方位高阶主管接班人。

公司为储备高阶主管人才培育，自2005年即开始每年遴选二级以上主管参加国外大学举办之短期高阶主管管理研习课程及本地大学之高阶经营管理硕士班，以提升经营管理能力。

为有效培育及储备中高阶主管人才，提供同仁历练见习机会，及早熟悉各该单位业务，提升管理职能，中钢公司亦导入见习主管制度，制订一级与二级见习主管作业试行规定，自2009年一月起，先行试办两个月检讨其成效后，复再修订规定推动至全公司。有关规定简述如下：

(1)、见习主管人选遴选指派：由部门内各一、二级单位主管提报单位内所有适格人选，及建议见习次序，提报行政部门甄审委员会审议通过后指派见习。

(2)、见习期间：每人以见习半年为原则，必要时得酌为调整。

(3)、见习主管带原职见习，不另支给见习主管职位之主管加给，见习期间除应批阅单位内公文呈主管复核外，并得随同主管参与相关会议或公务活动，主管请假、出差时，其职务由见习主管代理之。

(4)、见习期满，单位主管须填列见习主管晤谈评核表，送人力资源处建文件列入见习历练纪录，得作为职务迁调之重要参考。

中钢公司极重视各级主管接班人才之培育，除支持导入见习主管制外，另就单位业务特性及实际需要，增设超编传承副主管职位，以提前派任副主管历练，及实行强化运用弹性副主管制，例如部门内一级副主管职位及全公司助理副总职位，采总量管制，视各单位业务缓急阶段性任务需要，弹性调整配置运用，充分发挥传承历练功效，董事长并以美国奇异公司前任总裁杰克威尔许（Jack Welch）花百分之六十的时间在发掘、考核及培养人才为例，勉励各单位主管应积极投入更多心力，为公司慎选绩优人才及培育主管接班人。（来源：中钢绩优人才库之建立与领导人才培育；赵立功，中钢半月刊2009/1/16）

> **附录：台积电的人才培训**

台积电于2003年展开企业革新，实施五大流程变革，其中之一是人才招募与培养，因此需要一个非人资背景的人，担任全球学习发展中心处长，配合公司人才培育需求，打造虚拟台积学院。

2014年台积电年度营收达新台币7,628.06亿元，税后纯益为2638.99亿元，全年EPS为10.18元，成长好几倍，但台积电并未因为高速成长而牺牲了毛利率，毛利率维持在46—48%

左右，其中最重要的关键就是以人为本的企业文化。

因应企业革新、三大经营支柱（制造、研发、顾客导向）并重的发展需求，台积电的人才需求跟着改变。台积电董事长张忠谋先生明确指出，现在最需要的是「独立于大股东（大老板）的专业经理人」，他认为在台湾，这不但是个新名词，而且是新现象。

独立的专业经理人至少要具备两种特质：

一是独立思考的能力，现代社会信息过多，更需要能独立思考判断的人，在纷乱复杂中理出头绪，在市场一片混沌中知道往哪里走。

其次是领导统御及管理的能力，他必须有追随者，而且知道如何管理自己辖下的部门或事业。

有国际视野、能管理事业的人才，是台积电现在的培育重点。

除此之外，台积电需要的人才也必须是「**志同道合的伙伴**」，认同台积电的核心价值"I.C.I.C."（integrity〔正直〕、commitment〔勇于承担〕、innovation〔创新〕、customer oriented〔顾客为先〕的缩写），这是公司成败的关键，台积电几年前就到印度理工学院寻找最优秀的人才，但价值观仍是最重要的，尤其是诚信正直的守法精神，否则当一个人职能权力更大时，企业风险更高。

台积电注重选对人，强调要「志同道合」，认同台积电的价值观，亦即正直诚信、客户导向、创新与全心全力投入工作的承诺。

最好的福利就是训练

除了每年固定 14 个月薪资、绩效奖金、以及年终分红，台积电透过完善的福利措施来照顾这些年轻优秀的人才。台积电也设有「**导师制**」（mentor），新人一进入公司，就安排好一位其他部门的资深员工，每个月固定两次为他做生活或工作上的咨询。这个制度的用意是，在主管之外，替新人建立一条高速公路，帮他更快建立广泛的人际关系。

学不到的热忱与努力

内部训练以外，员工也可以选择到各大专院校进修，例如在交大、清大学分班上课，台积电更与国外知名大学，如史丹佛、哈佛等学校签约，邀请讲师到台授课，或者让员工透过网路修课。

好，还要更好。坚持世界级的质量，让台积电的员工愿意付出 3 倍、4 倍以上的努力，「我们的设备别人可以买到、我们的技术别人也可以学到，但我们愿意付出的热忱与努力，别的公司不见得能做到」，前台积电人资副总李瑞华如此說。

台积核心优势——优异的知识管理能力

组织的知识管理是组织内的经验、知识可以有效记录、分类、储存、扩散以及更新的过程。包括：

1、组织内经验与知识的有效记录、分类、储存、扩散与更新。

2、个人工作经验与技术的记录、编码、储存，并与人分享经验。

聪明复制：

林锦富指出，台积电是用 central team（中央档案）的概念来做 smart copy（聪明复制）新厂。也有所谓的 copy executive（复制主管）来确保其他厂的人是否做到正确的 copy（复制）。台积电内部也有所谓的教战手册，只要工厂一建好，机器一搬进来，就会有教战手册教新技术员很快就可以上机生产。机台本身也有教战手册。由六寸、八寸、十二寸晶圆，教战手册会提醒技术员上机时可能会碰到什么困难，要预先避免犯错。要先知道什么时候会出问题，出问题要如何解决。教战手册还教导要如何打洞？机房如何设定？「等于是把既有经验记录传承下去，不会因为有人离开而让经验中断」，林锦富说。台积电每个工厂都有一个技术整合的人，会把最好的技术与知识拿出去分享给技术委员会的成员。在台积电的人事考核项目中，能不能将自己的工作经验记录、编码、储存，并与人分享经验，是重要项目之一。

支持台积电可以做好知识管理的一大工具是信息科技。台积电信息科技部门十分积极，会主动替客户思考事情要如何完成。台积电信息科技处所持的想法是：想尽办法让计算机做到计算机可以做的事情，让人只做计算机无法取代的判断、决策的事。譬如值班人员不见得要镇日守在自动化机器旁边，但是当计算机网络中断，计算机会自动通知技术人员身上的呼叫器，呼叫器立即自动响起通知值班人员前往了解机器状况。「IT 在台积电已经变成生活必需品，如少了它，工作会变得没有效率，」林锦富说。（来源：台积电如何做知识管理，2006-04）

读书会—不断激荡出最好的知識

台积电人随时积极在标竿学习（bench marking）相关领域最好的知識，台积电人之所以能不断开发出新知识，与台积电内部有一套非常强的标竿学习风气有关。台积电每人每天由工作中、书本中挖掘出最好的工作方式以及专业知識，而且能将所学知识与其他同仁分享。台积电人最感觉痛快的是，可以随时把学到的新技术用在工作当中。这种分享知識的风气散布在台积电每个樓层。最高领导者张忠谋一看到什么好文章，随时丢出來与同仁共享，台积电同仁也常在午餐时间，与同仁分享个人新学习到的新知。即使是出国，也不忘吸取最新的知識。台积电公司内部的标竿学习也频频上演。这个工厂操作这个机器达到最好的效能，一

定记録下來，供台积电别的工厂学习。跨部门的沟通也十分积极、信息部门也会尽量去满足生产部门的需求。

个人发展计划（Individual Development Plan, IDP）

台积电的个人发展计划（Individual Development Plan, IDP），是依据工作需求、训練藍图，以及绩效要求来规划，其中，「绩效要求」即是实施「绩效管理发展制度」（Performance Measurement Development, PMD），就是在打考绩时，确认员工的「强项」（strengths）、「弱项」（weaknesses），并针对其不足处提供「改善建议」（suggestion for improvement）。

台积电绩效评比的分布原则如下：：

1. 杰出≦10%；

2. 优良≦25%～45%；

3. 良好≦50%～70%；

4. 需改进、不合格≧5%。

因此，凸显绩效特优与不合格的员工，并给予后者足够的辅导，协助其发展潜能，跟上其他人的脚步，以维持整体竞争力。

从人员考核制度上，也可略窥台积电对于员工发展的用心。「进入台积电开始，员工每二年以内，都必须针对工作中的相关范畴，发表一项「创新」的成果。内容也许是生产硬设备的修改，或是改善良率的制程调整…」，这种制度让员工在工作过程里，不只学到解决问题的能力，更能从中发现问题，进而研发出解决方案。

爱才—良性沟通与完整规划

「台积电就是要做到 more communication, no complain」、「要多沟通，把一些歧見化解」。

由于工作形态为团队合作模式，人员间的沟通互动，便成了生产线能否顺利运行的一大关键。生产在线的工程师们都了解，机台顺畅运转，并非倚重单一团队的实力，而是多个部门共同支持建立的。因此，藉由不断的讨论，取得彼此的平衡点，是非常重要的事。

「开放、畅通的沟通管道，展现出领导阶层对同仁们的尊重」。王冠军不断传达部门主管们一个观念➜「主管与部属的差别，仅在于工作内容不同」，因此，主管不该存有阶级意识，而应展现「爱才」的胸襟与格局。

此外，王冠军特别指出，台积电在教育训练上有完善的规划。台积电的每一位员工，同时也是企业「知识库」的生产者，这些知识都应该累积传承下去。不过他也提到，高学历人才普遍有个通病，就是难免自视甚高，不愿接受训练课程。因此如何有技巧地让员工转变态度，是

教育训练管理人员的挑战。

　　台积电人力资源营运中心处长高方中指出，台积电每个职位的晋升，由各部门主管合组成约七到九人的跨部门评鉴委员会。例如，由处长级的主管评鉴经理级，经理级长官评鉴副理级。因为生产一片无瑕疵的晶圆，中间需要逾三百道制程，没有各部门的通力合作，根本办不到。所以，在台积电要往上晋升的关键，就是「**大我成功**」，「**小我才能成功**」。如果平时没有尽心协助其他部门，各部门主管自然了解这位候选人的团队合作精神不佳。这项升迁标准，强化了台积电团队的组织文化，更促进了部门间的强者合作。以十四厂副厂长王英郎为例，他在担任部经理时期，手下有八位副理，他就开始设想，这八位副理若要在三年后晋升为经理，还需要改善哪些地方？于是，王英郎就会跟他的直属主管讨论，针对这八位副手，从人格特质的缺点到领导统御的不足，一一为部属撰写发展计划（developing plan）。台积电更设计了一套「经理人培训」计划，只要职务在副理级以上的主管，分成三个等级课程。当初，王英郎底下八位干部，如今半数以上如期晋升为经理。

　　（附注：2010 年王英郎出任台积电南科十四厂厂长。）（来源：一个选择决定你职涯的「高度」，与强者为伍；《今周刊》第 493 期，2006-06）

　　相较于晶圆厂制造部门设有较多的经理、课长职位，研发部门人员的管理职级人数较少。因此，为了鼓励资深人才继续致力研发工作，彰显研发人员的工作特质，台积电早于 2003 年成立「台积科技院」。这套制度参考美国 IBM、德州仪器等公司的作法而来，在这个组织之下设有 2 名「科技院士」（Fellow）、4 名「科技委员」（Academician），前者在公司内部的资深技术开发专家中选出，后者在表现优异的工程师中选出，职级与经理相当。除了希望就由这套制度凸显研发人员以团队方式进行深入研究计划的特质，也是对于研发人员在职务头衔上的一种奖励。

　　台积电副总执行长曾繁城表示，由于研发人员的工作内容直接就进入研究工作，有些人才不愿意背负太多管理职责，就值得用「科技委员」的头衔来肯定他们在研发方面的努力及成果。（来源：为奖励研发人才台积电成立「台积科技院」；Career 就业情报，刘楚慧报导 2003/05/20）

第 七 章

人才评鉴中心

　　企业 HR 之选、用、育、留、晋各层面，莫不追求有效与精准，透过人员配置之适才适所、人员发展之符合个人与企业之需求，从而提升经营绩效与建立未来经营需求所需之经营团队。是以，企业 HR 之选、用、育、留、晋各层面，莫不追求一套有效而精准之「评量工具」，以提升选才、用才与展才之效能。

　　人才评鉴的工具其实非常多元化，一般来说，大致可分为用于招募甄选的面谈、心理或能力测验；用于教育训练与职能发展的「职能盘点」或「职务能力评鉴」；以及与工作相关的情境模拟。其中，又以工作情境模拟最能全面性地发掘受评者外显及潜藏的能力与潜力。工作情境模拟包括篮中测验（In-basket test）、无领导者团体讨论（leaderless group discussion simulation）、小组讨论（group discussion）、个案分析（case analysis）、管理赛局（management game）、事实搜寻演练（face-finding exercise）、压力测验（pressure test），以及模拟面谈（interview simulation）等项目。（来源：建立以能力为基础的管理人才培育制度—评鉴中心的应用；温金丰、谢孟蓉，游于艺电子报，第 133 期）。

一、源起

　　人才评鉴的概念，最早来自于德国，由塞蒙涅特（M. Simoneit）主持多元评估程序（multiple-assessment procedure）以考选德国的陆海空军官。其主要考选以两项原则为基础：

　　1、整体性的观察。

　　2、自然性的观察。即在自然及日常的情境中观察行为。

　　之后英国战争局考选委员会（War Office Selection Boards, WOSBs）则于二次大战间引进，用于考选陆军军官。而美国战略服务局（Office of Strategic Service）为选取优秀的

敌后工作人员，也设计一系列的情境测量工具，使用多重评量的观察技术，并有多位评鉴员参与。

1956 年美国电话电报公司（AT & T）成立「**人才评鉴中心**」，并从事长期的预测效度，其后所发表的成果均证明「人才评鉴中心」具有高程度的效度。

1958 年美国密西根贝尔公司（Michigan Bell System）在评鉴员的任用上，首次采取非心理专业人员，使得 AC 得以广泛应用。

1964 年 AT&T 发表长达八年的预测效度研究报告，证明评鉴中心法法具有很高的效度。

1973 年美国知名管理顾问有限公司 DDI 在维吉尼亚州举行第一届「国际评鉴中心法法会议」。（来源：人力资源发展评鉴研究—评鉴中心法；李佩容）。

二、应用

「**人才评鉴中心**」（Assessment Center）首先用于美商 AT&T，实施后之效果卓著，遂逐渐为西方各大企业所采用，在台湾，则是中国钢铁公司首次采用「人才评鉴中心」此一措施。

人才评鉴是一门很专业的应用科学，内容综合了心理学与统计学，目前业界与学术界运用最多的大概有几种评鉴方式，分别为职能问卷评鉴、360 度评鉴、职能面谈与观察、以及评鉴中心的评鉴。

所谓的评鉴中心是一种透过多重评鉴工具，进行多元化仿真演练的评鉴流程，透过专业评鉴者对受评者各项表现的观察，给予客观的评量及回馈，并从中判断受评鉴者的才能、特质、优缺点与未来的潜力，以作为甄选、升迁、派任、训练、发展管理能力等人力资源规划与执行的重要参考依据。也因为评鉴中心的平均效度位居所有评鉴方法之冠，能够较为全面地搜集受评鉴者在工作上的个人信息，以正确地辨识该人员与工作相关的外显或内隐能力，因此不论在学术界或企业界，皆广受信赖。（来源：建立以能力为基础的管理人才培育制度—评鉴中心的应用；温金丰、谢孟蓉，游于艺电子报，第 133 期）。

评鉴中心的基本要素

(1)、工作分析。

(2)、行为指标（职能指标）的建构。

(3)、评鉴技术与多重评鉴。

(4)、评鉴员的选择与训练。

(5)、模拟演练。

(6)、受评者的选择与训练。

(7)、行为的观察与记录。

(8)、数据的整合与回馈。

以工作分析（job analysis）为起点，是指针对所拟评鉴的标的职位，分析其工作项目，并重点在于该职位之任职者，于执行工作时所遭遇到或可能遭遇的困难与问题，以及有效执行该工作所需具备的能力、技能与人格特质等（即职能）。例如：决策能力、果断力、人际敏感性、组织计划能力…等等。

评鉴工具的选择

评鉴工具的选择，例如：

(1)、客观化测验（objective test）

(2)、投射测验（projective test）

(3)、同侪评量（peer rating）

(4)、面谈（interview）

(5)、情境演习（situational exercise）

模拟演练的种类与选择：

模拟演练在于提供一种表达或展现行为的有利环境，换言之，模拟演练所设计的情境与所拟预测候选人之工作绩效的情境越类似越好。仿真演练常以小团体为活动单位，此种设计符合管理工作的实际状况，因为管理者常须经由别人同时且与别人一起完成工作。

之所以实施模拟演练，在于个人的能力或特质通常无法直接观察出来，而只能透过其外在的表现得知，意即从其行为去推论出来。演练的种类，例如：

(1)、篮中演习（in-basket exercise）。

(2)、无主持人小组讨论（leaderless group discussion）或称团体讨论。

(3)、模拟面谈（interview simulations）。

(4)、事实搜寻（fact finding）。

(5)、书面个案分析（written case analysis）。

(6)、口头报告（oral presentation）。

(7)、经营竞赛（business games）。

(8)、排程演练（scheduling exercise）。

（来源：人力资源发展评鉴研究—评鉴中心法；李佩容）。

篮中演练（In-Basket Exercise）

篮中演练又称为公文篮演练，是管理者行政工作中的部分模拟，这个演练的相关数据就是典型管理者桌上会看的到的文件。主管桌上通常会有两个文件篮（in-basket），一个是收文篮，另一个是发文篮。收文篮中放着公文、信件、电话记录、报告、报表等尚待处理的文件，处理之后就放在发文篮之内，由文书人员取走，办理后续作业。受测者藉由阅读 e-mail、签呈、报告以及留言条等，模仿主管文件处理实况所设计的评量或训练方法，就称为篮中演练，也可以称为文件演练。此种训练重点常在培养「做」的能力，而非「知」的能力；主要在分析演练者的表现并予以回馈。

训练为目的： 最常用的回馈方式是在演练之后举行团体讨论，以了解演练者的优劣。

评量为目的： 可以从演练者填写的「行动理由」中，以及对各项文件与事务的处理优先次序、对各项模拟情境之实做操演等等，分析其各项能力。

篮中演练，没有绝对的正确解答。在测验的时候，因为有许多压力，例如必须要在时间限制下，只以少许信息须提出可行方案等等，所以如果没有真正俱备解决事情的能力，靠背诵或记忆是无法回答圆满的。

说明资料：

在演练开始之前，有需要先说明描述演练情境中所要演练的组织状况，及演练的事项，例如：某一主管突然去职，要演练者临危受命担任主管，负起责任。说明资料时要详细清楚，让演练者能很快进入状况，同时要给予演练者时间压力。每一问题必须是组织正常运作之下会发生的问题，而且没有固定的答案，让演练者发挥判断力。

篮中演练，有些可能不是问题而是有用的数据，有些是不必由演练者处理的问题，有些是演练者必须处理的问题，有些是轻松的问题。这些问题混在一起，演练者必须自己判断事情的优先级与重要性（影响度）、思考问题藏在何处、或思考如何提出可行的解决方案。

此种训练，通常会要求受评者在一定时间内决定如何处理这些资料，然后写下意见、安排会议、或是分派工作给其他人。在时间压力下，受评者必须针对每种状况排定优先级以及做决策。评鉴者可以从受评者在处理状况的书面处理的内容，及对状况问题重视程度的优先级等，来判断各项管理职能的强弱度，整体上可以看出受测者的执行力、决断力、领导力、创新力、策略力、顾客力等职能项目。

篮中演练在执行上较受时间因素的影响，受评者通常需耗二至三小时完成演练，而评鉴员亦需耗费相当时间，针对受评者的各项响应做分析。

篮中演练的观察重点：

(1)、工作时间的掌握、

(2)、有无抓住问题或工作的症结点、

(3)、能否对症下药作出正确判断或决策、

(4)、事情的优先级与重要性（影响度）、

(5)、思考问题藏在何处、问题应从何处着手、

(6)、分析判断能力、

(7)、问题解决能力。等等

分辨其处理的优先级并是否逐项采取适当行动（例如：写下意见、安排会议、或是分派工作、决定采取何种行动），评审员则观察记录这些行动并加以评估。

团体讨论（Leaderless Group Discussion）

团体讨论类如一种会议演练，讨论与实际工作相关问题，是常见的评鉴中心演练形式之一。这样的会议小组常以 4—8 位受测者所组成，大家的角色位阶相同，事先并无安排类似会议主席的领导者角色。小组讨论具有一个主题，且谈论的内容要与主题有关。成员系透过语言及非语言的方式彼此交换意见、或提出个人观点与感受。

一般在实际的测评中，受评者在讨论之前，每人有一小部份的时间阅读个案问题的摘要，并思考自己的想法。受评者会得到有关组织及问题的背景信息，并且接受指示与其他成员共同讨论问题，他们必须在一定的时间之内针对问题达成解决方法的共识。评鉴者则扮演旁观者的角色，观察每位参与者与其他小组成员一起工作的情况，以及每位成员所提出的构想与看法。在讨论进行时，不会有主席或主持人（无主持人小组讨论，LGD），也不会有任何评鉴员的介入。在讨论时，声音必须够清晰，以便让评鉴员能清楚地知悉所讲的内容。每个人必须积极参与，如此，评鉴员始有据以评鉴的「证据」（即让评鉴员看得到的表现），从讨论过程及受评者所提的问题或建议，可看出多项能力指标，如沟通协调、团队合作、领导力、执行力等。

团体讨论的可能问题与限制，例如，受评者的行为与互动可能随着小组成员的性质而有影响，每个小组的讨论氛围也不尽相同。小组间的不一致有时会导致评鉴员在观察时，难以判断该行为是受评者原本的个人行为，或是在小组互动下受到氛围影响所衍生的行为。

分析演说（Saturation Analysis Exercise）

经理人经常需要面对各式各样的问题，经由分析判断后做出行动计划，这样的情境模拟会告知受测者需在 1 小时内，根据所提供的书面资料完成一份十分钟的简报，并对 1 群人发表。这群人代表的是公司高阶主管或是董事会。评鉴者依据简报内容及简报技巧来评估其表达力、说服力、策略力、分析力等。（来源：运用 AC 职能评鉴中心，强化企业竞争力；沃夫人资长网站，5/29/2009）。

事实搜寻（fact finding）

做决策是管理者的一项必要行为，而做决策前也有须搜集足够且有用之讯息，才能做有效及正确之决策。评鉴管理人员有效搜集信息之能力，正是「**事实搜寻**」模拟演练所欲达成之目的。吴复新指出，此项演练源于 Paul Pigors 之「事件过程法」（The Incident Process）。主要过程与内容有：

(1)、提供一份简短资料予受评者，由受评者阅读与问题有关的少数信息，并透过询问信息提供者以获取更多相关信息；

(2)、信息提供者为受过训练的角色扮演者，或是评鉴员。信息提供者须完全被动地回答问题，而非主动地提供信息。故受评者如何发问始能获得所需的信息，即是本项演练之关键所在。

(3)、受评人在搜集一些信息后，必须加以组织、过滤、与汇整，以发现事实与问题间之关联性。问答时间过后，受评者必须针对问题做出决策或判断，或提供合理的方案。当信息提供者提出不利受评者决策之新信息，企图质疑受评者的决策时，受评者必须为自己的决策做辩护。

这项模拟演练可以训练管理者的分析性思维、实务判断与社会认知，亦可用来测量与发展受评者的决策能力与压力忍受度。

这样的评测方式，信息提供者扮演着关键的角色，其必需对问题有充分的了解及多样的信息，方能在问答过程中回应受评者的提问，以及在问答结束后，针对受评者的决策提出质疑，以及评鉴受评者。

模拟面谈（interview simulations）

模拟面谈是由受评者与一名或数名受训过的角色扮演者（可能扮演主管、同事、部属或客户）进行面谈。受评者会先获悉相关的数据，并有一些时间以准备面谈的内容。面谈结束后，评鉴员会与受评者进行晤谈，藉以了解受评者所表现行为背后之动机或理由。为搜集更多受评者的信息，也有可能会让受评者自评，以获得受评者对自己表现的看法。

吴复新指出，模拟面谈之所以成为评鉴中心常用之模拟演练，主要是基于对管理者之工作分析的结果，管理者的工作中有一项极显着的特色，就是他们每天必须与许多不同的人做短暂的接触或晤谈。且观察各种不同的组织皆可发现，主管人员经常需与其他人（部属、同僚、上司、顾客、访客等等）做面对面且一对一之面谈。管理人员是否能成功有效地应对此情况，是决定其绩效的一项重要因素，面谈模拟正是评鉴此种能力的有效工具。（来源：评鉴中心法之评鉴工具的选择与模拟演习之设计，吴复新，空大行政学报第七期）

模拟面谈仿造实际工作中遇到的情境，俱备真实性，尤其管理者经常必须与他人进行一

对一的面谈，因此模拟面谈是评鉴面谈者是否俱备口语表达沟通能力、问题解决能力等职能构面的有效工具。

模拟面谈因评鉴过程中需有角色扮演者的参与，故角色扮演者与每位受评者的互动是否能保持一致性，是关键要素，此则评鉴中心有需透过适当的训练以及仔细的监督予以克服。

经营竞赛（business games）

模拟经营竞赛有几项特色：

(1)、能创造接近企业真实情况的演练情境。

(2)、强调数字分析、重视理性分析。

(3)、培养与训练参与决策的能力。

(4)、协助建立整体观念。

经营竞赛仿真组织经营面临的复杂且大量的情境与问题，如：生产、营销、人资、财务等，受评者必须长时间互动讨论，制定一系列的决策，而这些决策是会影响组织不同的营运层面。经营竞赛的进行方式宛如企业真实的运作方式，不同部门间的互动，每项决策都会影响其他部门的运作。因其复杂性高，经营竞赛通常由几项模拟演练所组成（例如：无主持人会议讨论、事实搜寻、或一对一面谈）。评鉴员可藉此观察受评者在策略性规划、团队合作与领导等职能构面之行为表现。但因经营竞赛之发展较为复杂与困难，除涉及组织内不同部门，且须多位受评者彼此互动，执行过程需耗费较长时间，实际的模拟演练，有其执行上的困难度。

经营竞赛教学法（Business Game）或称管理竞赛（Management Game）为美国各大学企管研究所经常使用的 MBA 企管教育教学方式。透过实际的系统来仿真各类经营情境，更能有效培育经营人才在决策制定、环境与竞争分析、以及解决各类管理问题之能力。

在台湾则有政治大学企研所参考 R. C. Henshaw & J. R. Jacson 于 1973 年发表之 "Executive Game"，研发建构一套「**企业营运仿真系统**」（简称 **BOSS**：Business Operations Simulation System），经过长达十年时间的实际教学与不断地改进，同时每年都举办多次的竞赛，使这套系统的架构渐臻完善。透过 BOSS 互动及模拟式的教学方法，能让学员于寓教于乐中熟悉企业经营之整体理念，并了解企业经营之竞争过程，堪称为培养优秀管理人才所不可或缺的工具。（来源：Top-BOSS 特波国际网站）

个案分析（case analysis）

案例分析法（Case Analysis Method）主要由哈佛大学于 1880 年开发完成，后来被哈佛商学院用于培养高级经理人和管理精英，并逐渐发展演绎，被许多企业或组织借镜过来用于培养菁英人才。

在各种教学方法中，一般来讲，个案分析研讨较着重在问题分析、构想与解决方案，模拟赛局较着重于决策，角色扮演较着重沟通。

在个案分析中，受评者会被要求阅读一套有关组织的数据，内容包括有关组织的的背景数据、主要产品与历年度营业数据、组织环境的外在分析、组织强弱的内在分析、组织面临问题的叙述、相关的初级数据、财务信息，或其他可能无帮助的数据。受评者必须从多样的数据中确认出问题、列出并评估可行的解决方案。受评者亦被指示准备一份正式的书面报告，并向上级主管说明建议的解决方案。个案分析的好处在于可根据欲评鉴的职能构面弹性设计，例如指示受评者规划一项营运计划，或计算投资报酬率；或针对个案内容，让受评者指出可能的潜在问题点与可行的解决方案；非常方便不同企业或组织发展适合自身的个案内容。

困难点则在于如何建构出一套客观的评分准则。（最终经常会以「质」的比较➡例如问题分析的价值性、解决方案的完整性、可行性、可参考性等来评鉴）

口头报告（oral presentation）

口头报告的演练，受评者常会先接获与主题相关的数据，在短时间内阅读完毕，之后进行简短的演讲或正式报告。报告形式可依标的职位而有不同。口头报告的题材范围广泛，容易设计与执行，且可与其他模拟演验活动合并使用。例如于个案分析中由受评者向上级主管口头报告，或是于团体讨论中，向其他的成员做说明讲解。但缺点是不易有客观的评分。（来源：评鉴中心评鉴员训练对评比准确度之影响；李宜桦，中山大学人管所硕士论文，2014）

角色扮演（Role Play Exercise）

角色扮演（role play）源自于心理剧（psychodrama）。心理剧是1920年左右，由J. D. Moreno所创立，经过了许多的修正和变更，目前在辅导及教学领域，常被视为有效的团体辅导技术、以及有效的教学方法。

角色扮演是一种情境模拟活动，所谓情境模拟就是指依据受试者可能担任的职务，编订一套与该职务实际相似的测试项目，将受试者安排在模拟的、逼真的工作环境中，要求受试者处理可能出现的各种问题，用多种方法来测评其心理素质、潜能的一系列方法。「**角色扮演**」演练活动可以测出受试者的性格、气质、兴趣爱好等心理素质，也可测出受试者的判断能力、决策能力，领导能力等各种潜在能力。

例如让受试者模拟部门主管主持会议，观察受试者如何确定会议的需要、目标、与议程表，观察讨论项目是否符合开会的目的?能否依议题重要性安排议程，能否让会议就事论事、尊重他人。能否在认可的时间做出决策，决策是否切中问题点？如何处理或解决冲突意见、如何设定执行面之回报重点、如何激励僚属接受任务之挑战或合宜地分配任务。主持会议是否表现坚强、充满活力。

各项模拟演练与职能构面之关系

各项模拟演练与职能构面之关系略示如下：

Exercise ／ Competency	角色扮演	篮中演练	团体讨论	简报	面谈模拟	经营竞赛	个案分析
顾客导向	●	●	●	●		●	●
学习与成长	●		●				●
成就取向			●		●	●	
策略性思考		●	●			●	●
关系网络			●		●		
团队建立	●	●	●	●		●	
沟通技巧	●				●		
决策与判断	●	●	●			●	
计划与执行	●	●		●	●	●	●
分析与问题解决	●	●	●		●	●	●

评鉴员的遴选与训练

评鉴员的遴选与训练，是评鉴中心法成败的主要关键，因此这项工作在建立评鉴中心时，被视为重大而优先。

(1)、评鉴员的层级：在大部分的评鉴中心计划里，评鉴员都比受评人至少高两级。

(2)、评鉴员与受评人的比例：若在人员与资源充足的情况下，评鉴员与受评者人数比为一比一是最佳的选择。一些评鉴中心会采用一比二的比例来决定评鉴员的数量，但需注意的是，在不使用其他辅助工具下，一比二已是评鉴员的最大负担了。

(3)、评鉴员的职务属性：非业务主管评鉴员的比重不得超过评鉴员总数的一半。

(4)、评鉴员与受评人的关系：评鉴中心法的人员最好与受评人彼此互不认识，且受评者与评鉴员间应避免直接的上下属关系。

评鉴员的训练

(1)训练期间的长短：典型的设计中，评鉴员训练至少应为三天，最多则为一星期。

(2)训练目标及课程内容：

➡了解组织所设定的评鉴构面、

➡观察各项演练中受评人所表现的行为、

➡依据构面，将受评人表现的重要行为予以归类、

➔依据构面，对行为做评等、

➔处理得自各种仿真的信息，以便对受评人作一个总评、

➔评鉴员的训练课程尚须包括一些评鉴员在评鉴过程中必须担负的工作。

评鉴结果的报告与回馈

(1)、评鉴结果的讨论：

评鉴活动结束后，评鉴员随即展开结果的讨论。针对评鉴员在评鉴活动过程中观察及记录所得，依据所拟评鉴的构面，按演练别逐一讨论每一受评者的优缺点。

(2)、评鉴报告的内容：

➔受评人在整个评鉴活动中表现的摘要、

➔受评人之优缺点的摘要、

➔潜力及晋升的可能性的评估、

➔未来发展的建议、

➔评鉴结果的回馈。

大部分情况是，评鉴结果均被当作是重要的人事资料，并针对报告中的建议，拟定对受评人未来发展的训练计划或改进措施。（来源：人力资源发展评鉴研究—评鉴中心法；李佩容）。

三、个案

A 公司

A 公司可说是台湾最早期引进「人才评鉴中心」的企业，于 1982 年即选派一位 HR 人员，前往美国 DDI 顾问公司，接受评鉴中心的全套训练，为期一个月。由于是一个全新的领域，个案公司以三年为准备期。由于发现 AC（Assessment Center）在「选才」方面很有效果，效度跟信度都很高，所以 A 公司决定先从「三级主管」人才之选拔开始实施。之所以从「三级主管」（在个案公司为课长），因为个案公司是制造业，公司的核心人力都在生产部门，「课长」是非常关键的职位。生产部门中，「课」是最基本且独立的「成本中心」，课长若能有良好的管理能力，就能够发挥最高的管理效益。

此外，之所以选择「课长」此一职位开始导入，是希望藉由评鉴中心进行的过程中，三级主管能够学习到公司期望的管理技巧，将所有三级主管的管理能力，都提升至一致的水平。

个案公司建立评鉴中心的准备度

1、组织与文化：个案公司对于人力发展是非常开放的，相当授权，且经常学习及导入国外的人力资源措施；因此对公司有帮助的制度，高阶主管都很乐意支持。

2、成立项目小组：

A 公司导入初期，即选派一位 HR 人员，前往美国 DDI 顾问公司，接受评鉴中心的全套训练，为期一个月。由于整个文件全是英文，A 公司即成立项目小组，重新将整套文件结构化、中文化。项目小组成员含人力资源部门人员、目标职位的上级主管，及公司高阶主管。项目小组的任务包括先选定目标职位，以及结构化、中文化的翻译，这些准备工作即花费了四年。

3、组织内各级人员的配合：

个案公司由人力资源组人员担任规划者与执行者的角色，受评者即依据目标职位设定参与者的资格条件来选定，评鉴者即包含角色扮演者，负责整个活动中评核的工作，是由高于受评者二个层级的主管担任。受评者的主管则于评鉴活动结束后，担任教练的角色，给予受评者适当的训练及学习的机会。

由此可见，一个评鉴中心的运作是需要各级人员的配合，人员的配合是评鉴中心运作能否成功的重要关键。A 公司评鉴中心人员分工表如下：

角色	内容	现任职位
策划者	负责评鉴活动流程的规划及执行、举办受评者及评鉴者之教育训练，并担任讲师。向受评者及其主管进行评鉴后的回馈、提供未通过者相关的教育训练及学习资源，持续追踪学习情况，并实施复评	人力发展组人员
受评者	接受评鉴前的 MTP 训练、参加评鉴前的说明会、接受各种模拟演练的评鉴、依据回馈内容持续加强自己不足之处、未通过者于规定期限内缴交相关报告并实施复评	现任股长或九职等以上师级职位者或现任代理课长职位者
评鉴者	参加评鉴前的评鉴员训练、在各项模拟演练过程中观察并记录受评者的行为、与其他评鉴员讨论并撰写评鉴报告	二级主管
教练	与受评者参与评鉴结果的回馈、了解受评者不足之处，在日常工作中给予适当的指导及磨练学习的机会，以提升受评者的能力	受评者之主管

4、流程及资源的配合

⑴、订定「三级主管培育训练要点」。

⑵、举办各项正式及非正式之说明会或教育训练。

A 公司为了因应评鉴中心之推动，一开始就订定「三级主管培育训练要点」，透过这个制度之建立，让所有参与的人员都能清楚了解评鉴的目的及流程，减少同仁对新政策之不了解及抗拒。该要点并将「选、用、训」同时结合，选才的方式就是透过「评鉴中心」的管理才能

评鉴来选才，训的部分除了之前即有一套训练规划，及 MTP 训练；评鉴通过之后，即取得三级主管之任用资格，未来就有晋升三级主管的机会。

除了有该要点的设计之外，人力资源单位也透过各项正式及非正式之机会，向各级主管及同仁说明评鉴中心之好处及立意。在成为受评候选人之前三个月也会有训练，让他知晓「测评」是什么？测评的面向有哪些。

评鉴中心的运作重点

(1)、指标

(2)、测评演练

(3)、受评者

(4)、评鉴员

(5)、操作程序

(6)、回馈

1、指标

A 公司在选择指标时，先以管理行为来看，将目标职位需有哪些管理行为，并了解该行为之重要性及发生频率为何，以决定这些管理行为存在之必要性，再将这些行为分类及归属于合适的指标。运用焦点团体方式，选定三级主管应俱备的管理行为，再利用问卷方式，统计出最重要的管理行为有哪些，再对应出六项指标。

➜计划组织力

➜分析力

➜决断力

➜追踪管制力

➜指导统率力

➜沟通表达力

2、测评演练

即是将上述六个指标归纳出五种模拟演练活动，包括：

➜公文处理练习、

➜接谈练习、

➜排程练习、

➜小组讨论、

➜问题分析练习。

3、受评者

初期 A 公司的受评者都会选择十二位来参加，参加人员必须俱备以下资格要件：

(1)、现任股长或九职等以上师级职位者、或现任代理课长职位者。

(2)、最近三年考绩皆为甲等以上者。

(3)、有足够的现职专门知识及技能水平者。

(4)、在现职上有优于一般水平之表现者，具有胜任较高职位之潜能者。

4、评鉴员 assessor

评鉴员包含 assessor 及 role player 各有六位，担任评鉴员的资格要件如下：

(1)、与受评者相差二个等级，即为二级主管。

(2)、具有良好的沟通技巧及丰富的管理经验。

(3)、必须与受评者不同单位，并且无工作上的接触。

评鉴员在选出之后，在每次评鉴活动展开之前，都须再接受训练，包含 AC 的观念介绍、评鉴指标的说明、观察行为与评鉴指标的关系，最重要的是对于当次的模拟演练全部要实做一次，以了解在评鉴时的任务以及应观察的重点。

5、操作程序（program）

受评者的评鉴时间为三天，评鉴者的时间为五天，在评鉴结束后，评鉴员必须留下来，利用二天时间做讨论，并撰写评审员报告。

6、回馈（feedback）

评鉴员于讨论之后，会撰写出受评者个人的评鉴报告，评鉴报告会提供给受评者个人及其主管，HR 单位、受评者个人及其主管可以了解受评者不足之处。HR 单位会提供与评鉴指针相关的管理书籍及研修课程，直属主管则必须扮演指导者的角色，在日常工作中给予受评者历练的机会及 On-Job-Training，并且列为该员之 IDP（个人发展计划）之参考。受评者本身可以针对不足之处加强学习，使自己俱备升任三级主管之管理能力。

A 公司设有复评的机制，若有部分评鉴指标未通过，会依其项目数订定其必需再经过多久的工作历练，方能申请复评。复评方式不像初评那么严谨，主要是提出报告及进行面谈，以确认受评者是否已俱备该项能力了。

"其实初评是最重要的，让他了解自己弱点不足的地方，教他怎样去调整。"

"阅读相关书籍只是建议，重点是针对不合格项目，自己要在工作上找一个主题去应用，然后写出报告来。"

"复评就是类似 interview，根据你那项能力提出你的报告，由 assessor 来对他的职能进行 interview，来进行鉴别。"

人才评鉴中心与人力资源管理功能的整合

A 公司将评鉴中心与「选、训、用」的机制串联起来，先运用评鉴中心选出俱备可升任课长职位的人员，并针对其不足的地方，给予适当的训练机会，或是 On-Job-Training，待有课长职位出缺时，以通过评鉴者即有晋升的机会。其流程路径略示如下：

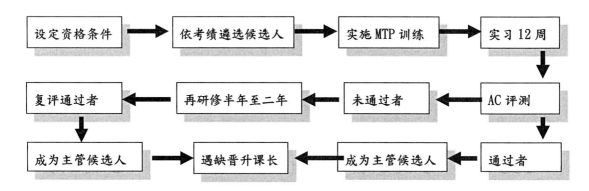

评鉴中心在人力资源上的效益

A 公司透过评鉴中心挑选三级主管，不仅挑选出非常多优秀的基层课长，对公司整体人力资源，也带出以下效益：

(1)、透过评鉴中心培养企业所需的管理能力。

(2)、透过评鉴中心，组织更了解员工的优缺点，有助于员工的职涯发展。

(3)、适才适所，找到最佳的管理人才，为企业营运提供最佳效益。

"（不仅是挑选出很多优秀的课长）我们很多的评鉴者都升到一级主管，评鉴者在接触这些之后，也对「职能」有所了解，整个去观察这些管理行为，对提升评鉴者的管理行为有很大的帮助。参加过 AC 的人，都能清楚知道，他们的管理能力，怎样发展是好，怎样是不好。"

（来源：评鉴中心运作模式之研究—以三家企业为例；杜佩玲，中山大学人资所在职专班硕士论文，2006）

B 公司

B 公司成立于 1947 年，主要代理销售日本制汽车，B 公司目前主要扮演总代理的角色，由日本母公司获得产品及市场的讯息，再进行营销及产品的规划，然后将这些规划转介至上游汽车制造公司，及下游的汽车销售公司。因此 B 公司组织大致分为三个部门，一为管理部

门、二为车辆部门、三为产品后勤支持部门。这些部门的员工主要负责营销及规划的工作，所以该公司所需要的是 MBA 的通才。

在用人政策上，B 公司的晋升都是从公司内部晋升，所以其所有招募，都只针对储备干部或基层人员，不会有所谓招募中高阶主管的情况。由于所有的同仁工作型态极为相近，在招募甄选时，并不会先限定其工作的项目，而是在了解应征者的特质及专长后，再进行职务分配。

B 公司的职涯体系可概分为四个层级，员工可透过职能发展中心的评鉴，获得晋升的资格，并有机会借调至其他关系企业。近年来该公司进行多角化经营，汽车产业中各领域多有触及，对员工个人的职涯规划，有同仁研习，协助同仁强化生涯规划的技巧。

评鉴中心的建立过程

B 公司自 2001 年开始规画导入评鉴中心，前置规划大约花费一年时间，一开始先调查 DDI、SHL 等顾问公司的做法，并同时找了一些大学人资所的教授，来协助导入的工作。最后决定由 SHL 顾问公司来协助 B 公司设计评鉴中心机制，B 公司并成立项目小组，小组成员包括人力资源室主管及成员，以及各单位主管。

确定了顾问公司之后，首先对于本案的主要负责人员进行相关的训练，以对评鉴中心先有一个完整的概念，以利后续规划工作的进行。然后透过「焦点团体」的方式，找出目标职位的「职能」（评鉴指标）以及「行为指标」。迄今，评鉴中心已成为 B 公司晋升的门坎，要获得晋升，必须要先通过评鉴中心。

在建置的过程中，B 公司与顾问的配合，有二项重点：
一、由于 SHL 为国外的顾问公司，它所提供的各项文件数据在语言的转译上，B 公司都必须重新检视以确保适合公司内部使用。
二、评鉴指标（职能）、模拟演练、与对应的行为表现三者的关联性，必须仔细检核及确认是否相互搭配，以确保评鉴结果的正确性。

导入的需求

B 公司还没导入评鉴中心之前，人员的晋升都是由直属主管依个人主观认定来提名，主管大都是依员工在工作上之表现作为晋升的标准，但是却无法知道员工是否俱备晋升到该层级应有的能力，也就是冰山以下的部分。长久以来，主管们都认为公司的晋升缺乏一个客观的标准，如果有了这个标准，一方面可以协助他们做客观的判断，一方面可以让他们了解员工

未来的潜能。

目的

B 公司的评鉴中心共分为三个层级：一般职、课长职及经理职。在招募时，将一般职抽出三个职能，并设计模拟演练活动，以遴选适合的应征者。另方面，依一般职、课长职及经理职三级，每年举办评鉴活动，以客观的标准来决定人员晋升与否。

1、招募时遴选储备干部。

利用评鉴中心机制来遴选应征者（职位界定在储备干部），透过一些模拟演练的方式，了解应征者的思维逻辑及行为表现，是否符合公司的需求，提高公司选才的精准度。

2、建立内部人员晋升的客观标准。

除了工作表现之外，B 公司希望透过评鉴中心的各种模拟演练工具，了解员工是否俱备上一层职能，以客观公正的方式，决定员工晋升与否。

3、发掘员工未来的潜能。

从评鉴结果中，主管及员工可以得知自己的优点在哪里、不足的地方在哪里，可列入每年的个人发展计划中，亦可做为员工职涯规划的参考。

评鉴中心人员分工

B 公司评鉴中心人员分工表如下：

角色	内容	现任职位
策划者	负责评鉴活动流程的规划及执行、举办受评者及评鉴者之教育训练，向受评者及其主管进行评鉴后的回馈。	管理部人资室人员
	担任评鉴员教育训练的讲师	外部顾问
受评者	参加与评鉴指标（职能）相关的教育训练、参加评鉴前的说明会、接受各种模拟演练的评鉴、依据回馈内容持续加强自己不足之处	现任专员或高专以上职位者或现任课长职位者
评鉴员（含角色扮演者）	参加评鉴前的评鉴员训练、在各项模拟演练过程中观察并记录受评者的行为、与其他评鉴员讨论并撰写评鉴报告	各室室长、各部部长
教练	与受评者参与评鉴结果的回馈、了解受评者不足之处，在日常工作中给予适当的指导及磨练学习的机会，与受评者共同订定其个人发展计划（IDP）	受评者之主管

流程及资源的配合

1、举办各项正式及非正式之说明会或教育训练。

在刚导入评鉴中心时，人力资源单位透过许多正式及非正式的机会，向公司同仁说明为什么要这么做，这么做对同仁有哪些帮助；但是并没有拟订正式的制度。由于该公司长期以来与日本公司合作，日系管理色彩浓，许多政策的推动都是采取 Top down 方式，经过长时间的贯彻执行，最后自然内化到大家心中并且认同。

2、引进专业顾问公司及大学人资所教授。

B 公司在导入评鉴中心时，引进 SHL 顾问公司及大学人资所教授，协助去建置评鉴中心，主要是 B 公司无该领域之专业人才，本身也无能力发展模拟演练的工具。

3、职能体系的配合。

职能体系的建立与评鉴中心息息相关，若职能体系已建置完成，则在导入评鉴中心时，可以节省许多时间。

评鉴中心的运作方式

1、指标

B 公司在选择指标时，是采用 Focus group 的方式，针对每一个层级，邀请该层级上一级的主管，及绩效优异的同仁参与，找出做好这份工作应有的特质，应该有甚么样的行为展现，并且参考公司现有的职能，最后汇整出每一层级职位的六个评鉴指标。

层级	指标	说明
一般职	团队合作	在组织中能在无直接从属关系的情况下，为达成组织目标而有效地与他人一起工作，发觉与解决问题。
	问题分析与解决能力	能取得相关信息，并从中辨识关键的问题点及彼此的关系；能将不同来源信息联想比较，找出事件的因果关系。
	沟通表达能力	对个人或团体都能有效地（包含口语及书面）表达见解，并依据不同对象的特点和需要，运用适当的语言或文字。
	积极主动	能自动自发采取行动完成任务，超过工作既定的要求以达成更高的目标。
	客户导向	以客户满意为其最优先任务，了解及聆听客户需要（毋论内部或外部客户），为客户的需要而设想。
	持续学习	在工作相关的范畴内不断增进知识，并能掌握目前商业的发展和趋势。

层级	指标	说明
课长级	团队领导	运用适当的人际关系和技巧，激发并引导团队达成任务，能调整自己的作为，以适应人员的差异。
	计划与组织能力	为自己或他人建立一套办事程序，以达成特定目标；规划安排适当的人员及资源分配。
	影响说服	运用适当的风格和沟通方式，赢得客户或客户能接纳其所表达的见解、计划、活动或产品服务。
	积极主动	积极并自动自发，果断做出决定，主动去影响事情的进行，并积极去解决各种问题。
	客户导向	以客户满意为其最优先任务，了解及聆听客户需要（毋论内部或外部客户），为客户的需要而设想。
	人才培育	配合目前和未来的工作需求趋势，规划有效的活动，发展员工的技术和能力。

层级	指标	说明
经理级	领导统御	推动并授权他人以达成公司的目标，以身作则、言行一致，并培育下属，以行动带领部属达成目标。
	开展能力	明白和工作有关之技术和专业知识，能根据相关数据做有系统及有逻辑的分析企划；并安排活动及资源，确实执行以达成目标。
	影响力及说服力	能有效地进行口语及书写的沟通，能敏锐及有效地与人相处，尊重他人并能与人合作，能够说服或影响他人的态度或意见。
	积极主动	积极并自动自发，果断做出决定，主动去影响事情的进行，并积极去解决各种问题。
	创新	不断保持对创新科技及知识的吸收，对工作有关的问题提出创新而有创意的方案，抱持改革的态度提出新的方法，勇于突破传统，并给予部属机会去发挥开创精神。
	策略性经营思考	能明白及运用商业及财务上的原则，以成本、利润、市场及附加价值等角度思考问题，能广泛地看问题、事情及活动，并能理解事务之长期影响，并预见未来的趋势。

测评演练

每个层级中的评鉴指标所对应的测评演练活动如下表，主要原则为每个指标都要有二个模拟演练来观察。

层级	指标	小组讨论	面谈	分析演说	报告
一般职	团队合作	●			●
	问题分析与解决能力	●		●	
	沟通表达能力	●		●	
	积极主动	●			
	客户导向		●	●	
	持续学习		●		●

层级	指标	小组讨论	面谈	分析演说	文件处理	书面报告
课长级	团队领导	●	●			
	计划与组织能力			●	●	
	影响说服	●		●		
	积极主动	●			●	
	客户导向			●	●	
	人才培育		●			●

层级	指标	小组讨论	面谈	分析演说	文件处理	创新思考练习
经理级	领导统御	●	●			
	开展能力			●	●	
	影响力及说服力	●		●		
	积极主动	●			●	
	创新			●		●
	策略性经营思考			●	●	

受评者

B公司每次的受评者人数，依层级而分，一般级约25—30位，课长级约30—35位，经理级约5位，每年总计约有六十位受评者来参加。参加人员必须俱备以下资格要件：

参加级别	英文	考绩
一般职	550	3年8 或2年6
课长级	600	3年9 或2年7
经理级	680	3年9 或2年7

受评者评鉴前的训练

受评者评鉴前的教育训练大致上可分为二种：

1、第一种：职能相关教育训练。

B公司每年三月就会选出可以参加该次评鉴的人员，在名单出来之后，人力资源单位会挑选出部分评鉴指标（职能）来安排教育训练。让受评者可以在尚未接受测评之前，先学习正确的观念，并且可以先实际模拟、体验，类似像模拟考的性质。会先安排像这样的训练主要的重点还是希望受评者可以学习这样的能力，真正了解并可以应用在工作中，才是评鉴中心最大的目的。

2、第二种：评鉴中心流程说明会。

在每年评鉴中心活动展开前，人力资源单位会安排说明会，向受评者说明整个活动的流程、评鉴标准为何，以利活动的进行，并降低受评者因不了解而产生的不安。

评鉴员 assessor

评鉴员包含 assessor 及 role player ，评鉴员的人数和受评者的人数相同。担任评鉴者的资格要件如下：

(1)、大致上与受评者相差二个等级，即第一层由室长评，第二层由部长评，第三层由资深部长评。

(2)、具有良好工作绩效者。

(3)、必须与受评者不同单位，并且无工作上的接触。

评鉴员在选出之后，在每次评鉴活动展开之前，会针对该次的评鉴员实施训练，B公司邀请顾问公司的讲师来教授，内容包括评鉴指标的说明、观察行为与评鉴指标的关系，并且将所有的模拟演练全部要实做一次。最重要的目的就是熟悉内容，在看到同一个行为时，所有评鉴员的标准都是一致的。

"简单讲，他们自己要重新 run 过这个东西，他全部的活动全部要参与，而且他不只是参与他当 assessor，他也参与当 candidate，在这样的训练中，他是透过 role player 的角色重新做一遍。唯有重做一遍，从自己也评一遍，（就可以）产生不同的效果。第一表示你知道内容是什么，第二你自己去重评一遍，你自己去评别人也好、别人评你也好，才知道说你在这里面会发生怎样的问题，会知道发生这问题时怎么评。在整个 meeting 里是由 SHL 的讲师去主持，讲师的重点是要让所有的 assessor 当他们在看到同一个行为时，它的标准是一样的。"

操作程序（program）

受评者的评鉴时间为：第一层一天，第二、三层为一天半。而评鉴员在评鉴结束后，评鉴

员必须留下来半天的时间，批改书面报告以及文件处理这二个仿真活动的资料，并且进行综合讨论及撰写评审员报告。举办的地点在公司训练中心的教室。

回馈（feedback）

在整个评鉴活动结束之后，评鉴员会留下来讨论。每一组的评鉴员会讨论每个人的每个评鉴指标中的每个模拟演练，讨论完他们就会把他们负责评的哪个活动、哪个人哪个职能的结果分数，给人力资源单位的人。评鉴报告出来后，会提供给受评者个人及其主管、HR 单位。受评者个人及其主管可以了解受评者不足之处。直属主管则必须扮演指导者的角色，在日常工作中给予受评者历练及学习的机会，评鉴结果可以纳入员工在订定 IDP（个人发展计划）时之参考，但没有强制的连结。

B 公司评鉴中心与人员晋升整合过程略示如下：

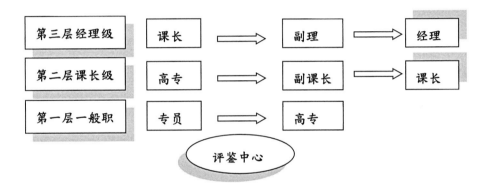

B 公司评鉴中心与人力资源管理功能整合图略示如下：

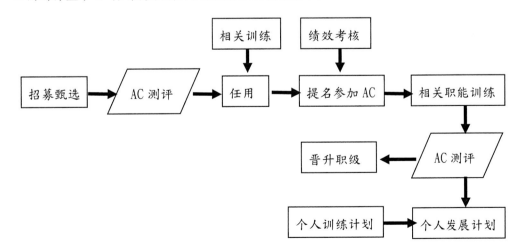

评鉴中心对 B 公司之人力资源效益

B 公司经由导入评鉴中心来确认员工是否可以晋升，除了可以客观公正的晋升适当的人选，对公司整体人力资源也带来以下效益：

1、经由评鉴中心晋升的员工，在工作表现上更符合公司的预期；并且愿意多承担一些责任。

2、经由评鉴中心，组织更了解员工的优缺点，有助于员工的职涯发展。

3、公司可藉由评鉴中心评鉴的结果，进行人才盘点，及了解员工不足的地方，有助于建构人力发展策略。

4、可依据评鉴结果，进行人员的任务指派与工作轮调。

"我们有去 survey 说我们做了三年的结果，这三年来所晋升的人，他们的表现是不是符合当初晋升他时的期望？我们的 leader 都说是有。当初选出来的人确实都是在他的新工作领域或新 title 上，他们都会愿意去承担责任。他们在学习上也更有一些想法。他们觉得评鉴中心是有用的，虽然（过程）是很繁杂。"

执行过程中的困难

在推展及执行评鉴中心的过程 B 公司主要遇到的困难有：

1、受评者的抗拒。

在还没导入评鉴中心时，员工只要在工作上表现良好，人员晋升都是由直属主管提名即可。但是现在除了绩效考核有订门坎，还要通过评鉴中心的测评，才能晋升。因此会被认为是多设了一个关卡，增加晋升的难度。

2、评鉴员的资格遭质疑。

由于评鉴员都是由公司各级主管担任，并非专业的顾问人员，而且只接受短期的评鉴员训练，因此刚开始时，受评者对于评鉴员是否能正确评出每个指标的行为，感到质疑。

3、评鉴中心的可信度遭质疑。

导入初期，评鉴员对于评鉴项目及标准的可信度产生质疑，担心评出来的人是否就是公司想要的人。

"第一届最大的质疑是到底这样评出来，真的能评出我们想要的状况嘛？第二届之后其实就没有了。"

"其实就会有二种质疑，一种是我评出来到底是不是我要的人。第二种就是说这些评我的人，到底有没有够资格，他懂不懂。（但）经验积累之后，这些状况就越来越少。"

（来源：评鉴中心运作模式之研究—以三家企业为例；杜佩玲，中山大学人资所在职专班硕士论文，2006）

四、评鉴员的训练

评鉴中心的效度建立于准确的职能分析，与贴近于真实工作情境的模拟演练，然而，评鉴员的角色亦至为关键。纵使已准确进行职能分析与设计拟真的模拟演练，若评鉴员不了解评鉴构面，不了解模拟演练的执行方式，或不了解如何观察、记录、分类与评估受评者的表现，评鉴报告的不准确或一致性低，都将影响评鉴中心运作的客观性与公正性。

称职的评鉴员应俱备观察、记录、分类、与评估受评者行为表现的能力。是以评鉴员训练应有明确叙述的训练目标、绩效指导方针，以及绩效质量标准。

评鉴员训练的目标，主要是让评鉴员能够了解所有职能构面的定义，能确实与客观的观察、记录受评者的行为，并将评鉴后的信息予以分类及评等；以及能客观、公正的态度，圆满的主持活动。是以评鉴员本身对行为标准的认知、评分标准，乃至评分的步骤，都有须标准化。就此，评鉴员训练的规划，至少应有以下六项内容或设计：

1、确认训练时间的长度。

2、确定训练的型式。

3、确定训练的内容。

4、训练规划时程表与其他筹备事项（例如：场地）。

5、评估受训者的表现。

6、评估训练计划的有效性。

1、确认训练时间的长度。

评鉴员训练时间的长度会受以下一些因素之影响：

(1)、训练者与教学设计：

➔教学方法、

➔训练者的资格与专业知识、

➔训练与教学的顺序。

(2)、评鉴员

➔是否具有以往类似评鉴技术的知识与经验、

➔评鉴员的类型（例如是专业心理学家、或是公司成员之管理者）、

➔对于组织及标的职位的经验与熟悉度、

➔参与评鉴员工作的频率、

➔其他相关资格或专业知识。

相较于已经有评鉴经验者，不具经验之新任评鉴员有需较多之训练时间。

(3)、评鉴计划

➔标的职位职责与任务的困难与复杂程度、

➔欲评估的职能构面之数量（多或少）、

➔评鉴信息之预期用途（甄选、训练发展或晋升）、

➔模拟演练活动的数量与复杂度、

➔评鉴员与其他评鉴员在角色与责任的分配、

➔观察与评估指引所提供给评鉴员的支持程度。

评鉴计划包含越多种类的模拟演练活动，越多样的职能构面，或者评鉴员必须扮演多种角色，即必须给予更多的训练内容，以及较长的训练时间。

2、确定训练的型式。

训练型式可分为课堂讲授、讨论、观察实际的受评者、影片示范、观察其他评鉴员、以及经验学习。Knowles（1973）指出，成人受训者较倾向经验学习，且易于将过往经验带入新的学习环境中；因此，若可结合受训者个人的经验与新的训练内容，将能提升学习成效。再者，成人受训者偏好可分享自己想法或感受之交互式学习，当受训者有练习新技能与接受回馈的机会时，也可增强学习成效。

3、确定训练的内容。

一般而言，评鉴员训练应包括以下内容：

(1)、各项评鉴构面，包含构面的行为性定义、

(2)、评鉴构面相关行为的观察、记录、分类及评估、

(3)、模拟演练活动的内容，及其可观察的特定构面、

(4)、如何避免常见的观察误差与评比误差。

训练内容也会因评鉴中心评鉴目的的增加而增加，如专业技术、组织知识、标的工作内容与知识、回馈能力等。不论训练内容是否相同，评鉴于训练皆须达成以下目标：

(1)、有关组织、标的职位、工作职系及受评群体的相关知识，以便协助评鉴员进行有效的评鉴判断。

(2)、协助评鉴员对评鉴构面的定义、构面与工作绩效间的关联性，有完整的知识与理解。

(3)、协助评鉴员对评鉴技术、模拟演练的活动内容、演练活动中欲观察的职能构面、行为的范例等，有完整的知识与理解。

(4)、展示观察、记录、和分类行为的能力。

(5)、对于评估与评等的程序有完整的知识与理解。

(6)、对于评鉴政策与实务以及评鉴数据之用途，有完整的知识与理解。

(7)、对于给予回馈的程序与策略，有完整的知识与理解。以增加受评者接受回馈与改变行为的程度。

(8)、展示准确的口语与书（手）写之回馈能力。

(9)、展现具有相对应之知识与能力，能客观并一致地扮演交互式演练活动中的角色。（例如一对一模拟或事实搜寻）

4、规划训练时程表与其他筹备事项。

安排训练日期与时间应考虑评鉴员与训练主持人的工作时间及其他组织因素，若训练总时数较长，建议规划成数个小型且较不耗时之演练活动，而各个演练活动应有所关联以防遗忘背景信息。同时，也应避开公司内重要事项之日程，防止参训人员分散其注意力。训练地点亦应谨慎选择，应将交通便利性、舒适性纳入考虑；训练设施尽可能符合实际评鉴情形，也需留意训练环境是否会受到干扰。

5、评估受训者的表现。

训练主持人应评估受训者之表现，以确保他们有俱备评鉴受训者之必要技能。一些测量方法可协助鉴别了解受训之评鉴员是否有资格能力担任评鉴员：

(1)、分辨观察列表中的行为记录之测验。

(2)、将行为分类至相对应构面之测验。

(3)、观察影片、做笔记、分类行为及评比表现的有效程度之测验或活动。

称职的评鉴员应聚备以下能力：

(1)、依标准化的方式评比受评者行为。

(2)、辨别、观察以及将行为分类至相对应的构面。

(3)、当评鉴员亦身为活动的管理人员时，能有效执行模拟活动的能力。

(4)、客观并一致地扮演交互式模拟活动的角色。

(5)、传达正面及负面的行为回馈，并以支持性证据的方式来表达关心、维持或增加受评者的自尊之能力。

(6)、激励受评者、并提供指导、行动规划与目标设定的能力。

重要的是，在实际职行模拟活动前，评鉴员应已被评估，以确保他们已接受足过的训练可担任评鉴员一职；并且定期监督评鉴员的绩效，以保证评鉴员在评鉴他人时，有运用在受训中所学到的知识与技术。

6、评估训练计划的有效性。

训练计划结束之时，受训之评鉴员应对训练提出适当的回馈，受训之评鉴员可能须回答

一些问题，例如：训练内容是如何协助你在模拟活动中观察受评者行为？训练内容是如何协助你在模拟活动中分类及评估受评者行为？你觉得哪些训练内容最有帮助？等等。受训之评鉴员对训练活动之反应与回馈，可协助训练计划的改进。

评鉴员训练之类型

Ballantyne & Povah（2004）提出四阶段评鉴过程，依序包括观察、记录、分类、与评估，评鉴员于评鉴过程观察受评者的行为、据实记录所观察到的事实、将所记录的事实予以分类，根据分类后的结果予以评分。此金字塔模型强调过程中上方三层，均需以底层为基准。亦即评鉴员须根据所观察到的事实做评估，依此金字塔模型执行评鉴过程，可降低评鉴员个人偏好所造成的误差。如下图示：

评估（针对行为依既定标准予以评分）

分类（针对行为依既定行为分类表予以分类）

记录（确实记录所发生之事实）

观察（仔细聆听观察所发生的事）

评估
分类
记录
观察

（来源：评鉴中心评鉴员训练对评比准确度之影响；李宜桦，中山大学人管所硕士论文，2014）

常见之评鉴员训练，包含行为观察训练（Behavioral Observation Training，BOT）及参考架构训练（Frame-of-reference-Training，FOR）。

行为观察训练

观察及分类受评者的行为，是判断评鉴员训练成效的第一步，行为观察的过程包括：发觉、认知、回想或辨识特定行为事例。

许多人们行为和事物的信息是可以被观察的，包括身体行为、语言行为、表情行为、空间关系和地点、时间型态、语言和图画记录。

观察什么？

(1)、与工作相关的行为、知能或特质➜Dimensions are those behaviors that are（job-related）observable, measurable and specific to the position being tested for. They may also be referred to as tasks or traits. They are also some-times known as KSA's（Knowledge, Skills and Abilities.）

(2)、受评者如何展现该行为、知能或特质➜An actual dimension then of <u>**Planning**</u>, would be the **how and what** a candidate did to demonstrate that they had a satisfactory grasp of this dimension. The observers then would observe this behavior and record it for a rating scale later.

例如：

Leaderless group discussion➔每个人所展现出来的领导与沟通技巧、以及如何展现。

Interview simultion➔口语沟通、敏感度、领导力及问题分析等面向。

简报（Presentation）➔ 受测者首先会收到一些松散、凌乱的相关资料，受测者要先理出头绪，然后将问题的观点向评鉴者提出简报。此项作业在评估应试者的理解力、社交技巧及意愿力，简报作业评估项目也可包括其它各项职能评估，如规划、拟订目标、参加会议及协商等。

行为观察记录

受评者行为记录表范例

1、请您注意受评者在团体讨论中的行为表现，仔细聆听每位受评者说话的内容、语调、响应方式及非语言的举止，各自表现了哪些具体的行为。2、请记录每位受评者有效行为的次数，以及您所观察到的其他相关行为，以做为进行评分时的参考依据；若该行为出现一次就把1圈起来，出现二次圈2，依此类推。

团体讨论		受评者A	B	C	D
沟通	受评者能有效地利用口语，清楚表达自己的构想，让他人理解。	0 1 2 3 4 5 6 以上	0 1 2 3 4 5 6 以上	0 1 2 3 4 5 6 以上	0 1 2 3 4 5 6 以上
	受评者能专心倾听他人说话，并适当响应。	0 1 2 3 4 5 6 以上	0 1 2 3 4 5 6 以上	0 1 2 3 4 5 6 以上	0 1 2 3 4 5 6 以上
	受评者表达意见时，能综合整理重点并条理分明。	0 1 2 3 4 5 6 以上	0 1 2 3 4 5 6 以上	0 1 2 3 4 5 6 以上	0 1 2 3 4 5 6 以上
	受评者之肢体语言及表达，能让他人感受其客观性与诚恳态度。	0 1 2 3 4 5 6 以上	0 1 2 3 4 5 6 以上	0 1 2 3 4 5 6 以上	0 1 2 3 4 5 6 以上
	受评者能适时主导讨论气氛，让会议讨论聚焦。	0 1 2 3 4 5 6 以上	0 1 2 3 4 5 6 以上	0 1 2 3 4 5 6 以上	0 1 2 3 4 5 6 以上
	其他相关行为				

		受评者A	B	C	D
积极性	受评者能适时为自己争取发言或表达的机会。	0 1 2 3 4 5 6 以上	0 1 2 3 4 5 6 以上	0 1 2 3 4 5 6 以上	0 1 2 3 4 5 6 以上
	受评者所表达意见，对议题常具有建设性。	0 1 2 3 4 5 6 以上	0 1 2 3 4 5 6 以上	0 1 2 3 4 5 6 以上	0 1 2 3 4 5 6 以上
	受评者能理解他人所说，并适时建议或引导出可行方案。	0 1 2 3 4 5 6 以上	0 1 2 3 4 5 6 以上	0 1 2 3 4 5 6 以上	0 1 2 3 4 5 6 以上
	在遇到问题或需要有所回应时，受评者能适时采取行动。	0 1 2 3 4 5 6 以上	0 1 2 3 4 5 6 以上	0 1 2 3 4 5 6 以上	0 1 2 3 4 5 6 以上
	会议进行中，受评者能不等别人要求即主动把握机会，提出方案或建议。	0 1 2 3 4 5 6 以上	0 1 2 3 4 5 6 以上	0 1 2 3 4 5 6 以上	0 1 2 3 4 5 6 以上
	其他相关行为				

受评者评分表

1、请依照受评者行为记录表，分别给予受评者在<u>二个构面</u>，以及<u>整体潜能分数</u>的评分，1 为最低分、5 为满分。2、根据受评者的<u>整体潜能</u>给与排名，表现最优者为 1，其次为 2，依此类推。受评者不能有同名次。

团体讨论		受评者A	B	C	D
沟通	受评者能有效地利用口语，清楚表达自己的构想，让他人理解。	1 2 3 4 5	1 2 3 4 5	1 2 3 4 5	1 2 3 4 5
	受评者能专心倾听他人说话，并适当响应。	1 2 3 4 5	1 2 3 4 5	1 2 3 4 5	1 2 3 4 5
	受评者表达意见时，能综合整理重点并条理分明。	1 2 3 4 5	1 2 3 4 5	1 2 3 4 5	1 2 3 4 5
	受评者之肢体语言及表达，能让他人感受其客观性与诚恳态度。	1 2 3 4 5	1 2 3 4 5	1 2 3 4 5	1 2 3 4 5
	受评者能适时主导讨论气氛，让会议讨论聚焦。	1 2 3 4 5	1 2 3 4 5	1 2 3 4 5	1 2 3 4 5

	团体讨论	受评者A	B	C	D
积极性	受评者能适时为自己争取发言或表达的机会。	1 2 3 4 5	1 2 3 4 5	1 2 3 4 5	1 2 3 4 5
	受评者所表达意见，对议题常具有建设性。	1 2 3 4 5	1 2 3 4 5	1 2 3 4 5	1 2 3 4 5
	受评者能理解他人所说，并适时建议或引导出可行方案。	1 2 3 4 5	1 2 3 4 5	1 2 3 4 5	1 2 3 4 5
	在遇到问题或需要有所回应时，受评者能适时采取行动。	1 2 3 4 5	1 2 3 4 5	1 2 3 4 5	1 2 3 4 5
	会议时受评者能不等别人要求，即主动把握机会提出方案或建议。	1 2 3 4 5	1 2 3 4 5	1 2 3 4 5	1 2 3 4 5
整体潜能分数(综合沟通与积极二构面)					
整体潜能排名(综合沟通与积极二构面)		1 2 3 4	1 2 3 4	1 2 3 4	1 2 3 4

个人基本资料

性别：□男　□女　年龄：____ 足岁　系所：_____系_____所；到职日：____

（来源：评鉴中心评鉴员训练对评比准确度之影响；李宜桦，中山大学人管所硕士论文，2014）

简报

观察与记录重点	受评者A	B	C	D
内容能聚焦主题	1 2 3 4 5	1 2 3 4 5	1 2 3 4 5	1 2 3 4 5
条理分明	1 2 3 4 5	1 2 3 4 5	1 2 3 4 5	1 2 3 4 5
合宜的身体或肢体语言	1 2 3 4 5	1 2 3 4 5	1 2 3 4 5	1 2 3 4 5
有效的互动	1 2 3 4 5	1 2 3 4 5	1 2 3 4 5	1 2 3 4 5
清楚的思维逻辑	1 2 3 4 5	1 2 3 4 5	1 2 3 4 5	1 2 3 4 5
稳重	1 2 3 4 5	1 2 3 4 5	1 2 3 4 5	1 2 3 4 5
回应能切入重点	1 2 3 4 5	1 2 3 4 5	1 2 3 4 5	1 2 3 4 5
备注：(5 = Always, 4 = Frequently, 3 = Sometimes, 2 = Infrequently, 1 = Never)				

篮中训练

观察与记录重点	受评者A	B	C	D
理解能力	1 2 3 4	1 2 3 4	1 2 3 4	1 2 3 4
书写沟通能力	…… ……	…… ……	…… ……	…… ……
计划与组织能力				
问题分析能力				
风险承担之意愿与行动				
判断				
决策				
分工委任				
创新或建设性				
时间掌握				
分数加总				

观察重点：

是否能将演练项目予以组织串连 Be able to organize/prioritize the items in the exercise.

是否尽可能完成全部作业 Be able to work through most if not all, of the items in the time frame allowed.

工作适切地分派予部属 Arrange to delegate most items（to a subordinate）.

指示明确 Give clear and concise instructions.

工作分派有合理与明确的完成期限 Give reasonable and timely deadlines when delegating.

明确的追踪方法 Insure follow up methods.

藉由规划、分工与时程安排避免冲突 Manage conflicts by planning/scheduling/delegating.

做决策 Make decisions.

有可执行的行动方案并切合重点

能探究问题根源

创新或建设性

时间掌控度

备注：本表之1 2 3 4为排序法，即依四位受评者在各项指标之表现，予以排序。

Planning and Implementation

观察与记录重点	受评者A	B	C	D
确认任务之优先次序	1 2 3 4 5 ……	1 2 3 4 5 ……	1 2 3 4 5 ……	1 2 3 4 5 ……
有详细的 5W,1H 规划				
有可执行的行动方案				
掌控多项计划都没延误				
追踪执行				
探究问题根源				
除非有解决方案、不轻易承诺				
确保于时限内达成任务目标				
有效整合可用资源				
确保质量与降低成本				
备注：1很差、2差、3普通 、4佳、5优				

Planning and Organizing

观察与记录重点	受评者A	B	C	D
能统合所有成员	1 2 3 4 5 ……	1 2 3 4 5 ……	1 2 3 4 5 ……	1 2 3 4 5 ……
能合理、有序地安排工作				
例行性工作交付下属				
能规划安排自己及属员之工作任务				
能追踪例行性工作				
清楚的行程、会议、活动、回复日志				
要求回报及讯息				
备注：(5 = Always, 4 = Frequently, 3 = Sometimes, 2 = Infrequently, 1 = Never)				

Role Play

观察与记录重点	受评者A	B	C	D
规划与调整能力	1 2 3 4 5	1 2 3 4 5	1 2 3 4 5	1 2 3 4 5
冲突解决能力	… …	… …	… …	… …
对未知问题回应技巧				
决策能力				
沟通与人际互动				
调换代理人或助手				
聚焦客户需求				
教练与指导				
备注：1很差、2差、3普通 、4佳、5优				

Interview Simulation

Participant:_____（Name）

Assessor: _____（Name）

Date: _____

Assessor Report Form_

1 - Very little or none of the quality was shown.

2 - A less than satisfactory degree was shown.

3 - A satisfactory amount was shown.

4 - A greater than satisfactory amount was shown.

5 - A great deal of the quality was shown.

(1)、Decisiveness: _____

(Readiness to make decisions, render judgments, take action or commit oneself.)

(2)、Judgment: _____

(Ability to develop alternative solutions to problems, to evaluate courses of action and reach logical decisions.)

Leaderless Group

观察与记录重点：	受评者 A				B				C				D			
人际关系	1	2	3	4	1	2	3	4	1	2	3	4	1	2	3	4
弹性	…	…			…	…			…	…			…	…		
问题分析																
压力忍受度																
创新能力																
判断力																
说服力																
口语沟通技巧																
坚持与不屈不挠																

备注： _____

回馈与建议必须：

➔有建设性的、

➔立基于受评者之行为之评估、

➔正面与鼓励性的、

➔所指涉之行为必须是可改变的、

➔提供建议与选择，而不是批判的、

➔描述性语言、而不是评价性语言、

➔让受评者有所选择并感觉被激励、

➔让受评者了解自身之优缺点，并知道下一步该如何做。

第 八 章
从 态 度 到 工 作 态 度

前面章节所提，从招募甄选、教育训练、接班人培训，都比较是如何遴选及应用发挥个人潜在特质，而能在工作职场有所表现、产出绩效。

本章节所提，则着重在如何形塑态度、改变态度。

2014 年 11 月，yes123 求职网调查，高达 79.9%受访企业对员工今年整体工作表现「满意」，对员工平均分数给了 73.5 分，成绩算不错，受访企业权衡「工作态度」与「工作能力」，为员工评分时，有 21.3%的公司认为工作态度比较重要！（来源：自由时报电子报，2014-11-20）

态度代表的是「心态」、心态的正确与否来自动机的纯正与想法的宽广度有多深。工作职场，老板想要的不是每天不迟到的打卡员工，或是只想领份薪水的机械人而已。

他期待的是➡你对公司的忠诚、投入能更多一些，附加价值能更高一些。

那为什么是态度？而不是动机、价值观以及人格特质？

因为动机、价值观以及人格特质是不容易改变的，态度却是可以改变与塑造的。所以首先要谈➡什么是态度？

一、什么是态度

态度（attitude）是一个内在的、复杂的综合体，它受文化、宗教、信仰、知识、生活经验历程、年龄，以及价值观、自我意象…等等诸多因素之影响型塑。它是内在的、常难以直接验证，一般只能靠外显的行为、言语、情绪…等来观测。人们的态度「对象」也是多样的，诸

如人物、事件、宗教、政治、政党、集团、制度、观念信仰等等；人们对这些态度对象，有的表示接受或赞成，有的表示拒绝或反对，这种在心理上表现出来的接受、赞成、拒绝或反对等评价倾向就是态度。

态度的定义：

态度（attitude）指对某特定人、事、物的一种较持久之正向或负向的感觉或评价，并反映出一个人对于某件事情的感觉如何。例如，我喜欢我的工作、我支持某一观点、我喜欢跟许多朋友一起欢庆…。

Kotler（2000）将态度定义为个人对某些客体或观念，存在一种持久性的喜欢或不喜欢的评价、情绪性的感觉以及行动倾向。

学者张纬良在其《管理学》（2002）中将态度定义为：对人、事、物的主观评价。

因此，所谓态度是一种评价的意思，而且是不断地评价他们所看见的，是对某些事物持否定或肯定的反应。态度是个体对环境中的人、事、或物所抱持的一种持续性和一致性的心理趋向，而作出评价性的反应；且态度的形成有其经由学习过程得来的层面，与个体生活经验有密切关系。

不管个人的态度是根据客观的判断及实际信息而来，或是个人强烈的情绪反应，个人的态度对个人的思考及行为均有很大的影响（郑伯埙，1994）。

备注：对概念的定义，并不代表对概念的完整诠释，而只是对概念的主要特征或一些特征，做重点说明。所以对「态度」的定义，也并不足以完整说明什么是态度。

态度形成之后

态度作为一种心理现象，既是指人们的内在体验，又包括人们的行为倾向。态度形成之后的心理结构主要包括三个因素，即认知因素、情感因素和意向因素。

1. **认知因素：**指个人基于自身的知识、观念、价值及意象，而对于某些事物所建立的信念，并不涉入个人主观的情感。

2. **情感因素：**指个人对态度对象的情绪反应，包含对特定态度对象的情绪（emotion）与感觉（feeling），如：喜欢－厌恶、尊敬－轻视、认可－拒绝等正负面的感觉。

3. **意向因素：**指个人对态度对象所准备采取的行动或行为倾向、准备对态度对象做出何种反应。

态度既是一种内在的心理结构，又是一种行为倾向，对行为起准备作用。因此，根据一个人的态度可以推测他的行为。但是推测只是推测，态度与行为并不是一对一的关系，二者也不是同一个概念。行为的发生并不单单由态度决定，除了态度以外，行为还决定于其它因素，

如社会道德规范，传统的生活习惯，当时的情境，以及对行为结果的预期等等。（参考：MBA 智库百科）

态度的特性

态度的稳定性： 态度是在需要的基础上，经过长期的感知和情感体验形成的，其中情感的成分占有重要位置，并起到强有力的作用。它使得一个人的态度往往带有强烈的情感色彩并具有稳定性和持久性。正是由于态度具有这种稳定性和持久性，才使个体有自我的主见去应对、或适应客观世界。

态度的社会性： 态度不同于本能，态度不是天生的，它常是通过后天的学习获得的。

态度的针对性： 态度必须有特定的态度对象。态度对象可能是具体的，也可能是抽象的，即一种状态或观念。

态度的协调性： 态度是由认知、情感和意向三种心理成分组成的。对一个正常人来说，这三种心理成分常是相互协调一致的。

态度的意向性： 态度会控制、影响行为，有助于从态度预测行为模式。（但这不表示态度一定会直接影响行为）

态度的改变

态度不是与生俱有的，常是在后天的生活环境中，通过自身、社会化的过程逐渐形成的。在这个过程中，有影响态度形成的因素，自然也存在者改变态度的因素。改变态度的重要因素有：情感与欲望、认知与知识、以及个体的重要经验或事件。

1、情感与欲望 （desire）：例如➜需求、目标、价值、兴趣、和偏好

态度的形成往往与个人的情感与欲望有着密切的关系。例如被自己深信或挚爱的人所出卖或欺骗，常会改变一个人的人的人生观或价值观；有的人会遁入空门、有的人长期陷入沮丧或绝望，有的人需要一段很长时间才能疗愈。

对「成就」的追求，假如经常遇到挫折，当事者可能怀疑自我、怀疑社会、或怀疑所属企业，从而改变生活态度或工作态度。

能够满足个人情感、欲望，或能帮助个人达成目标的人、事、物或对象，能使人产生「满意的态度」、或「喜欢的感觉」。相对地，对于那些阻碍目标，或使欲望受到挫折的人、事、物或对象，会使人产生「厌恶的态度」。

在企业或事业单位，当工作的供给（例如：职业特性、工作特性）能满足员工的欲望（例如：需求、目标、价值、兴趣、和偏好），或是当员工的能力（例如：技艺、工作经验、和教育程度）符合工作的要求（例如：绩效标准）都称为个人与工作「相适配」（person-job fit）。

「相适配」可以让员工感受到满足与喜悦，从而对工作与事业单位，有更多的热忱与投入。个人与工作是否适配可以从以下四种元素上做观察：

1、知識（knowledge）、技能（skills）、能力（abilities）。

2、兴趣（interests）。

3、工作性质（job characteristics）。

4、人格（personality）。

2、认知与知识

我们可以把「认知」定义为个体记忆、理解、言语、学习、计算、判断事物对象之能力。态度中的认知成分与一个人的知识有密切相关。个体对某些对象态度的形成，常受他对该对象所获得的知识的影响。俗云：「知识即力量」，此力量不仅来自当事者因知识而坚定信念，也来自他人对此知识因了解、理解与接受后，对此知识之信任与支持。

「地球是圆的」，此知识在中古世纪被视为异端邪说；当越来越多证据与知识，证明地球是圆的，终于科学知识能突破宗教信仰的桎梏。

就个体来探讨认知与态度，多项针对老人的调查研究发现，老年人饮食营养知识、态度、及行为之间多有显着正相关性。饮食营养知识与态度是影响饮食行为、饮食质量的重要因素，知识一方面可透过态度影响行为，另一方面知识也会直接影响行为。

就群体来探讨认知与态度，如许多小区、部落，在热心人士引领之下，展开对小区、部落的绿色与环保建构。此种乡土文化与环保意识，在展开之初只是少数热心人士，经由这少数人士热心介绍、倡导、行动，而终究能获得乡亲的支持，甚至成立常设性协会组织，让此种能量与热情继续延续发展。此可以说明认知对态度的影响，以及说明认知对态度的重要性。

例如台湾的「荒野保护协会」初创于1996年，成立时会员人数125人，经过热心会员多年耕耘，2015年全台已成立12个分会。协会的宗旨是希望能够圈护更多荒野地，使大家以及后代的子子孙孙，能从这些刻意保留下来的台湾荒野，探知自然的奥妙，领悟生命的意义。为了以行动促成这样的梦想实现，协会更持续办理各种儿童教育，截至2014年已成立60个亲子团。（来源：荒野保护协会网站）

3、个体的重要经验或事件

一个人的经验与其态度的形成，往往有密切的关系，例如消费者发一大笔钱购买了某知名商品，用了不久发现该商品有瑕疵，会对该品牌之商誉打折扣。俗云「一朝被蛇咬，十年怕草绳」，正是经验对态度影响之批注。

　　一项以台湾中部大学生实习经验之调查研究发现，大学生的打工、实习经验与其工作价值观具显着关系，具工读经验者，在「工作环境与安全感」、「福利与升迁」的重视度显着高于无经验者。具实习经验者，在「利他主义」层面的重视度显着高于无经验者。（来源：中部大学生打工、实习经验与工作价值观之相关探讨；黄韫臻、林淑惠，台湾心理咨商季刊，2010年，2卷2期）

　　网络上有个部落格，当事者叙述她当小学教师的经验：

　　＜我的求职与工作经验＞

　　　　我的第一份工作是国小老师。老师这份职业可是我在大学时就立志要做的志业，因为当时的我认为，只有透过教育才可以彻底解决整个社会的问题。

　　　　　虽然我立志要当老师，但原本我是没办法在国小教书的，因为我不是读师范学院。幸好当时国小老师很缺，为了迅速补充教师，几所大学开办了所谓的国小师资学分班。为了可以实现国小老师的梦想，大学毕业前，别人是努力找工作，我则是努力准备考试，每天苦读，希望可以通过学分班的考试。后来有幸通过考试，顺利毕业，也通过教师甄试，开始任教。

　　　　　一开始教书我是满腔热血，没想到才第一年就挫败万分。教育现场跟书本上讲的完全不一样，我每天在管秩序与赶进度中度过。一年年过去，也渐渐抓到教书的诀窍，人开始变皮，也疲了！

　　　　　六年后，因为感受到教育现场结构性的困境，再加上感情受挫，我决定逃开去读书。

　　当事者虽然在大学时就立志要要当老师，但在国小教师的工作岗位上，却让她挫败万分
➔最终改变态度，从满腔热血，而后疲了➔而后离开国小教师的工作。

　　挫折的经验固然会让人改变态度，但有意义或有价值的经验，却可能让当事者一辈子坚持从中所获得的态度与价值。

　　1954年出生的前任宏达电执行长周永明，在他的回忆中指出，长年与卓火土合作的工作经验，使得周永明从卓火土身上学到「严谨的做工程态度」，脚踏实地把终端机、个人计算机等信息产品，从最早的产品规划、设计到完成，遇到问题必须立刻解决。

态度改变的理论

（一）认知失调理论（cognitive dissonance theory）

这个理论是由心理学家弗斯廷格（Leon Festinger）在1957年提出的。简单而言，认知失调是当个体对所面临的情况和他们心中的想法不同时，所产生的一种心理的冲突。而当个体知觉有两个认知（包括观念、态度、行为等）彼此不能调和一致时，会感觉心理冲突。为了

消除此种因为不一致而带来紧张的不适感，个体在心理上倾向于采用两种方式进行自我调适，其一为对于新认知予以否认；另一为寻求更多新认知的讯息，提升新认知的可信度，藉以彻底取代旧认知，从而获得心理平衡。该理论在性质上为解释个体内在动机的主要理论，故而被广泛用以解释个体态度改变的重要依据。

认知失调是一个心理学上的名词，用来描述在同一时间有着两种相矛盾的想法，因而产生了一种不甚舒适的紧张状态。更精确一点来说，是两种认知中所产生的一种不兼容的知觉，这里的「认知」指的是任何一种知识的型式，包含看法、情绪、信仰，以及行为等。

认知失调的理论表示相冲突的认知是一种原动力，会强迫心灵去寻求或发明新的思想或信仰，或是去修改已在心里存在的信仰，好让认知间相冲突的程度减到最低。

解除或减少失调状态的办法有以下三种：

1、改变某种认知元素。

2、增加新的认知元素，以加强认知系统的协调。

3、强调某一认知因素的重要性。

例如 A 虽对目前工作的报酬不满意，但 A 认为「辛劳、勤奋」是有价值的事，所以 A 可能会自行调整想法，认为辛苦工作仍是值得的。

（二）平衡理论

「平衡理论」是 1958 年由心理学家海德（F.Heider）所提出改变态度的理论，海德认为，人们普遍地有一种平衡、和谐的需要。一旦人们在认识上有了不平衡和不和谐性，就会在心理上产生紧张的焦虑，从而促使他的认知结构向平衡和和谐的方向转化。人们喜欢属于完美的平衡关系，而不喜欢不平衡的关系。海德认为在人们的认知系统中，存在着使某些情感或评价趋向于一致的压力；他认为人们的认知对象包括各种人物、事件及概念，这些对象有的各自分离，有的则互相联结起来，组合为一个整体而被我们所认识。海德把这种构成一体的两个对象的关系，称为单元关系，其关系可以由类似、接近、相属而形成。人们对每种认知对象都有喜恶、赞成或反对的情感与评价倾向，海德称此为思想感情。

海德还认为个体对单元中两个对象的态度一般是属于同一方向的。例如一个人喜欢 A，则对 A 的穿著亦感到欣赏；一个人讨厌 B，则觉得 B 的朋友也不好。因此当单元形成与个体对单元内两个对象的感情相调合时，其认知体系便呈现平衡的状态。反之，当个体对单元的知觉和对单元内两个对象所持的态度趋于相反方向时，其认知体系便出现不平衡的状态。这种不平衡状态将会引起个体心理的紧张而产生不满情绪。例如，一个人喜欢 A，但是却对 A 所穿的衣服款式无法赞同，于是就会由不平衡状态而引起内心的紧张和不愉快，而导致要么喜欢 A 的衣服款式，要么不再喜欢 A。由此可见，解除心理紧张的过程，就是态度改变的过程。

海德的平衡理论，原则上与费斯廷格的认知失调理论是相同的，但海德强调一个人对某一认知对象的态度，常常受他人对该对象态度的影响，即海德十分重视人际关系对态度的影响力。

例如：P 为学生，X 为爵士音乐，O 为 P 所尊敬的师长。如果 P 喜欢爵士音乐，听到 O 赞美爵士音乐，P—O—X 模式中三者的关系皆为正号， P 的认知体系呈现平衡状态。如果 P 喜欢爵士音乐，又听到 O 批判爵士音乐，P—O—X 模式中，三者的关系二正一负，这时 P 的认知体系呈现不平衡状态，不平衡状态会导致认知体系发生变化。

(三)参与改变理论

「参与改变理论」是由心理学家 Kurt Lewin 所提出，Lewin 认为，个体态度的改变依赖于他参与群体活动的方式。个体在群体中的活动方式，既能决定他的态度，也会改变他的态度。

Lewin 在他的群体动力研究中，发现个体在群体中的活动可以分为两种类型：一种是主动型的人，这种人主动参与群体活动，自觉地遵守群体的规范；另一种是被动型的人，他们只是被动地参与群体活动，服从权威和已制定的政策，遵守群体的规范等。

为了研究个体在群体中的活动对改变态度的影响，他作了如下实验：

第二次世界大战期间，美国由于食品短缺，政府号召家庭主妇用动物的内脏做菜。而当时美国人一般不喜欢以动物的内脏做菜。勒温以此为题，用不同的活动方式对美国的家庭主妇进行态度改变实验，其方法是把被试者分成两组，一组为控制组，一组为实验组。对控制组采取演讲的方式，亲自讲解猪、牛等内脏的营养价值、烹调方法、口味等，要求大家改变对杂碎的态度，把杂碎作为日常食品，并且赠送每人一份烹调内脏的食谱。对实验组勒温则要求她们开展讨论，共同议论杂碎做菜的营养价值、烹调方法和口味等，并且分析使用杂碎做菜可能遇到的困难，如丈夫不喜欢吃的问题、清洁的问题等，最后由营养学家指导每个人亲自实验烹调，结果控制组有 3% 的人采用杂碎做菜；实验组有 32% 的人采用杂碎做菜。

由此可见，由于实验组的被试者是主动参与群体活动的，他们在讨论中自己提出某些难题，又亲自解决这些难题，因而态度的改变非常明显，速度也比较快。而控制组的被试者由于是被动地参与群体活动，很少把演讲的内容与自己相联系，因而，其态度也就难以改变。基于这一实验，勒温提出了他的「参与改变理论」，认为个体态度的改变依赖于在群体中参与活动的方式。后来，这个理论在管理中得到广泛的应用，也取得了一定的成效。（来源：MBA 智库百科）

（四）、沟通改变态度理论

在现代社会中，除了人与人之间的沟通外，新闻媒介沟通，如报纸、杂志、电台和电视等

都直接或间接地影响人们的态度，这是人所共知的事实。

许多心理学家认为，沟通对态度改变的影响取决于三个因素。第一沟通者。沟通者是信息的来源。早期哲学家亚里士多德认为有效的沟通者必具备优良的情感意志、品德和知识，另外还要具有沟通的能力、艺术、社交风度、可信任性及个人的吸引力。第二沟通过程。要能根据沟通的对象和内容及客观环境设计出工作程序，一切按计划行事并注意安排好时间地点。第三沟通对象。接受者是否了解信息，其个性是否适合于接受这些信息。（来源：MBA 智库百科）

（五）、预言实现改变态度理论

这一理论认为，别人的预言及由此而采取的对待方式会影响个体的心理，从而导致其态度的转变。例如某人被人们认为是大有作为的，因此往往给予他鼓励、支持和帮助，该个体感受后，会根据这种预示去发展。这一理论在企业管理中，还可以用下面的公式来描述：

员工的行为=f（管理者的期望，管理者对待的方式）

这说明，个体被别人给以一种预定的看法，及因此而感受到的外界对自己所采取的某种特殊的对待方式，对其态度的转变具有极大的影响力。称赞和鼓励，会诱发一种推动上进的动机；经常被人指责，遭到忽视，会导致消极和冷漠。（来源：MBA 智库百科）

虽然以上有关态度改变的理论，有的很拗口，对 HR 工作者很生疏；但企业实务所求，理论是要能被应用，所以上述理论在企业实务上提供的应用重点在于➔「**态度是可以改变的**」以及「**如何改变态度**」。

因此，若转化成从「**组织气候**」的角度来探索，或许这些拗口、生疏的理论体系，就能有一个容易了解与应用的视野。例如：

认知失调理论、平衡理论：以好的认知➔取代不好的工作认知。工作中的次级群体常或有一些流言蜚语，管理阶层若能正面澄清流言蜚语，并以身作则，即能建立好的工作认知与工作态度。

参与改变理论、沟通改变态度理论：定期与不定期的沟通座谈会已是人资领域常有的措施，重点是沟通座谈之后，是否有及时性的作为或可行性方案，来响应沟通座谈所提问题。且理想的沟通座谈会，除了让双方对话以建立理性的讨论，重要的是让提问者思索「**怎么做会更好**」。也就是说，不只是沟通，还有参与，让大家思索「**怎么做会更好**」即是一种参与。

或如企业之各部门每周周报（会议），部门主管将公司新的政策方向作一解说后，由大家共同研拟实施要点，此种方式会让部门同僚更有参与感。

二、组织气候与工作态度

组织气候

组织气候（Organizational Climate）最早源自 Lewin（1951）的场域理论（field theory），该理论提出生活空间（life space）的观念，认为欲了解人的行为必须考虑行为发生的情境（situation），这些情境包含心理环境（psychological environment），这表示行为乃个人与环境的互动而成。此概念说明组织气候是个体与组织环境互动的结果，并进而形成对组织气候的整体知觉。

由于「**组织气候**」是在一个特定的环境中，各组织成员直接或间接对此环境特性的知觉，因此，组织成员对正式组织系统、领导者的作风、及其他重要环境因素主观知觉的结果，都会影响组织成员的态度、信念、价值和动机。（来源：支持性组织气候对训练移转的直接效果与间接效果之差异性探讨；林俊宏、庞宝玺、郑晋昌；东吴经济商学学报，第 55 期，2006 年 12 月）

1968 年，Tagiuri 与 Litwin 更进一步以组织整体系统概念来阐述组织气候，其认为组织气候乃是组织内部相当持久的一种特质；其为组织成员直接或间接对于组织内部环境、政策和程序的一种知觉反应，更进一步影响组织成员的动机与行为，进而影响组织效能。

许士军认为组织气候乃系介于组织系统与组织人员行为之间的桥梁。组织内部藉由人力资源管理措施，激励员工表现出期望的态度与行为，以达到组织的策略目标。Katz & Kahn 指出人力资源管理是组织的主要工具，用来传递角色信息，传递组织期望个人达到的行为，并且审核角色表现，以达成组织目标。

越来越多研究也显示出人力资源管理实务与企业组织绩效间有很大的相关性存在，人力资源管理系统为一促进组织更具效能且创造更多竞争优势的重要因素。（来源：员工组织气候感知与工作态度之关联—以 A 公司为例；庄尧巽、刘念琪，中央大学人资所）

如何观测、了解组织气候

如何透过一些方式来了解组织气候？1968 年 Litwin & Stringer 提出「**组织气候量表**」（OCQ：Organizational Climate Questionnaire），以九大构面五十个题项，来观测组织气候；九大构面分别为➜结构、责任、奖酬、风险、人情、支持、标准、冲突、认同。

1、结构（structure）：代表一个人在组织中感到拘束的程度，譬如法规、程序等类之限制。组织内究竟是强调官样文章成例、或是充满着较放任和非形式化之气氛。

2、责任（responsibility）：代表一个人在组织中感到自己可以作主而不必事事请示的程度。亦即当有任务在身时，他自己知道如何去做，依职责去完成任务。

3、奖酬（reward）：代表一个人在组织中感觉到做好一件事，将可获得奖酬的程度，以及

感觉组织政策系强调奖酬或强调惩罚。对于待遇与升迁政策，认为是否公平合理。

4、风险（risk）：代表一个人感到服务机构及工作上具有冒险及挑战性之程度。亦即组织的特性是偏重于冒险行为或安全保守。

5、人情（warmth）：代表一个人感到工作团体中同事间相处感情融洽程度。彼此之间是否能友善的良好相处，组织内部是否有存在各种非正式的组织。

6、支持（support）：代表一个人在组织中感到上级与同事之间在工作上互相协助之程度。

7、标准（standard）：代表一个人对于组织目标及绩效标准之重要性程度之看法。是否重视一个人之工作表现；个人及团体目标是否具有挑战性。

8、冲突（conflict）：代表一个人所感受到主管及其他人员愿意听取不同意见之程度。对于不同意见，究竟是愿意公开以求解决，或是设法将其大事化小，或是干脆加以忽略。

9、认同（identity）：代表一个人对于所服务的组织所具有的隶属感的程度。作为组织成员之一，是否具有价值感，并加以珍惜。（来源：决策者价值观、组织气候与组织绩效之关联性研究：以高科技产业为例；吴淑敏、唐国铭；中华管理评论国际学报，第 12 卷 2 期，2009 年 5 月）

Downey 以六大构面来衡量组织气候，包含了决策制定（decision making）、人情（warmth）、风险（risk）、开放性（openness）、奖酬（rewards）、结构性（structure）。

学者 Patterson 等人于 2005 年发展出一个具全球性多构面的组织气候测量工具，这份组织气候量表是以 Quinn 与其同僚 Rohrbaugh、McGrath 所提出的竞值模型（Competing values model）为理论架构基础所发展出来，包含四大构面、共十七项子构面，其内容分别为：

（一）、人际关系构面（The human relations model）

着重于企业、组织是否重视、善待员工，以及员工群体的成长与承诺。这类型的组织具归属感、信任、及凝聚力，且透过教育训练与人力资源发展来完成目标。赋权与员工参与，其内部的人际关系本质上是一种相对支持性、合作性与互信。其子构面如下：

1. 员工自主性（autonomy）：工作设计上使员工有较多订定工作的机会。
2. 团队整合（integration）：跨部门间的互信与合作。
3. 员工参与（participation）：员工在决策上有很大的影响力。
4. 主管支持（supervisory support）：员工感受到来自其上属即刻性支持与了解的程度。
5. 训练发展（training）：着重于发展员工的知识、技能的程度。
6. 员工福祉（employee welfare）：组织对于员工照顾与关怀的程度。

（二）、内部流程构面（Internal process model）

着重内部与组织紧密控制，透过正式化与控制系统追求资源运用之效率性。

组织重视稳定性，倾向于以忽视与极小化环境的不确定性带来之影响；透过建立规章与程序，以达成成员间的合作与控制，这类型的组织可称为科层式组织。其子构面如下：

1. 正式化规章形式（formalization）：重视规则与工作流程，明确定义工作程序与角色任务。

2. 传统性（tradition）：遵循以既有的方式去执行工作之程度。

（三）、开放系统构面（Open system model）

组织重视对于环境的适应性与互动性，管理者会倾向以寻找资源与创新的方式去响应环境与市场需求。组织具有成长、资源获取、创造力与适应性的价值观与规范存在，随时准备好面对改变与创新。其子构面如下：

1. 创新与弹性（flexibility and innovation）：鼓励与支持员工提出新想法与创新的方式与倾向改变的程度。

2. 市场导向（outward focus）：组织对于顾客与市场的重视程度。

3. 反应性（reflexivity）：着重于审视与导入目标、策略、工作流程以适应环境的变化。

（四）、理性目标构面（Rational goal model）：

着重外部反应与内部的紧密控制，重视生产力与企业目标的达成。组织具有重视生产力、效率、目标达成、绩效回馈的价值观与规范，追求与完成明确的目标。

1. 共同目标（clarity of organizational goals）：着重于清楚定义组织目标。

2. 效率性（efficiency）：将重心放在员工的工作效率与生产力的程度。

3. 努力（effort）：组织内的员工达成目标的努力程度。

4. 绩效回馈（performance feedback）：工作绩效的衡量与回馈。

5. 工作压力（pressure to produce）：员工达成工作目标的压力。

6. 质量导向（quality）：着重于质量的程度。

在使用此量表必须注意的是，企业组织并非只是明显座落在某一构面上，有些企业会在某些构面上较重视，在每个构面上各有其不同的强度表现；透过在不同构面不同程度的表现，得以了解企业的「组织气候」状况。（来源：员工组织气候感知与工作态度之关联—以 A 公司为例；庄尧巽、刘念琪，中央大学人资所）

组织气候与工作态度

组织气候包括人际关系、领导方式、作风，以及组织成员间心理相融程度等，是组织成员在组织中工作时的认知与感受，是组织成员对组织内部的一种知觉，即个人对客观工作环境

的知觉；这是一个主观概念。

工作态度(Work Attitude)是指个人对其工作所持有的评价与行为倾向，例如主动积极、热情活力、不断学习、工作的认真度、责任度、努力程度…等等。

为什么要了解组织气候呢?许多研究显示组织气候会影响许多组织所关心的结果，包含个人、群体、组织等层面，例如：领导行为、离职倾向、工作满足、工作投入、个人绩效表现、组织绩效表现等。Bowen D. E. & Ostroff C. 也归纳出实证上组织气候是与更高层次的行为以及组织绩效有相关，包含了顾客满意度、顾客服务质量、财务绩效表现、组织效率、全面质量管理等结果。Cascio指出一个人在组织中的态度会受到环境因素的影响，进而影响到他的行为表现，他将态度分为认知（cognition）、情感（emotion）、行动（action）。亦即员工受到组织气候客观环境因素下，会先影响到他对工作的认知，进而影响其对组织认同及工作投入的程度。许多学者也指出组织气候对成员的行为产生普遍的影响。因此，我们可以了解到透过组织气候影响员工的工作态度，进而延伸至组织整体与个体的工作行为与绩效表现。Robbins（2006）指出多数文献讨论的工作态度是指工作满足、组织承诺、工作投入。（来源：员工组织气候感知与工作态度之关联—以A公司为例；庄尧巽、刘念琪，中央大学人资所）

具体来说，组织气候对成员行为的影响主要包括工作态度（例如：组织承诺、工作投入）、工作满意度、工作表现、动机和创造性等，这些因素会进一步影响组织和员工的绩效。

就此，当决策者的信念与价值观强调营造一个积极正向的组织气候时（即支持性组织气候），将有助于组织成员工作效率之提升，同时组织绩效亦能随之增进。

工作满足

员工工作满足的主要关心因素有：薪资、升迁、与上司关系、福利、奖酬、工作流程、同事关系、工作性质、学习成长以及沟通之满意等层面。

从期望理论观点，个人是否感到工作满足，会检视自我工作所实际获得有形或无形报酬，与期望间是否有差距。若实际获得大于期望则会较为满足，但若实际获得小于期望则会不满意，一般而言员工期望基本上都会比实际获得还高，因此只要差距越小将会使员工越感到工作满足。

从理性交易观点，工作满意代表着员工对于自己与公司之间的「交换关系」之整体满意水平，即员工以自己的时间、精力、体力以及情绪等事物，与公司「交换」薪资福利、升迁发展、绩效奖酬，工作自主性以及未来愿景等事物，经由整体思考衡量，员工会对这种交换关系的满意与否加以综合评断，而这就是员工工作满意的程度。

多项研究显示，工作满意程度越高的员工，会有较高的组织程诺与工作投入、以及较高的组织公民行为。员工的工作满意程度越高，员工会愿意以更多的付出来交换公司的支持与

资源，这些付出包括：员工的自愿努力或合作以达成公司目标、对组织及领导者效忠、表现出良好的纪律、能自动自发地工作、对本身的工作有更高的兴趣、以成为公司的一分子为荣，并且当企业组织遇到困难时能愿意坚忍的共渡难关。再者，员工满意与顾客满意度也有高度的关联性，也就是说「满意的员工」➡常促成「满意的顾客」。

工作满意与组织承诺具有正向的影响，也会使员工对公司的组织承诺诺提升，并会降低其离职倾向。

工作满意度（或员工意见）调查，可作为一种科学的管理与沟通工具，它通常以调查问卷等形式来收集员工对企业各个方面的满意程度。一个成功的工作满意度调查通常可以达到以下几项目的与功能：

1、使公司有系统地了解员工的满意程度与意见：

此调查方法较意见箱等其他方式更有系统协助企业了解员工的想法，协助企业对员工各方面之满意度与意见有完整的了解，并可以在此基础上确定解决的方案。

2、诊断公司潜在的问题：

工作满意度调查是员工对企业各种管理措施满意度的晴雨表。例如，如果公司透过工作满意度调查发现员工对绩效考核措施意度有逐渐下降趋势，就应及时检讨绩效考核政策，找出不满日益增加的原因并采取措施予以改善。

3、找出本阶段出现的主要问题与原因：

举例來說，倘若公司近來受到产品高损耗率、高离职率的困扰，透过员工满意度调查可以找出导致问题发生的原因，确定是否來自员工工资过低、管理不善、训练不足或晋升管道不通畅等问题。

4、评估组织变化和企业政策对员工的影响：

员工意见及工作满意度调查能够有效地来评价组织政策和规划中的各种变化，透过变化前后的对比，公司管理层可以了解到公司决策和变化对员工满意度的影响，促进公司与员工之间的沟通和交流。

5、表示对员工的重视：

企业可以透过工作满意度调查來表达公司对员工的重视，进而培养员工对企业的认同感、归属感，不断增强员工对企业的向心力与凝聚力。

6、建立双向的沟通平台：

员工可以藉由工作满意度调查调查，畅所欲言地反映平时管理层听不到的声音，为更多真实的讯息铺设一个回馈的通道，建立双向的沟通平台。

工作满意度调查的构面，经常会引用 Herzberg 在 1950 年代提出的双因子理论，（Two

Factor Theory）作为问题面向之设计。

保健因素：□工作保障、□薪资、□地位、□工作环境、□公司政策与管理、
　　　　　　　□监督考核制度 、□人际关系。

激勵因素：□工作本身、□被赏識、□责任感、□升迁、□成就感、□成长与发展

（数据源：员工意見及工作满意度调查之研究－以 B 公司为例；何岫颖、郑晋昌，中央
大学人资所）

组织承诺（organizational commitment）

组织承诺是指个体参与并认同一个组织的强度，或说工作者对其所属企业或组织之心理
依附。组织承诺与员工忠诚度，经常被视为员工对工作或企业态度性的或情感性的反应，可
以被解释为个人对于特定组织之认同且涉入的相对强度。

Davis K（1984）认为，如果企业使员工工作满意度高，将可带来下列结果：

1、员工自愿合作以达成组织共同目标。

2、表现出良好的纪律。

3、员工对本身的工作会有更高的兴趣。

4、能够自动自发的完成自身的工作。

5、对组织有强烈的认同感及忠诚度。

（来源：X 高科技公司 2005 年员工意见及工作满意度调查分析；刘怡兰、郑晋昌，中央
大学人资所）

事实上，Davis K 所表述的即是：工作满意度与组织承诺及工作投入的关联性。

虽然不同的研究角度，对「**组织承诺**」的定义内涵会稍有一些不同，基本上组织承诺指个
人对一特定企业组织之认同与投入的强度，它包括下列三个因素：

1、价值承诺：对组织目标与价值的认同和接受。

2、努力承诺：愿意为达成组织目标付出的努力。

3、留职承诺：对继续成为组织中的一份子的希望。

**管理学或组织行为之研究，大都同意➜管理阶层可藉由人力资源措施创造某些组织气候，
引发成员某方面的动机，促成某种行为，以达成管理者所期望的目标行为，进而提升组织绩
效。**

而组织欲获致良好的绩效表现，除员工需要具备高度技能水平之外，还需要员工展现有
益于组织的自发行为，亦即高绩效组织需要具备高度动机的员工，愿意自发性地配合组织目
标而努力。假若员工未能受到有效的激励，即使是拥有高技能水平的员工，工作的效能亦将

受限。这说明了几个重点：

1、组织气候是透过「员工满意」而让员工产生「组织承诺」与「工作投入」，进而提升组织绩效。

2、「员工满意」来自企业或组织所实施之一套「人力资源措施」。

3、「员工满意」量表与「组织气候」量表两者虽不是二而为一，却是「神形相似」；只不过「组织气候」量表的涵盖面较广。或者说，将「员工满意」量表做某些层面之扩张，及可成为「组织气候」量表。

工作投入（Job Engagement）或（job involvement）

工作投入是指心理上对工作的认同，并将工作绩效视为一个人价值观的反映。工作投入是一种正向的、自我实现的且和工作有关的心理状态，其特色是活力、奉献与全神贯注。

员工对于工作的热忱与涉入程度即为工作投入，而工作投入程度越高的员工，越有努力工作的意愿，且比其他人创造更高的生产力，同时更能满足顾客需求，以及帮助组织达到最终所期望的绩效表现。

工作投入的概念可由三个可见的员工行为所组成：（工作投入的 3S）

1、宣扬（Say）：员工对自己的同事、潜在部属和顾客宣扬组织正面的部份。

2、留任（Stay）：员工想继续成为组织的一分子。

3、全力以赴（Strive）：员工发挥额外的努力以及奉献自己以完成最好工作的可能性。

工作投入受到年龄、性别、婚姻状况、年资或教育程度等之影响，工作投入也会受到个人所处的工作环境所影响。工作情境因素包括领导风格、组织气候或是工作特性等。

Hewitt 企管顾问公司认为高度投入的员工会采取行动，实际地改善组织绩效。而 Hewitt 企管顾问公司自 1994 年开始藉由大量的样本和长期的追踪进行员工投入调查，最后发展出较具系统性的员工投入分析模式，建立六个主要构面，分别为：工作、人员、机会、生活质量、程序，以及薪酬。

1、**人**：和员工一同工作的人员，例如高阶领导者、经理、同事和顾客。内容在于是否能和主管及同事维持支持、信任、公开、弹性的关系，进而产生一个可预测、一致、具支持性的组织气氛。

2、**工作/价值**：员工本身的积极性以及价值、工作上的资源分配并扩大自身价值以成为好的组织公民。此构面包涵技能多样性、任务重要性、任务完整性、自主性与回馈。

3、**机会**：训练发展和职涯发展的机会，也就是员工在公司内之生涯发展与肯定。

4、**程序**：工作程序、工作流动以及人员的学习和计划。公司是否透过各种政策的制定、规范或文化的展现，促使员工愿意对公司付出更多心力。例如完善的绩效管理制度。

5、**生活质量**：工作与生活上的平衡，以及物质上的工作环境之为显性。公司是否提供员工安全的工作环境，让员工在身心都能全力地投入于工作中。

6、**奖酬**：薪资、福利、财务及非财务报酬。亦即员工的薪资是否能和工作表现相符合，公司的福利计划是否能符合员工的需求认知。（来源：影响员工工作投入因素之探讨——以某企业为例；张宛儒、黄同圳，中央大学人资所）

许多研究都证实员工投入对于员工留任率、生产力、销售额成长、顾客满意等具有正面影响。以下略示：

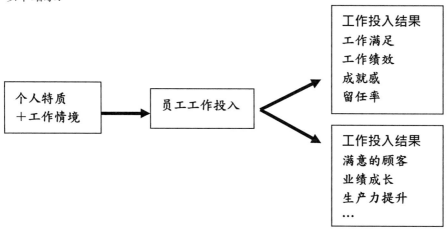

附录：工作满意度调查范例

整体组织气氛

员工，通常获得的奖酬和鼓励，多于指责和批评。

员工彼此之间相处经常是可以信赖的

公司鼓励大家真诚，坦白提出自己的意见

公司管理阶层和工作同仁之间的关系是和谐与沟通互动的

工作本身

我喜欢我目前的工作

我觉得我的努力能获得应给的奖励

我对目前工作的自主性程度感到满意

我觉得我的工作有被肯定

我的工作皆经过明白及合理的配置

我对工作上所提供的升迁机会感到满意

我对于目前的工作量及工作时间感到满意

很多的规则和程序，让做好工作变得很困难

您是否喜欢和您一起工作的人

整体而言，您对于从事现在的工作是否满意

其他意见：

工作环境

您对于您的工作环境是否满意，如：通风、光线、清洁等

您对于公司的安全设施是否满意，如：防灾、噪音、硬件等

您对于公司的防灾应变能力是否满意

您对于公司所提供有关员工健康或维护安全之措施是否满意

其他意见：

薪酬福利

您对于公司的薪资制度是否满意

您对于工作付出及薪资所得的比例是否满意

您对于目前薪资计算方式是否满意

您对于公司整体福利制度（例如：医疗、保险、旅游….）是否满意

您对于公司的绩效奖金制度是否满意

其他意见：

领导效能

我的主管能够尊重与支持我在工作上的创意

我的主管拥有良好的沟通协调能力

我的主管能够尊重不同的意见与异议

我的主管能够信任部属、适当的授权

我的主管能以身作则，是一个良好的工作典范

主管对工作的指派，经常都能说明清楚

其他意见：

学习与成长

公司能提供充分的进修机会、鼓励参与学习活动

人员的教育训练是公司的重要工作

公司重视信息搜集与新知的获得与交流

公司重视客户的反应与相关厂商或单位的意见

公司经常办理研讨活动、鼓励观摩与经验发表分享

您对公司提供的专业训练是否满意

对于公司安排之在职教育训练课程您是否满意

对于公司在职人员进修奖励办法您是否满意

您对于自己在工作中自我学习成长的成果是否满意

其他意见：

绩效考核

您对于上一次年终绩效考核过程与结果是否满意

你对于公司之考核制度的公平性是否满意

您对于公司之考绩与奖惩制度之实质效用是否满意

公司之考核制度是否有助于您个人之提升

公司之考核是否有符合您个人之认知

其他意见：

团队合作

我的工作伙伴与团队成员具有良好的共识

我的工作伙伴与团队成员具有一致的目标

我的工作伙伴与团队成员能够相互支持与协助

我的工作伙伴与团队成员能够多方讨论、交换心得

我的工作伙伴与团队成员能以沟通协调来化解问题与冲突

其他意见：

备注：以上范例仅为提供参考，至于「衡量尺度」可用「四分法」、「五分法」或「七分法」则依分析需要而定；但一般言，尺度越少，平均分数或总分会越低；尺度越多，平均分数或总分会较高。

三、组织公民行为

Katz 与 Kahn 认为一个高绩效与运作完善的组织必须具有下列三种组织行为：

1、维持行为：组织成员乐意并愿意留任在组织内执行工作职务；

2、顺从行为：组织成员依照组织的准则规范履行其角色职务；

3、主动行为：组织成员超越组织要求之行为，以自发奉献的行动实现组织目标。

依据 Katz 与 Kahn 的观点，Bateman 与 Organ 将第三种由组织成员自发性产生而非由组织正式规定的主动行为命名为公民行为（citizenship behavior），公民行为是一种未被组织正式规范为工作说明的要件，但它却为组织所需求，Organ 更进一步提出「**组织公民行为**」（organizational citizenship behavior, OCB）的名称，并定义组织公民行为是一种组织角色规定外的行为，是无条件、非直接或非明显的被组织所奖酬，且能有效促进组织功能的行为。（来源：人力资源管理活动与组织公民行为之关联——以组织支持性气候为中介效果；林义挺、刘念琪，中央大学人资所）

虽然工作说明书一般都会明确条列工作项目与行为标准及绩效要求，但事实上许多员工行为并无法利用制式规范来要求。企业管理者大都深知，角色内行为无法满足所有的企业经营需求，企业必须仰赖员工主动表现出某些角色要求以外的行为，以弥补角色定义的不足，并协助企业达成目标，而「组织公民行为」正是一种员工自发性的、未被正式要求的行为。当员工表现出较多的组织公民行为时，不仅能够增加同侪与主管的生产力，减少无谓的浪费，还能够促进跨部门合作、强化组织能力，协助企业组织因应环境的改变与挑战。

根据 Organ（1988）的研究，组织公民行为由五个因素组成，分别是利他行为、尽职行为、运动家精神、谦恭有礼和公民道德。

1、利他行为是指员工愿意花时间主动帮助同事完成任务，或是防止同事在工作上可能会发生的错误；

2、尽职行为是指员工的表现超过组织的基本要求标准，他能够尽早规划自己的工作，以及设定完成工作的时间；

3、运动家精神是指员工在不理想的环境中，仍然会保持正面的态度去面对，不抱怨环境不佳，仍能忠于职守；此外，个人也会为了所属工作团体的利益而牺牲自己的利益；

4、谦恭有礼是表示员工用尊敬的态度来对待别人；

5、公民道德是指员工主动关心、投入与参加组织中的各种活动，包括主动阅读组织内部文件，关心组织重大事件，对组织发展提出建议等。

有这种行为的员工表明他已经把自己视为组织中的一员。Podsakoff 和 Mackezie 在 Organ 的基础上，对组织公民行为的各种观点进行了归纳总结，将其分为 7 个维度，即帮助他人、运动家精神、忠诚于组织、顺从于组织、自我驱动、公民道德、自我发展。（来源：MBA 智库百科）

而不论是 Organ 的组织公民行为五要素，或是 Podsakoff 和 Mackezie 组织公民行为七要素，事实上都可以从「**职能**」的角度来连结。

帮助他人、自我驱动➡主动积极

运动家精神、自我驱动、自我发展➡自我挑战、学习与成长

忠诚于组织、顺从于组织➡承诺与投入

公民道德、利他行为➡团队合作

附录：感动服务与组织公民行为（摘录自严心镛之演讲笔记）

有一回，严心镛带着全家人到香港迪斯尼乐园，因为严妈妈双脚不舒服，所以贴心的为妈妈租借了一台轮椅。在人山人海的迪斯尼里面，刺激好玩的游戏都需要花上许多时间排队；此时，有一位工作人员热情的以英文向他们打招呼，并指示着严总一家人跟着他走。就在摸不着头绪，也分不清工作人员的意思，看在他如此的热心，他们决定跟这名工作人员一起走。就这样穿过了人群，通过了许多快捷方式，此时才发现这位工作人员引领他们至「免排队区」。原来他热切的招呼严总一家人是要告诉他们，行动不便者，迪斯尼有提供免排队的服务，让行动不变的朋友们更方便。而这样的服务也让严总一家人感到惊喜的发出—「WOW」的惊呼声！

曼都连锁发廊前几年邀请严心镛先生去帮他们公司做感动训练，过了一段时日，他听到一个非常感人的例子，有名老太太一直是某分店的忠实顾客，也许是理发店让她感动很温馨，不只是单纯的整理头发，而是他在那边感觉的被关怀、被注重的感觉。（而事实上这名老太太当时已患有癌症）

有一天一位美发师在帮他整理头发时，可能是看到他头发已经日渐稀疏、也可能是看见婆婆老态龙钟，走路已经出现困难了，于是该名美发师开口向老婆婆说：明天开始你不要来了！

老婆婆当场感动难过、惊讶、不解，美发师注视着婆婆，接着向她说：以后你不用走来这了啦！我去你家帮你洗头发。

真的从那天开始，该名美发师一周两天，都定时的到老太太家里帮她洗洗头、整理头发，还煮汤给他喝，陪老太太聊聊天。老太太不得不住院的时候，美发师下班还到医院去，在病床旁边的折迭床陪他。

半年过后，老太太因为癌症过世了，当他的儿子听到恶耗从美国飞回来时，赫然发现他母亲的遗书里有一句让他泪流满面的话：

"感谢老天爷！在我生命结束之际，多给了我一个女儿"

甚至他住的房子，都要送给该名美发师，那个愿意聆听她、关心她、陪伴她直到生命末了的美发师。

（来源：整理自严心镛之演讲多人笔记，严心镛，《拥抱初衷：忍不住说 wow 的感动服务方程式》作者，亚都丽致服务管理学苑前总经理）

令人感动的服务，常是发自内心的真诚与真心，要员工能发自内心真诚为顾客或公司多尽一点心力，不是正式的规章或契约、或金钱所能要求；而常是因为员工喜欢这一份工作，或员工对公司有归属感，以及工作气氛。

支持性组织气候与组织公民行为

根据 Eisenberger 的定义，知觉组织支持系指员工知觉所属组织关心员工福利与肯定员工贡献的程度。

Blau 根据社会交换理论（social exchange theory）来阐述组织与员工的关系，当员工感受到组织对其信任、重视时，员工会产生一种义务感，而这种义务感的心理状态会驱使员工努力工作，来回报组织的肯定，进而达成组织目标。知觉组织支持可以满足员工社会情绪的需求，当员工觉得被尊重、关心和认同时，会促进员工与同侪的合作，也能增进其角色认同，更能够强化努力表现就会有回馈的信念，此信念可以增加员工的组织绩效、工作满意度与组织承诺，亦能减少离职意图。

除了影响员工的工作态度与工作行为，知觉组织支持也有可能影响员工的自发性公民行为，因为社会交换的基础在于交换双方的信任与善意，双方亦期待这些信任与善意能够在未来得到相对的回报， 进而发展出相互间的共利关系，此种共利关系有时甚至超越契约规范的范围。

根据劳资关系观点，当劳资双方间存在正面关系时，组织支持不仅会激励员工认真完成份内工作，也会对组织产生情感性的认同，甚至不计较有形的酬偿，自发性地从事有利组织的活动。

许多研究亦证实知觉组织支持与组织公民行为之间具有正相关。当员工觉得受到组织重视，他们会对组织产生一种信任的心理，愿意主动提出具体的建议，希望协助组织成长，这些自发性行为是属于组织公民行为的展现。研究结果发现，组织成效多因员工自发性行为所产生，员工并非仅遵照标准工作规定及流程的角色内服务行为就可达到绩效。透过奉献、助人、主动建议等角色外服务行为的展现，组织才得以达成其目标。

在诸多角色外服务行为中，员工所展现的服务导向组织公民行为（service-oriented organizational citizenship behaviors, service-oriented OCBs）是影响顾客服务质量知觉最重要的因素。然而，此类服务行为大多难以观察与衡量，这类行为的产生往往相当微妙且难以捉摸，管理者无法有系统地利用正式机制激发员工的角色外服务行为，是故，如何透过其它非正式的管道，促进第一线服务人员付出服务努力，实为服务业管理上的重要课题。

根据社会交换观点，当员工知觉到组织对其贡献与福利的重视时，很有可能会产生协助组织达成目标的义务感，在此义务感驱使下，员工不仅会表现角色内行为，也较有可能展现角色外的组织公民行为。

对服务业而言，顾客导向行为有助于提升员工与顾客两者间的互动质量，而企业可透过人力资源管理活动的实施，影响员工对待顾客所表现的态度与行为。因为，人力资源管理活动常被员工解读为是组织对员工赏识、认同以及酬偿的一种表现，也常被视为组织对于员工个别化承诺，该类承诺能够传递组织对员工行为期望的讯息，员工所知觉到的人力资源管理政策，会影响员工的响应态度与行为，甚至于会型塑员工与同侪、顾客互动的态度与行为，亦可能改变员工对其工作角色的界定幅度。

近年来，学者开始强调人力资源管理活动如何满足内部顾客的需求，间接影响外部顾客的态度或行为，当人力资源管理活动满足员工的需求，再加上知觉组织支持所衍生的回报心理，两者的交互作用，有可能会强化服务导向组织公民行为的产生。（来源：组织支持与市场导向人力资源管理活动对服务导向组织公民行为的影响；汪美伶，东吴经济商学学报，第 64 期，2009 年 3 月）

如何建构支持性组织气候

1、关注员工工作态度。

员工的工作态度对组织气候有显着影响，企业管理者要对内部员工的工作态度给予足够重视。管理者首先应分析员工工作态度的现状，再从营造和谐"组织气候"的角度入手，积极制定对策，有针对性地采取措施，降低员工对工作的厌倦程度，提升员工工作积极性与满意度，避免员工流失，以获得竞争中的人力资源优势。

2、促进员工沟通交流，形成良好的人际氛围。

研究表明，人际关系对工作绩效有非常显着的影响。企业管理者需要在企业内部鼓励和支持和谐的工作关系，打造相互尊重和信任的团队，营造良好的人际氛围。

管理者可以通过各种正式或非正式的员工活动，例如举行员工生日聚会、假日郊游、部门团队拓展训练等活动，增加员工互相接触、互相支持的机会，在员工之间形成友好、信任、和谐的人际关系，以此提高员工的融洽程度，改善员工工作动机、工作态度。

3、提高员工工作自主性，给予员工充分支持。

在组织气候中，所谓员工的工作自主性讲的是，组织的支持对员工工作表现具有显着影响。这就要求企业管理者给予员工更大的施展空间，满足员工成就感，让他们感到自己是企业的主人翁，并非只是机械地完成组织下达的目标，自觉认同企业的核心价值和经营理念，

产生强烈的归属感，激发更大的工作热情，在实现个体目标和组织目标过程中拥有一定的主动权。

富有挑战性的工作安排更能激发人的潜力，管理者可通过适当的工作轮换，来丰富员工工作内容，减少员工对一种工作的厌倦感，提高他们的积极性。在组织支持方面，管理者不能单纯认为"员工工作仅是为了换取工资"，应将员工视为企业宝贵的资源，尊重员工价值，并尽可能提供员工完成工作所需要的资源，为员工提供心理和工作上的关心与支持。管理者可采取员工协助计划(EAP)，为员工提供全方位的支持与服务。

4、清晰界定职位权责，提升管理运行效率。

工作结构和管理效率对员工工作态度有一定的影响。在企业管理实践中，管理者应检查、调整并优化组织结构，提高组织运行的有效性，确保每个职位的权利与职责都经过准确规划和界定，使员工清楚自身在企业内的位置。

除此之外，企业还要注重提升管理运行效率，优化企业内部工作流程，使内部信息沟通流畅，决策传达快速高效。

5、合理制定工作目标，实行人性化绩效考核。

有一点应该引起我们注意，一个企业在强调企业目标的同时，虽然企业员工工作绩效会有所提高，但员工的工作厌倦度也会提高。因此，企业在管理实践中，除明确企业与个人目标，还应实施更全面、更加人性化的绩效考核制度。

企业在制定目标时，应充分考虑内外部环境，考虑员工特点和完成能力，制定有挑战性但难度适中的目标，而不是一味地给员工定高目标。对于实现目标的员工，企业应给予相应的奖励;对于没有实现目标的员工，企业也应给予适当的支持，并采取培训、轮调等方式，促使员工提高自身能力，最终实现目标。(来源:组织气候:用环境锻造人,金融界博客网,2011-06-20)

附录：台积电的变革

2002 年起，半导体业全面不景气，台积电员工相继离职，董事长张忠谋判断不景气只是循环周期，于是在大部分企业裁员之际，台积电反其道而行，从人力资源发展的角度，透过一连串的企业革新项目，全力留住既有人才，带领公司走过产业低迷，顺利化危机为转机。

首届人力创新奖「创新经理人」个人奖得主、台积电营运组织人力资源服务处处长廖舜生，正是此一企业革新项目重要的推动者。回首那三年来的企业转型过程，他强调人力资源发展的重点不在执行，而在「创新」。

学习暨发展中心的革新

首先，完成「**学习暨发展中心**」革新，从个人的职能提升，转型为加强整体的组织能力，把过去分散的训练课程，依照各阶层的职能需求，设计出不同的课程内容，设置经理人培训蓝图，建立所有员工的个人发展计划，于是，「学习暨发展中心」成为企业革新的火车头，有效推动人力培育，累积人才资本。

让学习无所不在

面对高攀的离职率，廖舜生先从制度面，规划好的学习环境，除了推出系列课程，还推动「**让学习无所不在**」的工作环境、扩充系统架构、打造无线上网的环境，让所有员工随时都有计算机可用，身在任何角落都能接触 e-Learning。每个月，系统会把员工的个人发展计划完成率，送上计算机屏幕，缺了哪些课程、该进修哪一职能，一目了然。

新人好伙伴制度

制度面的努力还不够，廖舜生集思广益，提出创意的「**新人好伙伴制度**」，公开招募热心的员工，接受系列训练，担任新进员工的「好伙伴」，不但在工作技能上彼此切磋，更成为生活上的好朋友。

「新人好伙伴制度」一推行，员工热烈响应，逾千人主动加入。2003 年起，还在教师节推出「学习周」，一来挑选好书，鼓励大家集体阅读，二来趁机答谢这些「好伙伴」及公司内部讲师，营造自主学习、感恩惜福的良性环境。

「马上办中心」和「包你满意意见箱」

「马上办中心」和「包你满意意见箱」也是创举，员工有任何需求，随时投书，立即有专人处理，尽量赶在 24 小时内回复，攸关大众权益的事情，还会张贴在布告栏。推出不久，感恩卡片如雪花般飞来，细心的小创意，竟大大赢得员工的「心」。

廖舜生强调，人力资源发展必须「双管齐下」。因此，一半的精力摆在「留才」，另一端则从改善面谈程序着手，提供「无尘室」体验训练，协助新人适应新的工作环境。

推行企业革新的效果，反映在工程师自然离职率大幅降低，从 2003 年的 15.1% 降到 2004 年的 9.7%；生产力也随之提升，在资源不变的情况下，2004 年产能利用率高达 120%。

「创新不一定要花大钱」廖舜生说，台积电并没有刻意投入大量资金，从事组织变革，而是在既有的资源上，转换新的思考方式和作法。他笑着建议大家「回家时，别老走同一条路！」勤于创新，成功就在转角。

（来源：廖舜生推动组织革新、留人留心；陈佩馨，经济日报，2005-09-02）

第 九 章

核 心 竞 争 力 与 核 心 职 能

企业要能获利，才能生存；企业的获利能力取决于他能为客户创造什么价值，以及如何持续竞争。麦可·波特（Michael E. Porter）指出➔企业获利的能力受到五种竞争作用力的影响，从一般产业到非营利组织乃至于国家都受到同业竞争力、买方议价力、供货商议价力、新进入业者的威胁、以及替代性产品的威胁等五种力量的影响，而有不同获利能力。波特指出，改善营运（作业）效率虽然可以为企业创造价格以及成本上的差异，提高公司的获利能力；例如引进全面质量管理、标竿学习、外包方式、合作关系、企业重整或变革管理等等。但是这些全部都只不过是用来改善营运效率的管理工具罢了。单只是改善营运作业效益并不容易给公司带来长期的竞争力，经营效率➔只是必要条件但非充分条件。

一、波特的竞争论

波特强调「**竞争策略**」探讨的是「**差异性**」问题，是要企业在所有的营业活动中挑出一套与众不同的组合，提供独特的价值；也就是说企业为了达到特定的目标，要能在各项企业活动中做出取舍，挑出最能对客户产生价值的活动。企业能在竞争者中脱颖而出，前提是要能建立并保持与竞争者之间的差异；企业必须能给予客户更高的价值，或以更低的成本创造相当的价值，或两者兼备。

1985 年波特于《竞争优势》一书中，提出把企业内外价值增加的活动分为「**主要活动**」和「**支持性活动**」：

主要活动涉及企业生产、销售、进料后勤、发货后勤、售后服务。

支持性活动涉及人事、财务、计划、研究与开发、采购等。

主要活动和支持性活动构成了企业的价值链。

不同的企业参与的价值活动中，并不是每个环节都能创造价值，实际上只有某些特定的

价值活动才真正创造价值，这些真正创造价值的经营活动，就是价值链上的「**战略环节**」。企业要保持的竞争优势，实际上就是企业在价值链某些特定的「**战略环节**」上的优势。运用价值链的分析方法来确定核心竞争力，就是要求企业密切关注组织的资源状态，要求企业特别关注和培养在价值链的关键环节上获得重要的核心竞争力，以形成和巩固企业在产业内的竞争优势。

企业的优势既可以来源于价值活动所涉及的市场范围的调整，也可来源于企业间协调或合用价值链所带来的最优化效益。一般企业的价值链主要分为：

1、主要活动（Primary Activities），包括 企业的核心生产与销售程序：

进货物流（Inbound Logistics）➔ 与接收、存储和分配相关联的各种活动，如原材料搬运、仓储、库存控制、车辆调度和向供货商退货。

制造营运（Operations）➔将投入转化为最终产品形式相关的各种活动，如机械加工、包装、组装、设备维护、检测等。

出货物流（Outbound Logistics）➔与集中、存储和将产品发送给买方有关的各种活动，如成品库存管理、原材料搬运、送货车辆调度等。

市场营销（Marketing and Sales）➔与提供买方购买产品的方式和引导它们进行购买相关的各种活动，如广告、促销、销售队伍、销售通路等。

售后服务(After sales service)➔与提供服务以增加或保持产品价值有关的各种活动，如安装、维修、培训、零部件供应等。

以上为产生价值的环节。

2、支持活动（Support Activities），包括 支持核心营运活动的其他活动，又称共同运作环节：

企业基础建构（The infrastructure of the firm），即企业基础建设和组织建设。

人力资源管理（Human resources management）。

技术发展（Technology development），即技术研发（R&D）。

采购（Procurement），即采购管理。

以上活动为辅助性增值环节。

对于企业「**价值链**」进行分析的目的，在于分析公司运行的哪些价值链或环节，可以提高客户价值、或降低生产成本。对于任意一个价值增加行为，关键问题在于：

(1)、是否可以在降低成本的同时维持价值（收入）不变；

(2)、是否可以在提高价值的同时保持成本不变；

(3)、是否可以降低工序投入的同时又保持价值收入不变;

(4)、更为重要的是,企业能否可以同时实现 1、2、3 条。

价值链的框架是将链条从基础材料到最终用户分解为独立工序,以理解成本行为和差异来源。通过分析每道工序流程的成本、收入和价值,以获得成本差异、累计优势。(来源:MBA 智库百科)

附录一：晋亿集团如何建构其竞争优势

晋亿集团被《商业周刊》称之为➡螺丝霸主
从一根钉一分钱堆出世界第一

晋亿实业股份有限公司（601002.SH）成立于 1995 年 11 月,是台湾与大陆紧固件行业龙头企业。大陆公司及厂房毗邻上海,建有私家内河码头及存放 10 万吨产品的自动化立体仓库,拥有各类进口自动化生产及检测设备三千余台套,生产各类高质量螺栓、螺母、螺钉、精线及非标准特殊紧固件,年产量 20 多万吨。于 2007 年 1 月在上海证券交易所股票上市。

晋亿集团 2005 年营收即已达新台币 150 亿元,可生产两万余种螺丝,占全世界四万余种螺丝的一半。晋亿集团在台湾—晋禾、马来西亚—晋纬螺丝、越南、大陆浙江嘉善经济开发区—晋亿公司、山东德州市平原经济开发区—晋德有限公司各有工厂。螺丝仓储与物流系统是全球最大,总容重量达三十万吨,所存钢材相当于四十一座巴黎铁塔的用量。

分布在六个国家的仓库随时库存两万种螺丝,每种都有三个月到一年用量的库存,以供应全球所需。全美进口的螺丝中,每两颗螺丝,就有一颗是晋亿集团的产品。螺丝王国的主角,是三个兄弟:大哥蔡永龙任大陆晋亿实业董事长、老二蔡永泉负责马来西亚和越南厂,目前是晋纬总经理、老三蔡永裕则是台湾晋禾总经理。

向上整合钢铁材料与材质处理技术、向下整合电镀与热处理技术

由于有向上整合与向下整合的技术,使得晋亿集团得以大胆采购巴西、俄罗斯、韩国与大陆较便宜的钢材,一年超过 50 万吨的钢材采购可节省 10% 成本。

自动化仓储,螺丝从成品完成到就位仓储完全自动化

仓储「多库存」,自许为服务业赚「物流财」。当全球厂商都强调「零库存」时,晋亿集团逆势赚取「物流财」和「时间财」➡客户的时间就是金钱。晋亿物流配送中心为顾客提供:零距离服务、零时间等待、零库存管理,体现一站式购物。

赚「知识财」➡随时搞清楚大客户的需求

由于晋亿集团手上随时都搜集全球各大代理商的所有买卖资料，能清清楚楚掌握整个螺丝市场交易与库存状况。这也是再多资金也无法复制晋亿集团之大量生产、仓储与物流模式的重要原因。

晋亿集团不仅掌握全美最大代理商 Fastenal 下给全球各大螺丝厂订单的数量，还能帮 Fastenal 分析整个美国市场的最新状况，教 Fastenal 怎样抓住螺丝市场的商机。

晋亿集团从跨出台湾开始，就一步一步计划搜集世界各国螺丝市场交易状况。

建立一国螺丝市场进出口与使用状况约需三年，所以晋亿集团逐年搜集各国最大代理商当年度买卖数据，输入计算机建立数据与分析，如果搜集不到代理商数据，就花钱跟当地海关购买，不计成本。

情报计算机化、搜集数据库存按市场调整

蔡家三兄弟就依此系统采分工方式，在大陆的蔡永龙主攻美国工业用螺丝与大陆市场；东南亚的老二蔡永泉主攻欧盟、东南亚与民生工业用螺丝；台湾的老三蔡永裕主攻高价的合金钢螺丝市场。（来源：商业周刊第 937 期）

人力资源理念

多年来晋亿不断地将儒家思想与现代文明进行完美结合，逐步形成「质量、客户满意、敢为人先」的经营理念和「诚信、敬业、合作、创新」的企业宗旨。同时，晋亿也在不断地营造团结有爱的企业氛围，使每位员工都能感受到家庭的温暖和真诚，实现员工与企业的和谐发展，共同创造美好的未来。（来源：晋亿网站）

晋亿集团核心竞争力建构路径略示如下：

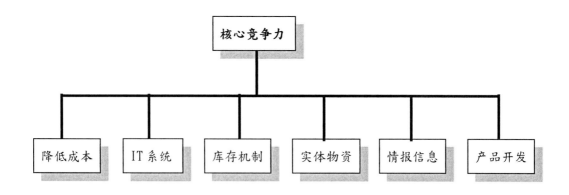

麦可·波特（Michael E. Porter）的五力分析以及企业价值链的分析，提供了我们一个由外而内的（Outside-in）分析视野与途径，从而让投资人、管理者、经理人得以了解，影响企业获利能力的因素以及企业的核心竞争力如何建构。晋亿集团螺丝王国之建立，正可对麦可·波特的「竞争论」做一补充批注。晋亿集团在大陆的投资设厂，一开始起心动念即设定要与现有螺丝产业之竞争型态「**差异化**」。从大型自动化仓储之规划设立➡赚物流财与时间财，以及客户满意的一次购足；到企业价值链的各环节，例如：向上整合钢铁材料与材质处理技术、向下整合电镀与热处理技术（降低成本及确保质量）、情报信息之建立、技术开发等等，在重要环节均不断扩大各重要价值链与竞争对手之差异化，而成就晋亿集团之竞争优势。

但波特的分析，并没有点出➡企业的定位、策略的抉择过程中，以及企业价值链的「创造价值」过程中，人或「人力资本」是如何运作？以及扮演何种角色？此外，波特的分析，也没有点出企业本身的资源和能力，如何能成为企业竞争优势来源？如何由企业本身去发展和开发属于自己的竞争优势？

附录二、竞争力与变革导向的核心能力建构

竞争力与变革导向的核心职能建构，首要问的是➡企业的策略与目标是什么？

公司要重视什么？公司鼓励何种行为？不仅强调员工该作哪些，更强调要做到何种程度。并要告知员工，有何种绩效表现，就会得到何种酬赏。以下简单图示：

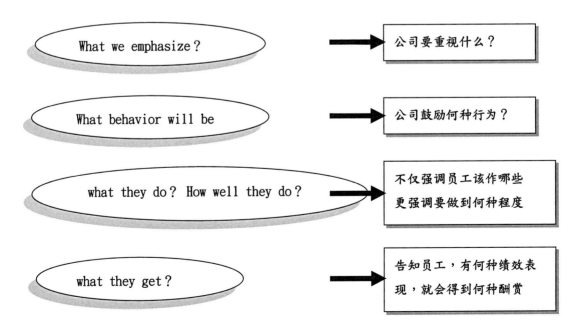

某个案企业竞争力与变革导向的核心能力建构

个案公司为一中型规模之制造业，近三年营业额依景气约有 8—12 亿台币的营业规模；虽与重要客户多有建立长期合作的关系，由于面临中国大陆与东南亚国家同类产品的低价竞争，须思考如何因应此变局，以及建构持续长久之竞争力。以下为其程序与步骤之部分摘要：

个案公司思考环境变局，提出的策略方向为➡**弹性、速度、质量、与最适成本四大方向。**

1、策略与目标：（策略流程）

● **弹性➡** 接单选择的弹性、生产的弹性、客制化的弹性、一次购足、人员的弹性（多能工、工时弹性）。

● **速度➡** 客户满意的交货期、开发与响应客户的速度、生产速度、研发速度。

● **质量➡** 客户满意的质量、员工的工作满意。

● **最适成本➡** 最适成本。

2、「弹性」项目展开如下：（营运流程）

接单选择的弹性➡ 市场特性的了解、客户需求特性的了解、成本与单价的了解。

生产的弹性➡ 缩短换模换线时间、降低故障率、提升稼动率、设备多能工、预防保养、快速维修、缩短维修时间、缩短待机时间。

客制化➡ 识图、判图能力，图面制作能力、模冲具制作能力、成型能力。

一次购足➡ 建立策略联盟伙伴、分供商、托外加工。

人员的弹性（多能工、工时弹性）➡ 多能工、工时弹性、加班、补班、调班之弹性。

3、市场特性的了解与客户需求特性的了解再展开为职能项目（人员流程）

市场特性的了解与客户需求特性的了解➡针对个目标市场，发展出：

(1)、搜集市场信息的能力。

(2)、辨别、分析市场状况的能力。

(3)、搜集、建立客户基本（情报）数据的能力。

(4)、扩充客户基本数据的能力。

(5)、鉴别客户需求因素的能力。

(6)、鉴别能否满足客户需求的能力。

(7)、响应客户咨询、质疑的能力。

(8)、响应客户抱怨的能力。

(9)、增加客户价值的能力。

4、再透过职能评估以引导职能（人员流程）

(1)、搜集市场信息的能力。　　　　　　　　优□　佳□　可□　差□

(2)、辨别、分析市场状况的能力　　　　　　优□　佳□　可□　差□

(3)、搜集、建立客户基本数据的能力　　　　优□　佳□　可□　差□

(4)、扩充客户基本数据的能力　　　　　　　优□　佳□　可□　差□

(5)、鉴别客户需求因素的能力　　　　　　　优□　佳□　可□　差□

(6)、鉴别能否满足客户需求的能力　　　　　优□　佳□　可□　差□

(7)、响应客户咨询、质疑的能力　　　　　　优□　佳□　可□　差□

(8)、响应客户抱怨的能力　　　　　　　　　优□　佳□　可□　差□

(9)、增加客户价值的能力　　　　　　　　　优□　佳□　可□　差□

5、OJT 工作教导（人员流程）

6、绩效考核与回馈（人员流程）

该公司核心能力的建构简略图示如下：

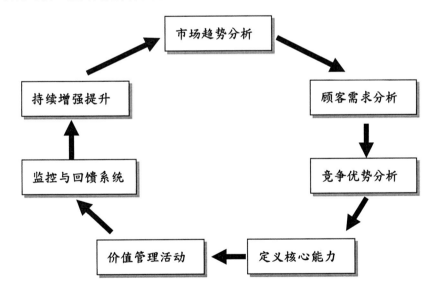

二、资源基础论

在管理理论中，首先将企业的资源视为影响企业行为模式之学者为 Penrose，她在《The theory of the growth of the firm》（1959）一书中指出，企业成长是一种逐渐累积资源的程序，系透过企业的资源与环境彼此交互作用下所产生的成果。企业会持续投资其资源，以

掌握环境变动所带来的机会；但企业要能获取利润，不仅要有优越的资源，而且更要拥有利用这些资源的独特能力（她称之为「**管理资源**」）。

1、内部资源扩充与成长过程

Penrose（1959）针对规模有所成长之大型企业做研究，发现在日常营运中，透过员工的经验性学习、资源的专业化使用，能够增加原有资源所能提供的服务，因此改变与扩大了企业的生产性机会（Productive Opportunities），从而产生了多余资源。经理人为了追求长期的获利与成长，有效运用多余资源，会去追求新的成长机会。假设经理人有创业家精神，一定能从环境中找到使多余资源发挥优势的机会。除了「管理资源」，其他为达成企业成长所欠缺之资源均能从市场购买补足。企业内部的资源因而扩充成长，企业的规模也因而扩大。当对公司内部资源的知识增加，就能增加资源所能提供的服务的种类或数量，而公司的员工随着工作经验会增加其知识技能，因此能使既有资源不断地增加创造新的、未使用过的服务。

2、成长的机制：限制与驱动力

Penrose 认为所有的生产性资源均可自市场补足，但「**管理资源**」因具有「**经验性质**」，无法自市场立即获得补足，短期无法快速增加。而企业的成长扩张是由既有的经理人来决策与执行，故既有经理人能力就形成特定时点下，企业规模成长的限制。

「管理资源」为何无法立即从市场上取得？因为企业的成长计划是由高阶经营团队共同决策规划，需要长时间的共事经验以取得彼此的信任、了解与默契，决策才有效率。新聘的经理人无法快速融入发挥，因此企业的成长速度受到「管理资源」的限制有二个层面：既有团队的能耐影响着成长的规模，成长的规模又限制了下阶段新聘经理人能有效融入经营团队的数量。

3、目前的营运与未来的成长有抵换关系

若经营团队多投入目前的营运，较少做未来成长的规划，则未来的成长将减缓。「管理资源」对企业的成长既是如此关键，「管理资源」又是如何成长增加的？Penrose 指出「管理资源」的成长通常是：

➔外部新聘经理人、晋升或重新配置既有的经理人。

➔透过组织结构调整或重组，做分工与授权。

➔增加经理人的知识。

（来源：单一事业中小企业资源拉撑与规模成长关联性之探索，商倩凤，政大企研所博士论文，2010）

Penrose 的论述，点出企业内部资源是如何成长与扩充，也点出高阶经营团队可能成为企

业未来成长的驱动力、也可能是企业成长的限制；以及高阶经营团队要对未来的成长做规划。在其论述中，人的「能动性」与「主动性」被提升出来。高阶经营团队对未来成长规划的重要性，也在Hamel哈默尔和Prahalad普拉哈德合着的《企业的核心竞争力》(The Core Competence of the Corporation) 一文中，作更充实的论述。

沃纳菲尔特（Wernerfelt）于1984年发表《企业的资源基础论》(A Resorce Based View of The Firm) 一文，首先提出「**资源基础论**」观点，将企业视为一有形与无形资源的独特组合，论述企业策略的思惟角度转变为以「资源」来代替传统的「市场与商品」观点。Wernerfelt 指出，「资源」和「产品」好比是一个铜板的正反两面，大部分产品的完成必预要藉助资源的投入及服务，而大部分资源也被使用在产品上，换言之，公司的主要任务即是创造与把握资源的优势情境，使得在此情境中所拥有的资源地位是其他企业无法直接或间接予以取得的。Wernerfelt 认为，传统策略的观点，是以「**产品**」为出发点去发掘利用所需资源，而资源基础论则是以「**资源**」为出发点去开发所需之产品。企业之决策，应由产品面转变为以资源面的观点来做决策。每家企业竞争能力之所以不同，是因为它们所拥有的异质性资源，企业需有效利用本身资源，并强化管理效率，才能使企业储存并累积其他公司所无法学习之资源独特优势，形成持久性竞争优势。

Jay Barney（1986）延伸 Wernerfelt 所提出的观点，认为不同企业或组织对于其策略性资源所产生的价值并不相同，在分析企业市场价值与经济绩效时，除了探讨外部观点，亦需考量企业内部资源所产生不同之竞争优势，故企业进行策略选择有需分析本身所具备独特的技术与能力。Barney 将资源基础论点定义为「企业所能控制的，可以协助公司建构并执行策略，以提升公司之效率与效能的一切事物，包括了公司所具有的全部资产、能力、组织流程、公司特性、信息及知识等等」。而其核心论点为：

(1)、在同一产业或策略群中，各企业所掌握的策略性资源是不同的，而这些相异的资源将导致各公司彼此之间的差异性；

(2)、这些差异性会因为这些策略性资源并不容易被其他公司模仿而持续下来；

(3)、当企业所拥有的资源具有价值性、稀少性、难以模仿性、以及不可替代性时，便可建立持久的竞争优势。

→价值性（Value）：资源对厂商有价值、

→稀少性（Rare）：资源是独一无二的、

→难以模仿性（Imperfectly imitable）：资源是不能被完全模仿的、

→不可替代性（Non-substituted）：资源不能被其他竞争厂商以其他资源加以替代。以上简称 VRIN。

其模式概略如下：

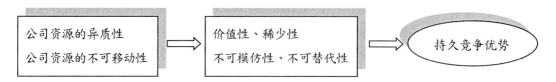

核心竞争力

1990 年，美国著名管理学者 Hamel 哈默尔和 Prahalad 普拉哈德，在《哈佛商业评论》上发表＜企业的核心竞争力＞（The Core Competence of the Corporation）一文，提出「**核心竞争力**」（Core Competence）的概念。他们认为，随着世界的发展变化，竞争加剧，产品生命周期的缩短以及全球经济一体化的加强，企业的成功不再归功于短暂的或偶然的产品开发或灵机一动的市场战略，而是企业核心竞争力的外在表现。核心竞争力是能使公司为客户带来特殊利益的一种独有技能或技术。

核心竞争力是真正能够创造（竞争）优势的源泉，是公司管理上的一种能力，是一种能够协调、集中和整合公司内的所有知识、技能和技术等资源形成优势，从而使各项经营能快速适应变化的环境和机遇的管理能力。

过去 20 世纪 80 年代，人们评价某个高阶管理者有没有才能，主要看其能否重组公司、拨乱反正和精简层级。然而，进入 20 世纪 90 年代后，人们评价高阶管理者时，将看他们有没有能力识别、培育和利用公司的核心竞争力(core competence，也称核心能力)，为公司的成长找到新的途径。

Hamel 和 Prahalad 以日本 NEC 与美国 GTE 公司作比较。1980 年，吉悌的销售额为 99.8 亿美元，净现金流量为 17.3 亿美元。相较之下，NEC 的规模要小得多，销售额只有 38 亿美元；虽然公司也拥有堪与吉悌匹敌的技术基础和计算机事业，却缺乏电信营运的经验。

但十年消长，GTE 业务萎缩，NEC 却成为龙头。1988 年 GTE 的销售额为 164.6 亿美元，NEC 则高出一大截，达到 218.9 亿美元。

早在 20 世纪 70 年代初期，日本 NEC 公司的管理层就清楚地阐明了把电脑与通信技术相融合的战略意图（**strategic intent**），即所谓的「C&C」（Computer & Communication，电脑与通讯）。NEC 公司的领导认为，这一战略成功与否关键在于能否获得必要的核心竞争力，尤其是在半导体领域的核心竞争力。该公司的管理层采纳了一个合适的战略架构（strategic architecture），将其简称为 C&C，然后在 70 年代中期将此意图传达给了整个组织以及外界人

士。NEC 成立了一个由高层经理组成的「电脑与通讯委员会」，以指导核心产品与核心竞争力的开发。此外，NEC 还打破了各项业务（即事业部门）的利益界限，建立了一些协调小组和协调委员会。按照其战略架构，NEC 把大量的资源调配到组件和中央处理器项目上，以加强公司在该领域的地位。通过相互协作方式使公司的内部资源成倍增长，藉此积累了多方面的核心竞争力。

NEC 仔细地辨明三种相互关联的技术和市场发展潮流。管理层认为，电脑技术将从大型主机架构向分布式处理转变，组件将从简单的集成电路 IC 发展为超大规模集成电路 VLS1，通信方面则从机械式纵横交换机演化为复杂的数字传输系统，即我们所说的 ISDN（综合业务数字网）。随着形势进一步发展，NEC 认为，电脑、通信和组件业务将逐渐重迭和交织在一起，以至于最后很难将它们区分开来。如果一家公司具备了服务这三个市场的核心竞争力，那么到那时，必然会获得巨大的商机。

NEC 的高层领导决定把半导体列为公司最重要的「核心产品」（core product）。它随后与很多公司结成了战略联盟，到 1987 年联盟数量已达到 100 多个，目的就是为了以低成本快速构建企业的核心竞争力。在大型主机领域，NEC 最著名的合作伙伴是美国的霍尼韦尔公司 Honeywell 与法国的 Bull 公司。在半导体组件领域，几乎所有的合作项目都是以获取技术为目的。在结盟时，NEC 的运营经理对合作动机和目的非常明确➜吸收和消化合作伙伴的技能。NEC 的研发总监曾这样总结 20 世纪 70 年代和 80 年代获取技能的经历：「从投资角度分析，这种方式使我们能够以更低的成本迅速掌握国外技术。我们没有必要自己开发新的创意」。

而 GTE 似乎并没有如此明确的战略意图和战略架构。尽管高层决策者也曾讨论过信息技术的发展将带来怎样的影响，但对于在信息技术行业竞争将需要什么样的能力（competencies），并没有形成一致的观点，更谈不上将其在公司中广泛传播了。虽然公司做了大量工作来确认关键技术，但 GTE 高层依然我行我素，仿佛他们经营的业务单元与别的单元毫不相干，权力分散导致公司无法集中发展核心竞争力。

竞争优势的根源

NEC 和 GTE 两家公司的差别在于，前者把自己看成是一些能力的组合，而后者则把自己视为一些业务的组合。这类情形在很多行业屡见不鲜。从 1980 年到 1988 年，日本的佳能公司 Canon 增长了 264％，本田公司 Honda 增长了 200％。相比之下，美国的施乐 xerox 与克赖斯勒 Chrysler 则落了下风，如果说西方的经理们以前是为日本进口货的价廉质高而忧心忡忡，那么他们现在恐怕要为对手在创造新市场、发明新产品和改进提升方面的惊人速度而慨叹。佳能公司推出了个人复印机，本田把业务从摩托车扩展到了四轮越野车，Sony 开发出了 8 毫米的照像机，雅玛哈 Yamaha 推出了数字钢琴，小松公司 Komatsu 研制了水下遥控推土机，而

卡西欧 Casio 的最新产品则是一种小屏幕彩色液晶电视机。谁曾预料得到会演化出这样一些前卫产品市场？

在短期内，一个公司的竞争优势源于现有产品的性价比特性。但是在第一轮全球竞争中存活下来的企业，无论是西方公司还是日本公司，现在都已趋向于采用相似的严格的产品成本和质量标准。达到这些标准实际上已经成为继续留在竞争队伍中的最低要求，这些对于形成差异化优势的重要性已越来越小。

从长期来看，竞争优势将取决于企业能否以比对手更低的成本和更快的速度构建核心竞争力，这些核心竞争力将为公司催生出意想不到的产品。管理层有能力把整个公司的技术和生产技能整合成核心竞争力，使各项业务能够及时把握不断变化的机遇，这才是优势的真正所在。

多元化公司就好比一棵大树，树干和几个主要枝干是核心产品，较纤细的树枝则是业务单元，叶、花与果实则属于最终产品。为大树提供养分和起支撑固定作用的根系就是公司的核心竞争力。如果你只通过看最终产品来评价竞争对手的实力，就会看走眼，好比你只看树叶来判断树的强壮程度一样。

核心竞争力是组织内的集体学习能力，尤其是如何协调各种生产技能并且把多种技术整合在一起的能力。Sony 的微型化能力和飞利浦 Philips 的光介质专长就是两种核心竞争力。虽然在理论上可以把收音机组装在一个芯片上，但这种理论知识并不能确保公司有能力生产出如名片般大小的微型收音机。为了把设想变为现实，卡西欧必须把公司在微型化、微处理器设计、材料科学和超薄精密封装等方面的技术专长融为一体，这些也正是它在微型名片式计算器、袖珍电视机以及数字手表中所采用的技术。

核心竞争力不仅仅是整合各种技术，同时它还意味着对工作进行组织和提供价值。
Sony 公司的核心竞争力之一是微型化。为了使产品实现微型化，Sony 必须保证技术专家、工程师和市场营销人员对客户需求达成共识，并了解技术上的可能性。核心竞争力的作用不仅在制造业中表现明显，在服务业中也是。花旗集团（Citicorp）率先投资了一套运营系统，这套系统使它能够全天 24 小时介入全世界的市场，由此带来的核心竞争力使花旗脱颖而出，把很多金融服务公司甩在身后。

核心竞争力是沟通，是参与，是对跨越组织界限协同工作的深度承诺。它涉及所有职能

部门和很多级别的员工的共同合作。

核心竞争力并不会随着使用的增多而减少。有形资产会随着时间的流逝而减损，但核心竞争力却会随着应用和共享的增多而增强。但是，核心竞争力也需要培养和保护，因为知识不用就会消亡。核心竞争力是把现有业务维系在一起的黏合剂，也是新业务开发的动力。

至少有三种检验方法可以用来确定公司的核心竞争力：

(1)、核心竞争力能够为公司进入多个市场提供方便。举例来说，显示器系统方面的核心竞争力能够使一家公司涉足电脑、电视、手提电脑显示屏幕以及汽车仪表盘等广泛的业务领域，这就是卡西欧公司进军掌上型电视市场不足为奇的原因。

(2)、核心竞争力应当对最终产品为客户所带来的可感知价值有重大贡献。本田公司的发动机专长满足了这个条件。

(3)、核心竞争力应当是竞争对手难以模仿的。如果核心竞争力是各项技术和生产技能的复杂的融合，那么这项能力就难以被竞争对手模仿。竞争对手或许能够获得核心竞争力中的几种技术，但是要复制其内部协调与学习的整体模式却非常困难。

能够催生出下一代有竞争力产品的基本技能，不能通过外包和 OEM 而获得。

很多公司舍弃「成本中心」，转向外部供货商以便削减内部投资的举动非常不明智，这样做实际上是把自己的核心竞争力拱手送给了别人。

以克赖斯勒为例，与本田不同，它把发动机和动力传动系统仅仅视为普通组件。这家公司变得日益依靠三菱 Mitsubishi 与现代 Hyundai。换了本田，必不会轻易把如此关键的汽车部件拱手让给他人去生产，更不用说设计工作了。这就是为什么本田对一级方程式赛车如此投入的原因。虽然本田的研发预算少于通用汽车 GM 以及丰田 Toyota，但是它能够把各种与发动机相关的技术整合到一起，并且将它们充分地转化为整个公司的核心竞争力，从而开发出世界上首屈一指的产品。虽然外包能迅速使公司获得竞争力强的产品，但是它对于打造有助于保持产品领先地位的内在技能却贡献甚微。

日本企业在联盟中学习

显然，日本公司已经从联盟中获益。它们通过联盟的方式从西方合作伙伴那里学到了很多，这些西方公司显然没有尽心尽力去保护自己的核心竞争力。正如我们以前曾经谈到过的，在联盟中学习需要公司积极地投入一系列资源，包括差旅、一群敬业的员工、试验性设备、消化和验证所学内容需要的时间。如果一家公司没有建设核心竞争力的明确目标，也许就不会做出这样的投入。

核心竞争力与货币一样，其效用的大小不仅取决于公司有多少存量，还取决于其流通速度。

在技能储备方面，西方企业通常都具有优势。但它们是否能够快速地重新配置这些技能以响应新的机遇呢？虽然日本的佳能，NEC 和本田在构成核心竞争力的技术和人才储备上逊于欧美企业，但是它们却能以更快的速度把资源在事业部之间调进调出。公司总部的研发支出不能完全反映佳能的核心竞争力储备规模。并且，如果不仔细观察，你也根本无从判断佳能调动核心竞争力以把握商机的速度有多快。一旦能力被禁锢，掌握着关键能力的员工就无法参加充满机遇的项目，而他们的技能也就逐渐退化和萎缩。

只有充分利用核心竞争力，像佳能这样的小型公司才能与施乐 Xero 这样的行业巨头相抗衡。令人奇怪的是，在制订公司预算时全力争夺资金的战略事业部经理，却不情愿争夺人才这种公司最宝贵的资产。我们看到公司的高层领导往往倾注大量的精力做资本预算，但是对于「分配人力资源」似乎漠不关心，殊不知后者才是核心竞争力的真正体现。企业高层中几乎没有人能够走下四五个职级，去发现具有关键能力的人才，并跨越组织界限调配他们。

在没有找出核心竞争力的情况下，创新会受到限制。

在没有找出核心竞争力的情况下，多角化公司的各战略事业部门只会追求手边的创新机会，比如，没有多少新意的产品线延伸或者地理上的扩张。而那些属于混合业务的机会，比如传真机、手提电脑、掌上型电视机和便携式键盘乐器等等就会被忽视，除非经理们摘掉他们的事业部眼罩。记住，当佳能准备进军复印机市场大展身手时，它给外界的印象是经营照相机业务的公司。

从核心竞争力的角度对企业进行思考，能够拓宽创新的领域。企业要有战略架构，整合整个组织的资源，指明需要培养哪些核心竞争力，以及这些核心竞争力是由哪些相关技术组成的。

战略架构可以激励组织不断从联盟关系中学习新的知识和技能，并且说明组织确定内部开发的重点，因此公司为获得未来市场领先地位所需的投资就可以大幅节省。NEC 的计算机与通讯战略架构就是一例。如果一家公司不清楚应当培育怎样的核心竞争力，或者不知道哪些核心竞争力应该严加保护以免被无意转移，它怎么可能明智地选择合作伙伴？

公司是围绕核心产品而最终是围绕核心竞争力来组织的。为了根系的足够强壮，公司必须回答一些最基本的问题：如果不能有效地控制这种核心竞争力，我们能够在多长时间内保持我们的竞争优势？这种核心竞争力对客户能够感知到的产品价值有什么重大意义？假如失去这种核心竞争力，我们将会在未来丧失哪些商机？

战略架构必须把资源分配的优先级清清楚楚地摆在整个组织的面前。

战略架构并不只是对某种具体产品或者具体技术的预测，而是一种更宏观的规划，它揭示了客户对功能的要求、潜在技术与核心竞争力这三者之间不断发展的关系。这种战略架构隐含的一个假设是，我们不可能对产品和系统的未来进行明确的界定，然而，要想在开发新市场方面先发制人，竞争者必须及早建设核心竞争力。

战略架构对公司及其市场都进行了定义，创建一个战略架构可迫使组织确定和发展跨事业部的技术联系和生产联系，而这些联系将为组织提供一种独特的竞争优势。正是由于资源分配的一致性和与之相应的管理体系的建立，战略架构才变得具有活力，并且能创造出良好的管理文化、团队合作精神、变革能力，形成资源共享、专有技能受保护和长远思考的氛围。这也就是为什么特定的战略架构不可能轻易被竞争对手模仿的原因。战略架构同样也是公司与客户、与其他外部利益相关者沟通的工具。它在揭示大方向的同时，指明了具体的行动步骤。

人员重新部署与新创团队之确立

如果公司的核心竞争力是其关键资源，并且最高管理层必须保证拥有核心竞争力的人才不被某个事业部门所把持，那么自然而然地可以得出这样的结论：战略事业部必须像争取资金预算一样争取核心竞争力。一旦最高管理层确认了最为重要的核心竞争力，它就必须要求事业部确认与这些能力密切相关的项目和人员。总部的管理者还应当指导相关部门对这些代表核心竞争力的人员做一次审核，确定他们的所在地、数量以及素质。核心竞争力是整个公司的资源，理应由公司总部管理层重新进行调配，任何员工都不为某一个事业部门所独自占有。要把某些人才留在战略事业部发挥作用，该部门的经理必须证明这样做能够使公司对员工技能的投资获得最大的回报。

佳能在光学技术上的核心竞争力分散在多个业务领域，包括照相机、复印机以及半导体光刻设备。当佳能发现数字激光打印机市场大有可为时，它授权该事业部的经理到其他事业部搜罗人才，以便建立业务所需的人才库。当佳能的复印产品部着手开发由微处理器控制的复印机时，它自然而然地向照相产品部门求助，因为后者曾经开发了世界上第一台由微处理器控制的照相机。

然而，如果公司的奖酬体系仅仅以产品线的业绩为依据，或者职业发展的道路仅仅局限在事业部内部，那么各事业部经理的行为模式就会朝着破坏性竞争的方向发展。在 NEC 公司，下一代的核心竞争力是由各个事业部门的经理共同确定的。他们共同决定开发未来的每项核心竞争力需要多少投资，以及每个部门需要贡献多少资金和提供多少人力支持。

核心竞争力是新业务开发的源泉，它们应当构成公司总部的战略重点。经理们必须在核心产品的制造方面赢得领先地位，同时通过旨在利用范畴经济的品牌建设计划获取全球份额。只有在企业被视为由核心竞争力、核心产品和专注于市场的业务单元这多个层面构成的组织时，它才适于战斗。

竞争优势的真正源泉是企业围绕其竞争力整合、巩固工艺技术和生产技能的能力，据此，小企业能够快速调整适应不断变化的商业环境。核心竞争力是具体的、固有的、整合的或应用型的知识、技能和态度的各种不同组合。就短期而言，公司产品的质量和性能决定了公司的竞争力，但长期而言，起决定作用的是造就和增强公司的核心竞争力 。

竞争力的形式极其多样，如由掌握某种重要技术专利而具有的技术方面的竞争力（例如杜邦），由出色的市场营销经验和高效的市场分销网络形成的市场营销方面的竞争力（例如 7—11），等等。对具体企业来说，不是每种竞争力都同样重要，企业竞争力中那些最基本的，能使整个企业保持长期稳定的竞争优势、获得稳定超额利润的竞争力，就是企业的核心竞争力。

核心能力可以是研发、生产、设计、营销、仓储、运输等专业能力，也可以是财务、法务、公关、管理等功能性能力，只要它独具特性或优于他人。

附录三：台湾汽车零件产业的核心竞争力

台湾的产业以中小企业为主体，在生产制造领域，主要以代工起家；所以在生产制造领域，多数企业都是以专精于某一领域之技术与制造为生存利基。

例如汽车产业之「中心—卫星」体系➜中心厂为各品牌「成车组装」厂，卫星厂为各汽车零件生产厂商。中心厂并不积极向下垂直整合，卫星厂商亦不积极向上垂直整合，进入障碍是一重要影响因素。汽车工业属于资本密集与技术密集产业，其供应链体系涵盖范围广且分工模式明显，一辆汽车依其等级与配备的不同，约由 8,000 至 15,000 种零件所组成，这些零组件涉及的专业领域极广，当中包含电子、钢铁、塑料及石化等许多产业领域之知识、技术。

台湾的汽车零件制造可分为二大主轴，一为 OEM（Original Equipment Manufacture）以原厂委托制造的供应链体系，另一为 AM（After Market）以售后维修服务为主要市场的零件体系。从事 OEM 的业者大多以台湾内需市场为主，受台湾汽车市场景气的影响较大，且与中心汽车厂有密切的合作关系。然而有不少业者的开发与制程能力逐渐提升，并承袭原厂委托的设计水平，转型为 ODM （Original Design Manufacture）具有设计兼制造的供应链体系。

从事 AM 的业者则多以外销导向为主，汽车零件制造业的整体营收呈现逐年稳定成长的情况，汽车零件外销金额也持续扩大。（备注：从现有资源的整合有效利用，再扩大发挥资源之效能）

台湾的汽车零件产业以「中心—卫星」体系，在产业链之各价值链以各自产品为中心，成就不少领导厂商，例如：

→东阳实业为汽车保险杆大厂，主攻 AM 市场，在全球 AM 塑料件占有率达 70%，几乎为独占地位。钣金件 30%，也是全球 AM 钣金件最大供货商。2013 年东阳实业集团营收比重 AM 产品约占 69%，OEM 约占 31%。

→和大为传动系统零组件制造商，主攻 OEM 为主。

→堤维西、帝宝为 AM 车灯大厂。

专精策略与微笑曲线

微笑曲线（Smile Curve）是 1992 年时，当时的宏碁计算机董事长施振荣在《再造宏碁：开创、成长与挑战》一书中所提出的企业竞争战略。

微笑曲线分成左、中、右三段，左段为技术、专利，中段为组装、制造，右段为品牌、服务，而曲线代表的是获利。微笑曲线在中段位置为获利低位，而在左右两段位置则为获利高位，如此整个曲线看起来像是个微笑符号。微笑曲线的含意即是：要增加企业的盈利，绝不是持续在组装、制造位置，而是往左端或右端位置迈进。如下图略示：

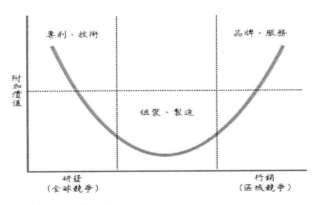

（来源：维基百科）

「微笑曲线」固然对产业之获利能力有高度解释力，从一般常情来看，确实「研发」、「创新」、「智慧财」或「品牌」、「营销」，带给厂商之价值或利润，远高于组装、制造。依媒体报导，苹果 i Phone 4G 手机的利润约有 55%，辛苦帮 i Phone 代工组装的鸿海，利润却只约 5%。此数据虽未必完全精准，却显示「微笑曲线」自有其说服力。

但以台湾之「晶圆代工」，却也说明「专业代工」未必只是依附品牌厂商求生存，仍有其可努力撑出一片天之机会与可行性。以下我们来观察「专精策略」各领导厂商之获利能力，我们以「**毛利率**」来观察。

之所以用「毛利率」，不用「净利率」，因为「净利率」会受到许多变项干扰。例如：业外损益、折旧年限高低⋯等等；所以用「毛利率」来观察如下表：

厂商	裕隆	中华	江申	耿鼎	大亿	东阳	和大	帝宝	堤维西
2011年	7.68%	10.96%	11.53%	9.82%	16.78%	22.38%	21.84%	26.87%	12.06%
2012	17.00%	13.27%	13.67%	8.57%	15.65%	21.94%	23.55%	27.13%	15.84%
2013	15.38%	14.50%	10.44%	11.79%	16.11%	23.03%	25.80%	28.66%	17.70%

（来源：聚财网）

➜分析其各厂商历年度「毛利率」，可看出获利能力未必符合「微笑曲线」。虽属中段组装、制造之产业价值链，除堤维西之外，东阳、和大及帝宝等厂商之毛利率能达 20％以上，远高于中心厂商裕隆及中华之毛利率。

➜这也验证麦克波特所称，集中化专注策略，焦点集中，获利也可能高于产业平均。

➜但我们也不可否认，若以单价来看，一辆车的单价绝对比一套车灯、或一副保险杆之单价来得高；从而中心车厂之毛利率虽然较低，其整体获利一般都会较第三方之获利来得高。（当然也有例外，2008—2009 年金融海啸期间，台湾除裕隆汽车之外，国瑞、中华、福特等中心车厂均亏损，但有些第三方仍然获利）。（备注：获利➜指金额数值；获利率➜指数值与数值间之比例）

各领导厂商集中化专精策略焦点主要有：

(1)、掌握核心关键技术与制造能力。

(2)、透过 OEM 提升核心关键技术与制造能力。

(3)、透过技术合作或联盟取得须强化之技术能力。

(4)、专注于各项内部体质改造工程。

(5)、降低成本。

(6)、提升良率。

(7)、贴近市场。

(8)、多地研发、多地生产的营运模式。

(9)、弹性化及快速响应客户。

⑽、吸引、培育与留住策略所需人才。

而支持各项策略之**人力资源措施**主要有：

➡为了吸引与留住员工，降低员工承担经营之风险，主要采高固定薪比例、较低之变动薪与奖酬。（此有别于台湾 IT 产业之较高变动薪比例）

➡基层作业人力起薪水平约以市场中位数为起薪水准。

➡集权式管理，绵密的规章与作业办法管控制程。

➡集团核心本业人才之养成，以内部养成为主；若内部无法满足，再由外部人才填补，以发挥资源互补。

➡为配合集团国际化管理需要，语言能力为人才召募重要衡量基准之一。

➡新进人员职前训练导入学长引导制度（或师徒制）。

➡为补充基层人力之招募不易，也引进外劳。

➡技能薪给制，对特殊技术人员及知能性工作族群有较同业水平为高之薪酬给付。

上述为东阳、和大、帝宝等厂商之主要人力资源措施，以下再以东阳实业做更具体说明。

从资源基础论看东阳实业

东阳实业简史

东阳实业成立于 1952 年吴篙先生创立怡昌塑料厂，此为东阳实业厂之前身。

1976 年开始生产汽车用塑料零件。

1984 年与日本三星轮带技术合作，引进 RIM 技术生产 PU 保险杆。

1987 年成立总经理室，推动经管制度，开办干训班，加强人才培训。

1988 年与日本 SHIGERU 技术合作，引进汽车仪表盘生产技术。

1989 年成立研究发展中心，致力于材料、制程及工法改善。

1990 年与日本住友、西川合资设立如阳公司专业生产汽车仪表板。

1991 年规划导入 CAD/CAM/CAE，全面提升模具开发制造能力。

1994 年启用气体辅助射出成型，为台湾业界首先引进。

1995 年整合东阳模具部门与设计部门功能，成立开铭模具公司，专营模具设计、制造与维修服务。

1996 年与日本住友、水菱签定技术合作契约，导入 SPM 压铸射出成型，提高仪表盘生产技术。并与日本 Nippon Bee 合资设立敦阳公司生产塑料涂料。

1998 年在意大利设立 TYGE 汽车零件专业生产工厂及销售据点。

2003 年与哈飞汽车集团合资设立哈尔滨哈飞东阳厂。设立电镀新厂，占地 700 坪。

2004 年设立仪表盘专业厂。

■与长安集团合资设立重庆大江东阳塑塑料有限公司。

■与大陆哈尔滨哈飞机电合资设立哈尔滨哈飞开亿钣金制品公司。

■与日本的 NIPPON BEE 在武汉合资设立武汉敦阳塑料化工公司。

2005 年设立南京开阳汽车塑料零部件有限公司。

■与日本立松、长濑公司、广州广电集团合资设立广州林仕豪模具有限公司。

2006 企业资源规划系统正式上线。

2007 与美国 IAC 集团之日本三星化成品株式会社合资设立武汉翔星汽车零部件有限公司。

2008 设立南京东阳交通器材零部件有限公司。

2009 设立冷却产品生产线 水箱，冷凝器。

2011 年导入钣金部品机械手自动生产线。与广州汽车集团合资设立长沙广汽东阳汽车零部件有限公司。设立一汽富维东阳佛山厂。11 月设立襄阳东阳专业电镀厂，于 2014 年 7 月量产。（以上为摘录，来源：东阳事业集团网站➜沿革）

2014 年经会计师核阅后财报，东阳实业全年累计营收新台币 211 亿 4165 万 8000 元，营业毛利 47 亿 2890 万 8000 元，毛利率 22.37%，营业净利 10 亿 8838 万 5000 元，营益率 5.15%，税前盈余 12 亿 9000 元

东阳并非一开始就专注于生产汽车用塑料零件，而是随着台湾经济发展，从脚踏车塑料零组件到机车零组件，再进入汽车塑料零组件。不变的是，坚持在塑料零件的核心专长，再延伸产品线之附加价值。在进入汽车塑料件后，以 OEM 汽车塑料件生产销售为中心，再以 OEM 正厂零件供货商之形象进入售后市场，逐步建构汽车材料零组件之各项专业能力➜例如：成型、电镀、涂装、模具设计制造等能力。并不断引进新工法、发展技术合作伙伴，再适时股票上市以取得资金迈向国际化，依产业价值链做垂直及水平整合分工。

东阳自称其发展原则为「**刺猬原则**」➜坚守自己最了解事业，根据自己能力决定发展方向。做到：

(1)、在本业领域范围能达到世界顶尖水平。

(2)、经济引擎（获利率）靠核心专长。

(3)、对本业充满热情（专注本业）。

从创业之初不到 70 坪土地以厂为家，到全球最大的汽车售后维修（AM）塑件厂

从创业之初时购买第 1 部机械，不到 70 坪土地以厂为家创业，现在的东阳，已是全球最大的汽车售后维修（AM）塑件厂，高达 70% 的市场占有率，东阳是如何做到的？

东阳如何整合其核心竞争力

(1)、掌握核心关键技术与制造能力：创业之初，即以「技术领先」为理念。

(2)、透过 OEM 提升核心关键技术与制造能力，再研升至 ODM。

(3)、透过技术合作或联盟取得须强化之技术能力（补足不足之能力）。

(4)、不断引进新技术、新设备、新知能：

例如：

➔引进最新塑料静电涂装设备（可以让保险杆光滑明亮如车身烤漆）。

➔导入 Moldex3D 计算机辅助分析，应用于产品设计与模具开发。

➔派外学习新技术、新知能（派员赴日本学习最新的产品设计技术）。

➔与客户共同协力开发新产品，从制造的角度提供经验，也获得最新第一手产品外观设计构念（例如德国福特、日本马自达）。

➔建构「逆向工程」研发实力、缩短研发时程。

(5)、不断转型提升，专注核心能力延伸产品线与扩大市场：

➔1990 年代以汽车保险杆为核心产品，当时的目标是全球碰撞保险杆 No.1；2000 年后，东阳集团转型为汽车碰撞零件领导厂商；但现在要再次转型，成为全球汽车内、外饰件领导大厂。

(6)、标竿学习：

➔东阳的榜样是 Tier 1 Supplier，例如日本电综（DENSO）集团、美国德尔福（Delphi Corporation）、德国博世（Robert Bosch）等这些百亿美元规模的世界级零组件大厂。这些第一阶供货商有高超的技术能力，甚至可以主动开发产品，供车厂采用。

(7)、专注核心、能舍能得砍掉非核心：例如早期从自行车塑料件与一些民生用塑料件，到机车塑料件，之后又从多角化调整为聚焦汽车零组件，都不断舍弃原先的产品线，以专注聚焦高附加价值之产品。当东阳决定从塑料加工领域转型为专注于车辆零组件时，也接到奈及利亚客户一笔开模制造一百万片塑料马桶盖订单，东阳考虑许久还是决定拒绝。因为接了这笔订单，就违背已设定的交通器材专业的目标，只好牺牲这笔生意，坚持专业深耕。

➔东阳集团副董事长吴永茂指出，台湾看来单项都很强，但整合起来就比不过人家，或许台湾产业转型还找不到核心产业。他说，东阳有套减法经营策略，简单来说，就是适时检讨哪些是集团的核心事业？哪些是非核心？将资源及重心全放在核心事业上，这样力量才不会分散，抵抗景气波动的能力也较强。

➔垂直整合制造：从造型设计到模具开发一手包办的高度垂直整合能力。

(8)、专注于各项体质改造工程。

➔降低成本。

➔提升良率。

➔导入自动化工程与一贯化的流程。

从入料到射出成型、涂装到包装上架一贯化的流程，不仅简化作业程序、节省搬运的作

业时间、降低不良率，也大大提升产能。

→弹性化及快速响应客户。

→全球运筹管理。

(9)、贴近市场。

→建构海外多个据点、并与在地车厂合资或联盟。

→多地研发、多地生产的营运模式。

→相较 OEM 厂商布点不多、走代理模式，东阳认为，AM 产品假如也走代理模式，零件送达维修厂的时间就很长，就没有竞争力。于是东阳在北美市场走多元通路策略，不仅自己布点，进口商、代理商都卖货，终能快速打开市场、冲出规模，以量来降低模具开发成本。

→瞄准意大利，放眼后面的大欧洲市场。由于意大利汽车零组件厂商的生产制造扎根深，外来品很难打进市场，这场大战打了八年，最终决胜的关键便在于「就地设厂，就地供应」（1998 年）。吴永祥主张直接推进意大利设厂，并挑选人工耗用少，运费成本高的保险杆着手，让东阳站在与对手同样的基础下竞争，却能在效率、价格略胜一筹。历经八年，东阳终于打败最大竞争对手 UniCar，并在欧洲售后维修市场站稳一席之地，就此摘下全球汽车碰撞零组件的第一大。

合作代替对抗、以及让利哲学

早期东阳对通路严格要求只能销售集团关系企业产品，但后来东阳决定开放通路销售对手产品，这种由合作取代对抗的策略转折，吴永茂说，就像便利商店经营一样，就算产品再好、通路比对手多，但假如销售通路只卖自家产品，想购买其它产品的消费者就不会上门。不如开放通路，让对手产品进来，此举不仅可增加客源，还可让自家产品在没有通路保护，与竞争对手正面对垒，才能不断强化竞争力，更能体会质量与成本控管的重要。

以「让利」哲学，换取合资车厂稳定采购订单，再靠着不断投入创新，确保技术领先优势，创造东阳对合资伙伴的「黏着度」，成就今日在大陆拥有 17 座生产厂、2013 年总营收超过新台币 140 亿元的旗舰事业体。

东阳实业副董事长吴永茂说，企业要在短时间做大、做强不难，持续维持企业活力、并且永续经营才最困难、也是东阳希望努力的方向，东阳必须维持最佳的竞争力，才能朝向百年企业前进。东阳不企求在短时间内，快速扩张公司规模，而是希望东阳能维持长久稳定成长。为了达到这个期望，经营者必须随时调整规划、做长期发展的准备，这也是经营者思考的重点。

东阳的用人哲学与人力资源发展

用人唯才

吴永茂表示，就是「用人唯才」，东阳现在才能「开这么多家公司」。但早期当他整顿公司内部人事、辞退家族成员时，不但家族成员反弹，连已故的老父吴篙都骂他太苛了。在禁止家族干政的同时，东阳也开业界先河，在被视为黑手的产业中，起用大学生跑业务，十多年前更领先同业在生产在线雇用硕士。

东阳很早就成立项目小组，专门物色高学历人才，成效不错。在高科技产业抢人风潮中，项目小组聘用的高学历人才，最后有六成留在公司发展。这就是吴永茂向家族干政说不的成果。

从细微处，累积培养主管与干部的实力

➡例如公文签呈，主管一定要签附自己的意见、对策，并说明原因，以培养独当一面的决策能力，并从中观察、拔擢可用之才。

➡东阳实业总裁吴永祥指出，关于寻求企业永续经营，除了产业、产品外，制度与人都非常重要，必须建立一个正确的模式，未来即使经营者更替，也能维持足够的竞争能力，继续成长。现在要做的重点之一，就是培育与充实人才库。

➡东阳的企业品牌 OTN，在颜色上，红、蓝、白三色所代表的意义，O 就是 Open—开放、T 就是 Team—团队、N 就是 Nature—朴实，也就是在热心、诚实、创意的集团环境下，有一个开放、朴实的团队。

➡吸引、培育与留住策略所需人才。

东阳实业人力资源措施

● 例如东阳实业针对产品设计、研发及信息等重点职务人员，以领先同业标准的核薪水准叙薪（例如台大、成大、清大、交大、中山、政大等研究所同学，从事上述职务者，起薪为四万元），其余职务与学历之起薪亦以优于同业水平起薪。

● 为激励员工提升经营绩效，并分享经营成果，提拨税前净利的 10% 做为奖金（年终奖金＋每季绩效奖金）。

- 透过「资格职升迁体系」，员工依年资及能力升迁以维持士气。
- 主管职与专员职的双轨派任制度，适时储备人才，并提供一个可以发挥能力的职务之环境制度。
- 选才增加「职能测验」以客观评价人才之能力与性向。
- 配合集团国际化需求，设计合适的人才养成训练；并建构以「知识管理」为核心的人才培育体系。
- 基层人力先以派遣人员 3 个月试用，再视表现考虑是否转正职。
- 弹性工时运用（日薪制部分工时人员、月薪制；日薪制可报加班，月薪制主为责任制）
- 由「狩猎」人才改为「圈牧」人才，透过重点学校暑假来厂实习掌握人才。东阳更与大学院校合作实施职训局主导之「双轨训练旗舰计划」，结合职业训练与技职教育，培训大学院校在学生（一周工作三天）。目的在培育与观察优秀人才，透过良性互动，以网罗未来所需人才。
- 主管职务以「派任制度」，让集团成员依能力在适当职位发挥，不受年资深浅之限制。
- 人员绩效区分为 A、B、C 三类：

→ **A 类 5%**：薪资政策以领先同业水平为原则，提供完善的升迁、派任与工作轮调以历练人才。

→ **C 类 5%**：淘汰机制。

→ **B 类 90%**。

- 用才机制核心思维：

(1)、集团薪酬政策必须维持市场一定水平，让人才安心于工作，薪酬水平维持人才地缘目标市场平均水平以上，并为本业内最高水平。

(2)、必须建立一套利润共享机制模式，让集团成员乐于贡献心力，并享受努力成果。

(3)、集团必须不断创造发展愿景与潜力，容纳更多的人才，并结合个人前程与集团发展一致性，实现发挥个人理想。

(4)、表现优异人员，可有别于一般升迁制度，提供一个可发挥能力之制度环境；表现不佳人员，则有制定退场机制。每年检讨针对「不适任人员」，并以 60 项目制度优退处理。

(5)、集团福利政策必须以员工实质需求为依归，用最少资源发挥最大效益调整配合策略作法：

→ 每年以薪资调查，了解国内薪酬水平及业内水平，作集团新进召募「核薪政策」与集团「调薪政策」。

→ 运用集团国际化发展，提供人才更大、更多的舞台，充分展现自己能力与发挥的空间。

→ 规划扩充福利项目，满足集团成员附加需求与认同感。（来源：TYG 核心竞争力建置与管理—人力资源；杨明河）

东阳实业总裁吴永祥指出，企业负责人最怕短视近利、不做长期规划。像汽车零组件这个产业，如果减缓投资、放慢开发新产品模具的进度，短期的获利就会好起来，但也因为没有持续进步，又会被别人赶上来，影响到后面的竞争力。因此经营者必须要忍耐短期的痛苦，求取投资与获利的平衡才行。有时因为追求获利好看，不愿意投资新事业，很可能就会错失大好的时机，等到事后要弥补时，可能已经来不及了。

10 多年前，东阳的 AM 事业获利相当好，但 OEM 因为台湾规模有限，空间很小。我们决定到大陆投资、扩展 OEM 市场。因为当时只有大陆的 OEM 市场还有机会，虽然那时大举到大陆投资影响到短期的获利，但事后证明，这是正确的选择。

东阳实业不断整合有形与无形资源，除有效利用本身资源，强化管理效率，提升技术与研发设计能力；并不断引进外部资源（技术指导与技术合作），从而储存并累积其他公司所无法学习之独特能力，形成持久性竞争优势；再逐步拓展据点、贴近市场与客户。

以上汽车零组件厂商之案例，均为「中小企业」起家，成立之初，在世界舞台上可说是沧海一粟，均不具备进入世界舞台之资源与规模。但依着「**集中专精**」策略、或说「**资源的有效整合发挥**」，例如➜不断提升核心关键技术与制造能力、专注于各项内部体质改造工程、并不断引进外部资源（技术指导与技术合作），降低成本、提升良率；强调学习与人才培育发展。终能逐步逐步地走向世界舞台。

台湾汽车零组件厂商优势

1、台湾外销售后市场（AM）车灯产值，世界 No.1（占全球 AM 总数的 60-70%），其中欧洲与北美市场占 70—80%。

2、台湾外销售后市场（AM）碰撞零组件（Collide parts）（保险杆、钣金件（Auto metal plate）、后视镜（Back mirror 橡胶/塑料件），市占率世界 No.1（碰撞橡胶/塑料件 85%，保险杆 90%以上）。

3、台湾模具（Mould）数量、制造技术与质量位居世界 No.1。

4、台湾 ICT（Information Communication Technology）与电子零组件产业链，从代工生产供应、IC 设计，世界 No.1。

5、台湾具备完整汽车零组件产业供应链（Supply chain），台湾汽车零组件厂商以中小企业为主，形成上中下游绵密供应网络。

6、台湾在整车汽车零组件中卫体系，世界 No.1，供应种类繁多，零组件厂商都有提供整车厂零组件实绩。

7、全球主要车厂放眼中国或金砖 5 国市场，零组件采购移至亚洲与中国，台湾与中国同

文同种，且占地利之便，拥有接单优势。（来源：汽车零组件产业，台湾汽车零组件厂商优势；2013，DIGITIMES 网站）

三、从核心竞争力到核心职能

核心竞争力的具体基本内容：

(1)、公司员工的知识和技能。

(2)、公司的技术开发和创新能力。

(3)、公司的管理和生产经营能力。

(4)、公司创造品牌和运用品牌的能力。

(5)、公司独特的文化和价值观。

自 1990 年代开始，P•Senge 与 Hammer & Champy 相继提出学习型组织（Learning Organization）与流程再造（Reengineering）等概念后，过去组织竞争优势来源诉诸于外部的理论受到某种程度的挑战，无论是学术界或是实务界，均重新思考由企业内部获得竞争优势之可行性。因此，当企业检视内部优势如何强化竞争力时，更注意如何发掘组织的核心能力与发展个人的能力，以追求更卓越的表现。

由于职能能够为组织与个人间建立了链接，进而增加组织能耐、达成组织的目标，可说是组织适应快速变迁的外在环境、创造组织竞争优势的关键。

核心职能

「核心竞争力」（Core Competency）是指可以让公司产生创新的产品与延伸市场占有率、能够为公司的客户创造利益，能创造持久竞争优势的一种能力。

核心职能（Core Competency）指为确保组织成功，所需的技术与才能的关键成功部份，可定义为：一组特殊的能力或技术，能使公司为客户创造利益，可以使公司产生创新的产品或服务与延伸市场占有率，创造竞争优势，同时也可塑造出企业文化及价值观。特别在企业转型时，能培育学习的环境，影响工作行为及流程，甚至调整经营策略，影响企业迈向成功之途。

Philips 的核心职能

- Demands top performance—要求最佳表现。
- Determined to achieve excellent results--表现达成杰出成就之决心。
- Develops self and others--自我发展与培育部属。

- Finds better ways--寻找更好的方法。

- Focuses on the market--集中关注市场。

- Inspires commitment--重视承诺。

IBM 的领导职能

成就客户

(1)、Embracing Challenge 拥抱挑战。

(2)、Collaborative Influence 合作影响。

(3)、Building Client Partnership 建立顾客伙伴关系。

创新为要

(1)、Thinking Horizontally 水平思考。

(2)、Informed Judgment 富于判断。

(3)、Strategic Risk Taking 策略风险考虑。

诚信负责

(1)、Earning Trust 赢得信赖。

(2)、Enabling Growth & Performance 成长与表现。

(3)、Developing IBM People & Communication 员工发展与沟通。

企业经营的核心要素与核心职能

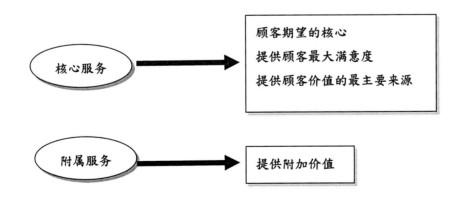

例如：

饭店的核心服务 ➔提供旅客一个可以舒适休息的地方，吃与住以及安全。

附属服务 ➔「休息」➔「休息」的来客率，不会增加饭店的知名度与形象。

所以饭店业的策略性工作族群为第一线服务工作人员，第一线服务工作人员，每个人都有机会传递、型塑公司形象，以及影响顾客的观感。

快递业 ➡ 使命必达

> 知识➡行车路线知识、交通状况知识、交通安全知识。
>
> 技能➡营业驾照、路线安排技能、判断最佳路线的技能、掌握时间的技能。
>
> 态度➡安全第一的心态＋使命必达的心态。

所以快递业的策略性工作族群为第一线送货人员（司机），第一线服务工作人员，每个人都有机会传递、型塑公司形象，以及影响顾客的观感。

职训局、高雄餐旅大学及财团法人中国生产力中心合力所编定的「餐旅业职能系统」，所列出的大型饭店（房间数 300 间以上）的核心职能有：人际关系、主动积极、同理心、抗压性、情绪掌控、敏感度、细心谨慎、责任心、视顾客如亲、勤勉热忱、团队合作等多项。

2010 年一项以台湾桂田酒店（Queena Plaza Hotel）（台南）的研究，建构该酒店之核心职能量表。Queena Plaza Hotel（台南）为台湾南部邻近南部科学园区之首座五星级国际观光酒店，融合宴会、会议与休闲等多功能住宿休息、商务设施，典雅舒适的客房、世界各国珍馔、致力提供高质感的生活品味，让消费者享有最「家」的服务质量。

该酒店界定以下四项为其核心职能：

1、顾客导向。

2、团队合作。

3、学习能力。

4、执行力。

此四项核心职能再发展各自三项行为量表：

顾客导向：

A　能随时保持微笑，以亲切礼貌的言语和态度为顾客服务。

B　能站在顾客立场考虑，提供超出顾客期待的服务。

C　能留意顾客的言行举止，给予适当的协助与服务。

团队合作：

A　当同事遇到困难或工作负荷过重时，能适时给予帮忙。

B　能够与同事相互合作，共同携手执行任务，并能共享成果。

C　能了解各部门之作业状况，并给予必要的配合与协助。

学习能力：

A　能够持续学习新的技术、操作系统或专业知识。

B 学习上遇到挫折，能克服学习障碍，努力提升自我能力。

C 能够将新学习的知识技能，应用在工作之中，以改善工作质量或提升工作效能。

执行力：

A 能依照公司的 SOP 标准作业流程，确实的执行工作。

B 能依既定计划期程执行工作，并确保进行的质量。

C 对于主管交付的任务，能主动、适时的回复工作情况与进度。

在此核心职能基础上再建构第一线服务人员之专业职能。

第一线服务人员➔客务组专业职能量表

危机处理：

A 在危机发生之前，能做好预防措施，将损害降到最低。

B 遇到危机时，能在第一时间安抚顾客的情绪，实时应变妥善处理。

C 能够对应顾客的问题特殊性，提供符合需求的改善措施，以满足顾客。

服务礼仪：

A 能随时注意自己的仪态，展现高度的专业性。

B 与顾客交谈时能友善地正视对方，尊重并适当响应顾客的谈话内容。

C 能流畅地按照标准作业流程操作，提供顾客舒适有礼的服务。

话术能力：

A 能注意自己的用语，与顾客对谈能让客户感到亲切。

B 交谈时能注意自己的语气，不带入个人的情绪，以维持关系合谐。

C 能加强话术训练，并在人际互动的过程中，进退得宜。

语言能力：

A 具备外语能力，面对顾客能有效表达与沟通。

B 了解各国语言文化差异或特殊注意事项，并能适当使用惯用语。

C 能正确了解顾客的语文表达，并对应需求提供适当服务。

流程改善：

A 工作遇到特殊状况时，能做好纪录并与同事分享，寻求解决办法。

B 能对应客诉内容，有系统地检讨，并提出有效的改善方案。

C　　能在服务流程中加入创意，使顾客感到服务加值。

第一线服务人员➡房务组专业职能量表

客房整理：

A　　能快速、正确地清理房间，达到公司要求的整洁标准。

B　　能彻底进行除菌，有效去除异味，以维护下一位顾客的住宿质量。

C　　能够主动学习、记取与遵循房务清洁的注意事项，避免造成顾客不便。

公共区域维护：

A　　能注意与保持公共区域的环境清洁，以维护公司形象。

B　　能注意与维护公共区域的设施使用情形，以照顾每位顾客的权益。

C　　能做好公共区域内的安全防护，有效保护旅客的安全，提升顾客的信赖度。

顾客习性记录：

A　　能熟记并依入住房客的偏好适当调整房间摆设及服务，以满足顾客的需求。

B　　能细心察觉房客特殊习性，在清理房间后，正确恢复顾客原本使用的状态。

C　　能够有系统纪录顾客习性并将数据完整建文件，以提供公司管理运用。

清洁知识应用能力：

A　　熟知各项清洁剂及清洁器具的特性与功能，并能遵循相关的安全注意事项。

B　　能正确、有效率地使用各项房务清理器具，以提高客房管理成效。

C　　能了解房间内的空调、家电及备品的使用与清洁维护方法，以降低财物耗损。

巡检能力：

A　　执行客房整理时，能妥善收存与处理房客的遗留物品，以免造成顾客损失。

B　　能正确巡视、检修、回报与记录空调、灯源、电器用品、设备等损耗情形，以维护客房的软硬件质量。

C　　能正确清点客房物品及消耗品数量，迅速补充，以免造成顾客不便或损耗。

第一线服务人员➡餐饮部专业职能量表

流程改善：

A　　在工作流程出现问题时，能寻求与整合资源，并能妥善解决。

B　　能运用餐饮流程的专业知识与经验寻找工作上缺口，提出改善建议，以增加工作效率。

C　　能在餐饮服务流程中加入创意，以提升服务质量。

语言能力：

A　　能妥善运用中文接待顾客，并能有效沟通。

B　　能妥善运用英文接待顾客，并能有效沟通。

C　　能妥善运用英文以外的其它外语接待顾客，并能有效沟通。

国际礼仪：

A　　能具备用餐方面的礼仪知识，使顾客感受到专业的服务质量。

B　　能了解国际文化差异，提供符合顾客特性的专业服务。

C　　能有礼貌的执行迎宾、带位及送客的技巧，使顾客感受到专业的服务质量。

安全卫生：

A　　能贯彻个人安全卫生的规范，提供顾客安心的餐饮质量。

B　　顾客使用完毕，能立即妥善清扫，维持整洁的用餐环境。

C　　能了解餐具的保养、维持与摆设，提供顾客专业、安全与卫生的服务。

菜单设计：

A　　能了解与运用菜单的内容，以建议顾客选择适合的餐点。

B　　能对应顾客用餐过程的需求变动，正确与快速的帮助客人安排餐点。

C　　若顾客对于菜色不满，能以专业的说明，妥善处理抱怨并安抚顾客的情绪。

（来源：旅馆业职能量表之建立－以桂田酒店为例；黄培文、张懿范，2010，南台科技大学知识分享平台网站）

在服务业，核心职能的建构首在鉴别出顾客期望的服务，以提供顾客最大满意度，或超乎顾客期待的满意度。台大教授汤明哲指出策略要创造差异化，是 make a difference，而执行力能 make it happen，二者不可缺一。

➡则，谁来鉴别、传承与管理执行？

台大国际企业系教授汤明哲指出➡到处都是便利商店，只有 7—Eleven 一支独秀；满街的咖啡店，只有星巴克（Starbucks）常宾客满座。各家便利商店和咖啡店策略大致雷同，但绩效却大不相同，道理何在？关键在于执行力。

《执行力》一书作者指出企业三大流程➡「策略流程」、「营运流程」与「人员流程」。在

追求执行力的努力中，最重要的是能将人员流程、策略流程、营运流程进行整合与链接，亦即由策略流程设定出企业行进的方向，人员流程决定哪些人参与以及应备知识、技能与态度动机，营运流程则是为这些人指明执行的途径，并将长期目标切割成短期目标，予以付诸实现，而这也构成了执行力的核心。所以连锁服务业的卖场或门市店经理就成为「策略」传承与管理执行的核心关键族群。

一项以某上市直营连锁 KTV 店经理为对象的个案研究指出，店经理核心职能模式的建构可依循以下程序：

(1)、召集专家会议➜ 界定核心职能项目与行为定义。

(2)、进行行为事例访谈（BEI）➜ 调整核心职能项目与行为定义。

(3)、整合核心职能项目。

(4)、 AHP 职能问卷调查。

(5)、发展职能模式。

(6)、验证职能模式的有效性。

连锁服务业是一个劳力密集的行业，需要员工为消费者提出面对面的服务，而且当消费者到连锁服务业的门市或卖场消费时，已不只是单纯的使用空间设备、产品或购买物品，而是在享受一段服务的过程。因此连锁服务业门市从业人员的素质，即其是否拥有各项可以提升顾客满意的知识、技能、观念与态度意愿，将是企业决胜的关键。而属于营业现场的店经理，更是决定门市或卖场服务质量最重要的关键人物。店经理除了门市或卖场服务质量的提升与确保外，还要执行总公司政策、降低门市营业成本、培育门市营业人才，甚至还包括提升企业形象等职责。所以店经理是连锁服务业体系中之关键核心管理阶层。连锁服务业体系中店经理核心职能的建构，就成为企业的重要课题之一。

研究结果所建构的店经理核心职能分三大类十二细项：
人际管理能力：人际沟通、团队领导、培育指导、顾客导向。
工作管理能力：决策判断、追踪管制、计划组织、问题解决。
自我概念价值：自信心、诚信正直、情绪掌控、成就导向。
（来源：直营连锁服务业店经理核心职能模式发展之研究--以某上市直营连锁KTV为例，张甲贤，2004，政治大学经营管理研究所硕士论文）

四、核心职能与核心价值观

MBA 智库百科如此定义核心职能：**核心职能**是指最能反映一个人、事物、机构的基本内容和方向的那部分职能。例如可以让公司产生创新的产品与延伸市场占有率、能够为公司的客户创造利益，创造竞争优势，同时也可塑造出企业文化及价值观等，皆属核心职能范围。（来源：MBA 智库百科）

核心价值观则是指企业在经营过程中坚持不懈，努力使全体员工都必需信奉的信条。核心价值观是企业文化与哲学的重要组成部分，它是解决企业在发展中如何处理内外矛盾的一系列准则，如企业对市场、对客户、对员工等的看法或态度，可说是企业表明企业如何生存的主张。

企业的核心价值观是一个企业本质的和持久的一整套原则。它既不能被混淆于特定企业文化或经营实务，也不可以向企业的财务收益和短期目标妥协。价值观深深根植于企业内部。它们是没有时限地引领企业进行一切经营活动的指导性原则，在某种程度上，它的重要性甚至要超越企业的战略目标。（来源：MBA 智库百科）

几乎知名的标竿企业都有自己独特的企业核心价值，并对员工产生莫大影响，例如：
• SONY 的「不断开拓精神」。
• 王品集团的「诚实、群力、 创新 、满意」
• 沃尔玛百货（Wal-mart）的核心价值观是➜「服务顾客，永远给顾客最低的价格与最多的选择」，不想服务顾客或不支持服务顾客的人就不是「对」的人。
• 而迪斯尼（Disney） 的核心价值观则是以「创造力、梦想与想象力为千百万人制造快乐」，对迪斯尼来说，没有任何事比为顾客制造快乐来得重要。

台积电的核心价值
诚信正直
这是我们最基本也是最重要的理念。我们说真话；我们不夸张、不作秀；对客户我们不轻易承诺，一旦做出承诺，必定不计代价，全力以赴；对同业我们在合法范围内全力竞争，我们也尊重同业的知识产权；对供货商我们以客观、清廉、公正的态度进行挑选及合作。在公司内部，我们绝不容许贪污；不容许有派系；也不容许「公司政治」。我们用人的首要条件是品格与才能，绝不是「关系」。

承诺
台积公司坚守对客户、供货商、员工、股东及社会的承诺。所有这些权益关系人对台积公司的成功都相当重要，台积公司会尽力照顾所有权益关系人的权益。同样地，我们也希望所

有权益关系人能对台积公司信守其承诺。

创新

创新是我们的成长的泉源。我们追求的是全面，涵盖策略、营销、管理、技术、制造等各方面的创新。创新不仅仅是有新的想法，还需要执行力，做出改变，否则只是空想，没有益处。

客户信任

客户是我们的伙伴，因此我们优先考虑客户的需求。我们视客户的竞争力为台积公司的竞争力，而客户的成功也是台积公司的成功。我们努力与客户建立深远的伙伴关系，并成为客户信赖且赖以成功的长期重要伙伴。（来源：台积电公司网站）

吉姆·科林斯（Jim Collins）和杰利·波拉斯（Jerry I. Porras）在《基业长青》（Build to Last）一书中写道：「能长久享受成功的公司一定拥有能够不断地适应世界变化的核心价值观和经营实务」。

伟大的企业必须有很强的共同价值观，伟大的公司要想生存，必须拥有一个持久的观念。这种观念是属于整个公司；即使有远见的领导人与世长辞，这种所谓的伟大观念也会永存。这种观念并不是围绕着一个人或一个产品，而是围绕着一个决定了公司发展目标的思想体系建立起来的，科林斯和波拉斯认为有远见的公司之所以能取得成功，原因就在于不论发生什么变化，它们的核心观念毫不动摇。

科林斯和波拉斯认为，理念对现实的指导的确是重要的，正是有一种核心理念在指引和激励公司的员工，使企业能基业长青。

柯林斯如是形容：核心价值观不会改变，而企业的策略、目标、制度、流程、产品甚至文化，都可以因应环境的变动而改变，但企业不会因坚持核心价值而缺乏进步的动力。

企业一旦确认了其核心价值观，同时也会发挥影响力，去影响员工的行为符合价值观的准则，以及灌输员工价值观，进而塑造出执行文化。企业一旦确认了其核心价值观，也会根据核心价值观来选择及培养高阶经理人，并从核心价值观衍生出目标、策略、战术及据以进行组织设计。（来源：核心价值观，张宝诚，CPC 总经理专栏）

台湾康宁的核心价值观

在我们渊源浩瀚的历史中，康宁的坚定信念及前瞻性领导精神均系奠基于始终如一地坚守价值观。这些价值观明确指引我们如何处理员工及顾客关系，以及经营管理全球各公司。

品质

「全面质量」是康宁企业生命的指导原则。这个原则要求我们：不论是个人或团队，均需

了解、预测并超越我们顾客的要求与期望。「全面质量」要求对所有的制程、产品以及服务做不断的改进。我们的成功所凭借的正是，我们所有员工能从经验中学习并勇于求变。

诚信正直

「**诚信正直**」是康宁声誉的基础。经由超过一个世纪以来坚持诚实正直之正派经营，我们已赢得了全世界人士的尊敬与信任。这样的行为准则必须持续成为康宁公司所有对内与对外关系的特质。

绩效

优厚的长期投资报酬是我们所要追求的一项营运目标。为达成此一目标，我们必须妥善分配资源，以确保利润的成长，保持今日与明日之间的平衡，确实履行承诺，并按绩效论功行赏。

领导

康宁在市场上是个领导者而非跟随者。我们的历史与文化驱使我们在市场上、多样化的制程技术上、管理实务上、以及财务绩效上，都要追求成为一个领导者的角色。我们所制造的产品与所提供的服务，绝非仅是泛泛一般，必须是确有其价值的。

创新

康宁因为在科技技术上不断创新的传统，而造就其屹立不摇之世界领导地位。在其过去的历史中已在科学与科技领域，造就重大的贡献，而也就是藉由此种创新精神促使我们开发出许多新产品与新市场，组成新事业，以及鼓励员工开拓参与新领域。我们应该继续把握在改变中所蕴含的机会，相信以我们的无限潜能，能开擘未来与造福民址。

独立自主

康宁珍惜— 且一直提倡 — 公司的自由度。公司的独立自主是我们的历史奠基 。它可以促进创新与自动自发的精神，造就公司的傲人成绩，并且也将在未来，继续为公司注入创造力及活力。

个人

我们深知成功的最终关键，取决于所有员工对其工作的承诺与贡献。康宁相信每个独立个体的基本尊严。我们公司由各种不同的国籍、种族、性别所组成，容纳不同的意见，而这种多元性亦将继续成为我们成长优势的起源。我们重视每个独立个体的独特能力及贡献，同时也会让每位员工都有机会可以完全参与、成长以发挥他们最大的潜能。(来源：台湾康宁公司网站)

核心价值顾名可以说是企业文化的核心组成部分，透过核心价值观，内化为员工的思维和灵魂，外化为员工的行为和习惯，具体化则成为公司的规范和制度，从而形成了企业的核心竞争力，让企业得以成功并持续发展。

附录四：IBM 的创立、转型与核心价值

IBM 的前身是 CTR 集团（Computing Tabulating Recording Corporation），于 1911 年合并三家公司而成，设立于纽约，从事打孔卡、商用量器和钟表制造业务。CTR 于 1914 年聘请老华生（Thomas Watson Sr.）担任企业集团总经理，倚重他的领导才能来管理整并后的企业。1924 年，CTR 集团扩张了 25 倍，员工成长至 1200 名。此时企业已有了更高的愿景，也正式更名为国际商业机器公司（International Business Machines）。

老华生是位相当注重企业文化与业务创新的领导者。强调员工必须接受完整与严格的培训，以因应业务上的挑战，并大力投资在产品研发与业务创新上，建立了适应时代不断变化的变革能力，此项传承也反应了当今 IBM 员工的专业与不断变革的动力。

小华生（Thomas Watson, Jr.）于 1956 年接下其父重担。此时 IBM 虽已略具规模，但仅是众多生产和销售计算机的企业之一。但小华生看出了集成电路在技术上的重大意义，对新一代计算机研发下了 50 亿美元的豪赌，此投资比曼哈顿原子弹计划还高出 30 亿美元。1964 年 IBM S/360 主机问世，取名 360 意味着计算机从小型到大型机种实现了完全的兼容，不再因扩充容量更换机种而需重写应用程序。此一创新正切合当年企业的需要，S/360 带来了巨大成功，订单很快就超过了预期的数量，IBM 也成为计算机业的龙头。

成长后的僵化

然而在重大成功后，企业不免会落入僵化与保守的情境中，先后错失数次发展的机会，中间虽然建立并开创出个人 PC 时代，为企业带来了短暂的辉煌，但也因这个缺乏深谋远虑的爆发，反倒是培养出微软、英特尔、康柏、戴尔等在 IT 行业呼风唤雨的重量级对手，把自己逼入绝境。在 1991—1993 年间，累计亏损达 162 亿美元，公司陷入破产边缘。

为力挽狂澜，1993 年 IBM 董事会聘请与计算机运营毫无渊源的 Louis V. Gerstner, Jr. 接任 IBM 董事长。Louis 检视 IBM 的核心价值，致力改变企业文化，从过去「以产品为中心」转变到「以客户为中心」，让 IBM 重新回到创业初期勇于变化的变革之路，完成了从硬件向软件和服务的转型。而「大象跳舞」至今仍是业界的传奇，创新因子也就更深化的成为 IBM 企业发展的 DNA。随后包括电子商务（e-Commerce）、随需应变（On-Demand）、全球整合企业（Global Integrated Enterprise）与智能的地球（Smart Planet），这些不断更新并与时俱进的策略目标，引领 IBM 不断地改变自己去适应环境的变化，进而成为全球企业转型与科技创新的领先者。

没有做过同样的事情—创新、转型

究竟 IBM 能历经百年的成功关键是甚么，多位管理专家说「是在过去的 100 年中就没有做过同样的事情」。的确，回顾 IBM 的发展史，就是一连串的创新与转型。从最初生产打孔卡制表机，钟表与磅秤开始，转型到电动打字机与事务机器，再到大型计算机到与个人计算机，近年则转为软件与信息服务。历次的转型皆能成功，其关键是 IBM 对于转型自己有发展出一套成熟的理论、流程与组织来支撑着，这包括可衡量的转型目标、人才的储备与技术支持。这种调动全公司持续变革转型的能力，其实已经成为 IBM 最核心的竞争能力。

在转型同时，秉持不断探索精神，创造出包括计算机内存、磁带储存系统、硬式磁盘驱动器与信用卡磁条等一系列具有重大意义的信息科技创新。而对社会各个重大发展阶段，从条形码扫描技术，美国社会保险制度，计算机航空订位系统，阿波罗登月计划到哥伦比亚航天飞机，都可以看到 IBM 的身影。这个创新精神推动良好的企业文化，也激发企业成员的积极性。时到今日，IBM 仍连续 18 年保持美国专利数世界第一的头衔。

透过创新精神与持续变革，让 IBM 能不断的根据外部市场的改变，调整自身的业务重心与策略，以应对变化的世界。而不断前进的需要也成为 IBM 基本商业模式，让 IBM 能为客户创造和提供创新的解决方案。

做完全相同的事情—核心价值

对百年的成功关键另一个截然不同的观点是，「在过去的一个世纪中一直在做完全相同的事情」。这是代表 IBM 自己的看法，引用小华生所说「我坚信，任何企业，为了生存并取得成功，必须有一套健全的核心价值，并将其作为它所有政策和行动的前提」。IBM 相信企业成功的最重要因素是忠实遵守这些核心价值。换言之，面对不断变化的世界和随之而来的挑战，就必须时时刻刻准备着，持续的改变自己的一切，但除了这核心价值之外。

核心价值顾名思义也就是企业文化的核心组成部分，透过核心价值观，内化为员工的思维和灵魂，外化为员工的行为和习惯，具体化则成为公司的规范和制度，从而形成了企业的核心竞争力，让企业得以成功并持续发展。

老华生在 IBM 公司创立初期，以三个简单的准则即把 IBM 的员工凝聚在了一起。在 20 世纪初期，「**尊重个人、竭诚服务、追求卓越**」成为 IBM 的基本信仰，任何一个行动及政策都直接受到这三条所谓「华生准则」的影响，让主管或员工都勤于力行，深知不管是公司的成功，或是个人的成功，都取决于对此准则的遵循，而这也让全体员工对此华生准则产生信心。

由于当年 IBM 主要是依靠大型主机的领先技术以及服务人员的专业技能来赢得客户。那

时还没有通用型电脑与软件，每台电脑的应用软件都是单独编写的，而他们的服务人员也是相对长期和固定的。在这样的市场状况下，具有专业技能和应用经验的员工无疑是公司最宝贵的资产。要在市场上具有竞争力就必须保持大量优秀人员的稳定。「尊重个人」得到了充分而且完美的演绎，并在此基础上，让每个员工的才华尽力发挥，达成了「竭诚服务」与「追求卓越」。事实也证明了一个正确有效的企业核心价值观的作用是巨大的，在华生准则激励下，将 IBM 推向世界计算机技术发展的领航企业。

适时而变的核心价值

但到了 21 世纪，市场改变了，客户除了要看得见摸得着的 IT 产品，更关心的是 IBM 能够帮助客户带来什么样的价值，这种价值可能是企业业务模式的顺利转型，可能是研发单位更有效地利用资源，可能是帮助公司降低内耗提高管理绩效等等。这无疑比以前仅出售 IT 产品都复杂许多。面对不同的市场环境和业务模式，仅仅依靠产品技术和人员的资深已经不能赢得客户，过去产品导向的企业核心价值观也到了必须适时而变的时候。

2003 年 IBM 在全球展开了 72 小时的大讨论，32 万名员工一起上网共同探讨什么是 IBM 的核心价值，怎样才能让公司运作得更好。讨论的结果，员工们一致认为「**成就客户**」、「**创新为要**」和「**诚信负责**」是对 IBM 现在和未来最为重要的三个准则，于是这三个新准则成为 IBM 的新核心价值观。由于这是几十万名员工辛勤讨论的结果，代表了全球 IBM 人的共识，大家自然而然就把这个核心价值观装在心里，而沿着这核心价值观指导前进的 IBM，对员工来说也就具有非同一般的凝聚力和向心力。

IBM 希望通过努力，不仅是 IBM 自己获得成功，更重要的是帮助客户取得成功。希望成为一个全员创新的公司，也成为客户首选的创新伙伴。最后，诚信负责则是 IBM 无论在那个国家或地区，都能成为当地国家资产的一部分，成为政府和客户最值得信任伙伴的关键。

「**创新**」是企业发展的生命之源，「**转型**」是公司长久适应不断变化的社会经济需求的关键，而「**核心价值**」则是一个组织成功永保活力的秘密。这三大要素建立可以适应变化，并在变化中提升竞争优势的机制，并成就了 IBM 公司百年的基业。这样的软实力其实也是台湾企业的专长，不论是借镜或是咨询，我们都很乐于一起分享此企业长青的奥秘。忠实的扮演着产业推手的角色，推动企业前进。（来源：IBM 的创立与转型，IBM 金融事业群总经理袁以拓，总经理月讯，2011 年 6 月号）

「服务 — 是无止尽的奉献」、

「唯有员工感到满意，才能提供让客人满意的服务」。

近几年来「感动服务」与「服务营销」成为热门课题，面对高度同质化的同业竞争，要能在市场或客户间脱颖而出，企业必须寻找创新的生存模式。如何提升服务质量，寻求差异化，用心服务取代销售技巧，「感动服务」也成为服务业的新显学。

一、服务要成功，要有发自内心为人服务的热情

前亚都丽致服务管理学苑总经理严心镛提到，服务往往是企业最先提起，但最后才会被实现的。顾客要的无非是希望能了解他们「在乎的事情」，只要能投其所好、与顾客同声同调，就能触发顾客感动的花火，促成进一步的交易。一般常说开发一位新客户的成本比维护一位旧客户高出 6 倍之多，但企业永远花最多的预算在训练员工开发客户、推销促销、解说产品的技巧；却微乎其微投入在如何留住顾客。所以企业的核心价值为何？如何创造可以让顾客印象深刻的感动服务？这些都是企业在面临竞争时，应该深思的问题。

严心镛亦与大家分享亚都丽致饭店的四大服务准则：

第一，就是尊重每位客人的独特性，满足每位客人的不同需求；

第二，就是每位服务人员都是主人，以东道主的心态张开双臂展现热情，您会发现每位客人就像爱人一样，服务的热情自然就会展现；

第三，要想在客人之前，细心的观察顾客的举手投足、外貌装扮、神情眼神，就能轻易的了解顾客真正的内心需求；

最后，就是决不轻易说不，顾客最讨厌听到否定的答案，千万不要说出「这是公司规定」的回答，而服务的价值就是看到顾客开心时自己会更开心，能够落实感动服务方程式，不但

能够满足顾客，更能使自己的心灵丰盈！（来源：感动服务－服务带动营销，故事取代广告；中央社讯息服务 2010/04/27）

2015 年 3 月，全家便利商店副总经理吴胜福带了 40 几位去年表现优异的店长到东京迪斯尼乐园。他们的目的不是旅游，而是观摩学习，因为根据日本生产力总部 2013 年发表的顾客满意度调查（JCSI, Japanese Customer Satisfaction. Index），东京迪斯尼乐园打败日本 383 家服务业者，勇夺第一名。

令人难以置信的是，东京迪斯尼乐园的顾客回流率竟超过 95%，也就是说，100 个参观过东京迪斯尼乐园的顾客，有超过 95 个都会再度光临。（来源：远见杂志—前进的动力：东京迪斯尼，你学得会吗？2015/4/2）

东京迪斯尼为何让人流连忘返？
第一线服务人员专业训练师鎌田洋，分享打动人心的要诀…
　　　　　　　　　　在迪斯尼乐园，你认为最受欢迎的工作是什么？答案是清洁工作。

东京迪斯尼第一线服务人员专业训练师鎌田洋，师承迪斯尼「扫除之神」查克波亚金的教导，破除清扫为低下工作的刻板印象，他认为，台湾服务业有潜力拥有「让人流连往返的魔力」，员工对公司有自豪感，顾客满意度也会随之提高。

服务热情 — 迪斯尼 DNA 激发潜能

日本感动服务大师鎌田洋的新书《超越迪斯尼—100 分顾客满意魔法》，由远见杂志出版。日前鎌田洋来台分享东京迪斯尼是如何创造打动人心、流连忘返的魔力，并接受经济日报独家专访。他提出台湾服务业低薪问题的解套方式，以及他对台湾服务业的观察与看法。

鎌田洋 1982 年东京迪斯尼乐园开幕时，从游客成为第一任清扫部门经理，也因他师承美国迪斯尼「清扫之神」查克波亚金的教导，成为日本版的迪斯尼「清扫之神」。清扫人员打扫程度不能只是干净，还必须达到连爆米花掉在地上也可以捡起来吃的程度，他认为，清扫人员负责创造舞台，让大游行和娱乐表演展现完美演出，因此这个职位至关重要，更是园区内最受欢迎的工作。

鎌田洋 1990 年进入教育部门，负责培训迪斯尼乐园的第一线服务人员，将「充分了解客户的需求」理念落实至 90% 都是兼职的现场服务人员身上，这也让东京迪斯尼乐园入园人数每年都有持续性的增长，拥有超过 95% 的回客率。他在迪斯尼乐园工作 15 年后，现在是日本梦想家公司董事长。

台湾服务业向来存在低薪问题，不少企业都以加薪作为慰留人才的手段，鎌田洋却认为，

薪水和升迁确实是留人的手段之一，但高薪却不一定能提升工作热情，因为对工作满意和员工是否带着自豪感工作，这两者常被混淆。他表示，一位员工若薪水高，但他的工作却对社会没有意义，工作时也无法拥有自豪感。

公开表扬 — 让员工带着自豪工作

让员工对于公司商品和服务有荣誉感和自豪感，不能只是喊喊口号而已，能传递到员工内心才是重点。员工若能服务好客人，首先必须表扬他，并和周围人员分享，员工不但会感到开心，也会认为自己做的事情有价值，对工作自然会感到自豪，而且觉得有意义。

迪斯尼常会收到许多顾客来信，例如他们十分赞赏清扫部门，透过公司内部刊物的纸本传递，往往可引发人们阅读兴趣，员工良好的表现，也能透过刊物让周围的工作伙伴知道这件事，员工甚至可带回家与家人分享，让他们同感骄傲，纸本可说是最重要的传递模式。

镰田洋也不讳言，教育员工最困难的就是让他们拥有自豪感，不过在日本，许多人小时候都有到东京迪斯尼游玩的经验，可说是从小就接受迪斯尼教育，成为迪斯尼的「潜力员工」，长大后当他们担任迪斯尼乐园员工，服务顾客自然都拥有迪斯尼的「DNA」，顾客也能感受到员工的笑容并在需要时获得协助。

打扫体验 — 第一线直接面对顾客

近年来日商服务业投资台湾比例日渐提高，他观察，这是因为台湾服务业环境已达成熟地步，另外，不少台湾旅客赴日旅游，体验日式服务后，回台也会提高对服务业的要求，相信对提升台湾服务质量有关键影响。

台湾的服务业是否有条件打造出「打动人心、客人流连往返的魔力」？他表示，来台时他曾到鼎泰丰用餐，感受到服务人员的款待精神，他们以笑容接待，并与客人眼神交流，感觉乐在工作，这也是台湾服务业的优势。

现在有不少企业都认为，清洁是教育员工的重要方式，他谈到，他在迪斯尼的第一份工作是清洁工作，而打扫体验是很重要的教育方式，迪斯尼的新进员工前两个月都必须体验打扫，而且会选在 5 月的黄金周连假，客人特别多的时候。当他们达到标准时，常会从客人身上得到赞赏和回馈，甚至有客人组特别团鼓励新人，对于他们之后学习服务颇有帮助。他说，新人的流动率也不高，清扫工作还是园区内的第一志愿，也是因为这份工作直接面对客人，最有机会从顾客身上获得直接回馈。

镰田洋说，感动服务和让顾客满意的关键，是让顾客体验「最高喜悦」，日本谚语有一句话说，「当你让别人幸福，自己也会感到喜悦」，正是这个意思。因为这样的喜悦会反馈到自己

身上，形成善的循环，也是服务的最高真谛。（来源：策略营销／感动服务 顾客满意终极魔法，何秀玲，经济日报，2015-04-29 ）

服务要成功，要有发自内心为人服务的热情

镰田洋提到，在迪斯尼内，工作人员要「用心」提供服务，不仅要用双手接过游客相机协助拍照，面对游客的疑问时，不能直接回答「我不知道」，应该要以「真的很抱歉，可以给我一点时间了解吗？」响应，而这些看似很小、很细微的服务，其实会让对方有不一样的感受，过去还有一位清洁人员在地上画了米妮图像，让原本哭闹的小朋友瞬间露出笑容，他的行为则说明了清洁人员的工作不是只会打扫而已。

关于东京迪斯尼乐园，最令人印象深刻的，是在日本 311 大地震发生当时，东京迪斯尼乐园的联外道路中断，7 万名游客惊慌失措，有 2 万多名被迫留在乐园内度过一晚，然而 1 万多位现场服务人员自发性的主动安置游客，安抚吓坏了的孩子、免费发送园区贩卖的食物充饥，甚至是把高人气布偶达菲熊发给游客等，同样也是受灾户的迪斯尼展现出超强危机应变能力。

镰田洋表示，那些兼职现场人员的自发行为，完全不在公司的规定内，完全是主动且发自内心的服务表现，而送出的达菲熊，游客不仅在隔天几乎全部归还，乐园之后也免费发送入场券给那 2 万多游客，当 3 月 15 日再开园时，就有人特别回来向一位工作人员握手感谢311 那天的协助，这也应证了「真诚待人，对方也会这样响应你」。（来源：东京迪斯尼回客率逾 9 成 5—镰田洋：服务感动人心，ETtoday 网站，2015/4/25）

服务可以视为提供者与接收者之间，一种主观的互动过程，涉及知識和技能的调度与运用，也涵盖事前阶段和事后阶段的服务运作，而成功的服务创新，來自于倾听顾客的声音与掌握其需求。

感动服务的主要诉求是以了解顾客潜在的需求为出发点，提供体贴惊喜的服务。

《服务行销》一书指出：优质服务始终來自于人性。它的成功有赖于人际间的关系，如何让服务看得见、摸得着、听得到，那一定要去定「价值」，而不是定「价格」；顾客支付的是金钱，得到的是价值。而且要去从事独特而有价值的创新服务活动，要能差異化，塑造品牌独特的个性，在与顾客互动的关系中注入热情与用心，呈现好的服务事迹，创造顾客美好的消费生活体验。

要能建立与顾客之间的情感连结（emotional bond），让顾客长期对企业忠诚，顾客的情绪或情感（emotion）已是企业成功不可忽视的关键因素。而如何在与顾客接触的过程中，引

发顾客正面的情绪（Positive emotion）也成为企业经营的新议题。要能引发顾客正面的情绪，让顾客对企业印象深刻，企业必须要能提供远超越顾客期望，甚至是达到惊讶程度的服务，这样的服务便能引发顾客高度愉悦与感动的情绪，进而带给顾客与众不同的消费体验。

（来源：饭店业感动服务实践之研究，王怡洁、吴亭仪、张怡容，嘉南学报第 38 期）

「服务是无止尽的奉献」，「唯有员工感到满意，才能提供让客人满意的服务」；「有满意的员工，才有满意的客户」。「每一个服务人员站出来都是公司的品牌形象」。

花时间为服务前线征用乐观进取的员工。在工作中发掘乐趣让工作更有趣，雇用乐观进取的人，因为「换个人比改变人容易」，技术和经验可以累积、传授，但改变心态可就困难多了。

感动服务的内涵
热情是引爆感动营销的引信

大多数的顾客只会记得最好和最差的服务，而其他那些无关紧要、没有特色的服务，他们几乎是想不起来的。最好的服务，不仅是满足顾客的需求，而是在顾客还没开口的时候，就观察到他的需求。

商品可以模仿，价格可以竞争，唯有服务的真诚与感动无法模仿。

卓越的服务业，都有一套明确的基本理念与服务哲学。意即，为顾客提供感动服务的观念，除彰显在企业的经营理念之外，也必须深植在员工心中。换言之企业必须透过教育训练或知识管理系统培育员工的热诚，传递企业重视顾客、顾客至上的服务理念。

发自内心的将心比心

服务的提供是去观察客人要什么，不是你要给客人什么，是客人要什么你才去提供，也就是将心比心。要去体会客人的需求，不见得只是用眼睛耳朵去听去看，甚至要用心去体会每一位客人的需要。

感动服务必须要将心比心，将心比心就是要把客人当做是自己，设想自己想要什么样的服务，就必须提供这样的服务给客人。

因此，要提供能让顾客感动且印象深刻的服务，首要因素便是在于服务人员必须全心全意的付出。只提供标准作业流程规范的服务是很表面的、没有温度的服务，是无法在顾客心中产生共鸣的。服务人员必须要真诚的付出心意并且设身处地的设想并提供顾客可能需要的服务，这样的服务态度才能让顾客感受到服务人员真诚、热忱的服务心意。

完美的服务绝对不能只是遵照 SOP

镰田洋说，从迪斯尼学到的服务技巧，可以用在公司以及个人的生存之道，因为让人开

心，是商业活动的起点，也是人生的一大乐事。所有的组织营运若要顺利，便要让员工在工作时感觉是在享受人生—服务做的好，顾客会跟员工说谢谢，员工自然而然就会幸福。

现在企业最大的课题是什么？就是希望曾经光顾的客人能够再次光临，线索在哪呢？鎌田洋说，翻开自己的钱包，除了钱跟信用卡以外，你还有留着哪些公司的红利卡、集点卡？那些企业之所以要这么做，便是他希望你能够回店内。

每一个企业丢要有好的口碑，好的口碑更是赚钱的最快方式，约翰古德曼（John Goodman）法则是这么说的：「好的口碑可以传达 4—5 个人，坏的口碑却会传给 9—10 个人」，迪斯尼之所以能够成功，就是朋友之间正面的口耳相传，一个一个的回笼。

做服务的，在客人遇到问题时，若能够迅速、有系统的解决，客人的回客率高达 82%，但若没有妥善处理，会再回来的客人不到 20%。鎌田洋表示，成功企业的必要条件为：

➜ **要传达理念、哲学。**

➜ **整合制度、让想法具体化。**

➜ **唤起自豪感、唤醒个人的主体性。**

➜ **超越顾客的期待。**

虽然科技愈进步，人们愈显孤独疏离，但是在迪斯尼乐园中，每个不同的陌生人都可以互相打招呼，这正是迪斯尼服务魅力的渲染力。

超出顾客的期望

感动服务的真义除了包含服务人员真诚的用心之外，还需要做到超越顾客期望的服务。在激烈的同业竞争状态之下，每家企业提供的产品与服务已几乎大同小异。若提供的服务只能做到满足顾客期望的服务水平，消费者面对这样的服务早已习以为常，因此无法在顾客心中留下较深刻的印象。

相反的，若能提供超越顾客期望的服务，便会为顾客营造出一种惊喜甚至感动的感觉，这种惊喜与感动便会能创造出企业的差异化，同时能再一次让顾客感受到企业与服务人员的用心。

二、感动服务的案例

已创下连续 30 年蝉联全日本第一名的温泉旅馆百年老店「加贺屋」，一向是日本皇族的渡假最爱，也是日本人一生当中最梦寐以求，希望能住上一晚的饭店；更是台湾旅客前往日本泡温泉的顶级之选，被喜欢泡汤者视为梦幻温泉旅馆。百年老店除保有日式温泉旅馆的传统，并于传统中求创新，选择进军国际，与台湾日胜生活科技合作，创立海外第一家加贺屋 ➜

台湾日胜生加贺屋。（来源：日胜生加贺屋国际温泉饭店股份有限公司网站）

「2013 全台十大最赞顶级温泉旅馆」票选活动第一名

2010 年正式营运的台湾北投日胜生加贺屋国际温泉饭店，系由日胜生集团与日本百年温泉旅馆「加贺屋」合作兴建，座落于台湾最负盛名的温泉区➜北投，紧依由平田原吾于 1896 年在台湾所盖的台湾第一家温泉旅馆「天狗庵」兴建。饭店邻近新北投捷运站及台北多处知名观光景点，占地约四百坪，外观以日本传统数寄屋方式建造，共有 90 间客房，三间餐厅与酒吧。全馆空间以日本建筑技法精细雕琢，完美呈现和式典雅之美，让所有宾客感受前所未有的舒适体验。

2012 年，台湾日胜生加贺屋才刚营业不久，首次列入《远见杂志》神秘客调查的第一年，就不负众望坐上顶级休闲旅馆类的冠军宝座。神秘客印象最深刻的，也是加贺屋最为人津津乐道的女将文化，客人从入住到离开，都由一位专属的「客室系」，也就是管家，几乎全程贴身侍奉客人。台湾加贺屋开幕前两年，就送了 10 位服务人员到日本总店接受正统的管家训练。训练项目包括了加贺屋历史文化、花道、茶道、和服文化、接待礼仪和日语敬语等，由拥有十几年管家训练的日籍老师从早到晚、随身教导每个动作，从心里不断灌输她们真心款待客人的加贺屋精神。（来源：远见杂志，2012 服务专刊加贺屋➜贴身管家全程侍奉的日式服务）

「2013 全台十大最赞顶级温泉旅馆」票选活动，透过三阶段的评比，结果由 2012 年获得第三名的北投日胜生加贺屋，跃升至第一名宝座。

2014 年日胜生加贺屋荣获观光局「2014 年优良观光产业及其从业人员表扬」。

管家招募训练与职能

以服务细致闻名的日本加贺屋，招募员工时采取的原则为➜**「发掘与找寻喜欢服务顾客的人才」**。

因为这些人才，是要能打从心底喜欢服务顾客。「服务的本质就是要带着微笑细心应对」。拥有 10 余年丰富管家训练经验，传承加贺屋「真心款待」服务精神的灵魂人物—日籍管家训练老师 Sachiko（幸子）说：要成为管家最重要的是**「心」**加上**「热忱」**，如果不真心喜欢这份工作，都不算是真正的管家。

在台湾，每一位管家，都必须克服语言上困难和文化观念上的差异，全力学习所有训练课程，他们的努力与付出让 Sachiko 看见了台湾日胜生加贺屋的发展，相信他们认真与坚持的精神，都能够让客人带着满足的心回家。

观察入微

在接受一项感动服务之研究时，台湾北投加贺屋资深管家提到：我们提供的服务是更仔细、更细心的，我们的细心是在客人还没有开口向我们要求服务之前，我们就会发现客人需要的小细节，所以便能事先满足顾客的需求。这样的服务往往能感动顾客。

提供贴心款待的服务要察言观色，比如说看客人身体不舒服皱眉头，那可能是头痛，通常这样我就会递温开水而不会给冰水或冰的饮料。我会事先设想，当万一需要的话，就会在客人还没开口前就先准备好他需要的物品。假如我遇到的客人脚不方便，延伸想下去的可能性就是他的脚循环不好一定会冷，就先帮他准备毛巾；如果客人有小孩或是穿裙子就直接给客人毯子。人在没有安全感的情况下，再好吃的东西也没有味道，所以你自己要训练自己观察细微事物的那种能力。

培养自己观察观察细微事物的能力，并在顾客尚未提出要求前将顾客需要的服务提供到位，这样的服务水平便是卓越服务与一般服务最明显的差异所在。

超越顾客的期待

君悦饭店的资深管理者也说明君悦饭店的作法：感动的服务是要做到超乎顾客的期望，比如说，天气冷不用客人说主动将白开水换成热水；客人坐在那个地方，从客人的表情看起来觉得他很冷，员工就会主动过去询问空调是不是太强，需不需要调整。从小细节做起，不等客人主动开口，事先帮客人想到，这样的服务就是超越顾客的期待。

根据顾客状态随时调整服务的提供

近年来，标准作业流程 SOP 的服务程序与规范常被讨論到的缺点便是训练出只会照表操课的服务机器人，标准作业流程的规范似乎也成为服务人员不想帮顾客多想一些、多做一些的借口。而这种无差别、一致性的服务态度是没有温度的。卓越的服务应该是更具人性化、更具弹性的。因此，感动服务具备的特性之一便是服务人员会依照客人个别的需求，在企业规范的大方向之下，尽可能提供客制化的服务。

加贺屋的管理者说明他们的作法：

我们管家的安排是指名制，也就是客人可以指定特定管家提供服务，如此，管家能很熟知这位客人的需求与喜好，提供更客制化的服务。

然而要将弹性的服务更进一步做到感动贴心的境界，仍旧需要从旁观察顾客的举止，在顾客还未提出需求前便为其调整提供的服务。加贺屋资深管家说：我们会去观察客人要什么，然后调整我们提供的服务。重点在于不是客人告诉你之后你才做，而是我们要先去观察。譬如说：客人可能没有跟我们说他不吃沙西米，但看到客人都没有动筷子，这一定有问题，不是客人不喜欢吃就是不敢吃，管家就会询问，并作适当的调整。我们会在跟客人聊天当中知道

她喜欢什么，而适时的调整与提供符合客人需求的服务。

真诚的互动以建立情感的連结

要让服务印象深刻，必须直捣人心。服务人员必须用真诚的心跟客人培养出心靈上的互动与情感上的交流，让客人感觉到像回到家一样的温馨、快樂与放松，不让顾客感到拘谨、严肃或不被尊重。

所以真诚的情感上的互动交流不只能让顾客感到窝心，連服务人员也会感到快樂。在访谈加贺屋的过程中，受访者分享了许多真诚感动的故事：

有一位常客第一次來，他是一个蛮好学的台湾人，对我们馆内各个艺术品都非常有兴趣，其实他没有艺术的底子，但是又很想知道，所以管家要尽量用他听的懂的方式解说每一项艺术品。在晚餐的过程中，也不断的聊食材、餐具，所以每道菜都聊很久。在整个住宿期间，他就不断的抛问题给管家，管家也不厌其烦的回答他。后來发现先生是骨科医生，太太是英文老师，当他看到我们这样子跪，就告诉我要怎么保养。服务是双向的，就是要互相互动，所以服务人员就要关怀与用心，如果服务人员从头到尾就是想客人不要过來问我、烦我，这个心态就不对了。我常常告诉我们的管家，我们就是使命必达，我们要尽可能的去满足顾客的需求。

另一个感动的故事：

有一次服务一对母女，他们进來都不怎么聊天，直到要去泡汤在收拾行李，女儿拿出一张照片，我就小心翼翼的问是父亲吗？妈妈就说他们父女俩感情很好，在父亲走了之后还是会带他的照片一起出來玩。在他们泡汤的时间我就帮他们准备晚餐，特别在母女俩用餐的方桌旁设了一个小桌子，把爸爸的照片放在那边，然后插了一盆小花，摆着跟他们一样的餐具与菜肴。

当客人泡汤回來后看到这样的摆设，妈妈就感动的一直哭，我也跟着他们一直哭。

服务人员与顾客之间的关系不用那么界线分明，可以跟客人像朋友、家人一样分享许多事情，这样的服务不只能让客人受益良多，連服务人员自己都能从服务的过程中得到许多心靈上的感动。

提供量身订做的服务

感动的服务最后一个特性便是能做到根据客人的习惯、喜好提供量身订做、个人专属的服务。这样的服务可以为顾客节省许多扰人、浪费时间的需求说明，也可以让顾客感受到备受重视与尊宠的感觉。加贺屋资深管理者举例说明：

我们会用三步骤來搜集客人的个人习惯与嗜好的信息。第一次來住宿的旅客，在订房时我们都会问一些基本的问题，我们第一个就是问过敏，然后吃不吃生食，再來就是吃不吃牛

肉。有些客人会说不知道，到时候再说，所以第二关管家会再跟他聊天，在聊天的过程中发掘搜集顾客的习惯。

吃饭的时候，我们会再观察顾客有没有动筷子，没动筷子时我们就会再询问顾客没动筷子的理由。

服务人员每天频繁的跟顾客接触，从接触服务顾客的过程中可以很容易发现到顾客的习惯、喜好，将这些习惯纪录下来，有利于之后客人再度造访时，在顾客尚未开口之前便能依照顾客个人的习惯与喜好，提供客人习惯的服务内容与方式。

三、感动服务的一些要件

要将以上感动服务的要素落实在每位服务人员提供服务的工作方式之中，企业必须有一套完整的制度与员工训练计划，才能将感动服务的概念深植于每位服务人员的信念中，而在提供服务时自然而然的展现。

（一）硬体设备与环境气氛的营造

当顾客第一次光临，对企业的产品与服务均无了解的情况之下，自然会以企业的硬体设备与环境气氛为评估标准。也就是说，企业提供的硬体设备与环境气氛是给顾客第一印象的重要媒介。因此，环境气氛的营造也是提供感动服务重要的工具之一，企业必须站在顾客的角度，用心、细心的挑选每一项硬体设备与设计营造每一处的环境气氛，让顾客不管身处在饭店的任何一个角落、观赏饭店内陈列的每一项艺术品或是使用饭店的任何用具备品时，都能体会到饭店真诚款待顾客的用心。

在参观加贺屋的过程中，研究者发现在加贺屋的大厅、走道、公共空间与房间中都摆放着许多艺术品。经管家的介绍得知，这些艺术品都是加贺屋的会长、女将、董事长亲自去日本拜访老师，请老师为台湾加贺屋专程制作并空运来台的国宝级的工艺创作，每一件艺术品都有它自己的故事。放置这些故事性丰富的艺术品在饭店的环境之中，可以让顾客细细品尝与欣赏日本国宝级工艺品之美，也可以让顾客走在加贺屋的每一个角落都有不同的乐趣。加贺屋还会因为特别节日或不同的季节更换不一样的摆设，让顾客再次消费时，不会感觉旅馆是一成不变的，让顾客每次来都有不一样的惊喜。

此外，加贺屋的管家在顾客 check in 并稍作休息之后，会询问顾客是否想要参观加贺屋。在加贺屋之旅的过程中，管家会详细的介绍加贺屋的历史、每一项艺术品的制作方式及其历史与典故，经由管家详细的导览与解说，顾客可以享受到一趟丰富的日本文化与艺术之旅，并经由与管家的互动，得到不一样的饭店住宿体验，如此更能让顾客留下更深刻的印象。

（二） 服务人员的训練

感动服务的提供，人还是最关键的因素。要如何訓練员工，才能让每一位服务人员自动自发的为顾客多想一些、多做一些，以提供感动的服务？

本研究将受访者对于服务人员訓練的意見归纳为甄选与訓練两部分：

1、甄选具有独特人格特质的员工。

受访的饭店业者均表示，一个人的专业知識与技巧是可以被訓練出來的，但一位成功的服务人员的人格特质却是无法经由訓練而塑造出來。所以在应征服务人员时，主管会特别注意应征者的人格特质，以作为錄取与否的条件。

加贺屋的管理者說到：

〝当我们在征选服务人员时会特别注意观察应征者的人格特质。我觉得最大的条件就是应征者必须对服务非常的有热诚，你要有热诚后我们才能教你接下來的东西，像是不会端盘子、不会穿和服，我们都可以教，但是如果对服务没有热诚，我们再怎么教也不会吸收进去。

除了对服务要有热诚之外，还要喜欢与人接触、要鸡婆、要有比较敏锐的细微的观察能力、要能吃苦耐劳、要有耐心、还要有责任感。这些都是成为一位能够提供感动服务的人必须具备的人格特质。〞

君悦饭店的人力资源部副理也抱持着相同的看法：

〝整个凯悦集团要求员工最重要的就是态度的问题，我们要求每一位服务人员必须有热忱的态度，这样才能提供真诚的服务。〞

2. 员工訓練

当具备有优良人格特质的员工被甄选进入企业之后，企业便要安排一系列的员工訓練以提升员工的能力与素质。员工訓練在现代的企业经营中已是再普遍不过的了，但是要运用何种訓練方式才能将感动服务的精神灌输到每位服务人员的心中，让每一位员工都能深信感动服务的理念，并实践在每一次服务提供的过程中？

加贺屋称这种訓練方式为〝**师徒制**〞，而君悦饭店则强调主管或资深员工必须〝**以身作则**〞。加贺屋的管家說到：〝加贺屋的员工是用师徒制的方式訓練。管家之间都称姐姐，有任何的问题只要请教姐姐，资深的姊姊就会說明教导。当管家要实际到房间服务客人时，也是由资深的姊姊一对一的带领，在资浅的管家服侍客人时，姊姊便在旁边观察，有什么不足之处或可以改进之处，姊姊都会再提醒。〞

师徒制的訓練方式也可以让资浅员工观察到资深员工平时款待客人的心意，以及与顾客之间互动的方法与模式，这些都是其他员工訓練的方式较难传授与教导的。

君悦饭店的副理则说明：

"主管平时的以身作则很重要。主管的管理方式会关系到部门的员工，也会影响员工工作的态度。有些东西，尤其是态度，不一定教就有用，有时候讲很多员工不一定听的进去，可是如果主管能够以身作则，员工看着你做也会跟着做。譬如說服务的热诚，不是說主管叫员工要有热忱，员工就能有热忱，但如果主管做给员工看，员工在旁边看到原來我们的主管可以这么热诚的去对待客人及员工，他们在耳濡目染的情况下就会按照那样的标准与模范去做。"

（三）公司文化与团队合作

感动服务要执行成功，不能只停留在个人层次的认知，必须动用全公司的力量，将感动服务的理念与精神深植在企业文化中，倾尽公司全力配合第一线服务人员，在与顾客接触的每一个关键时刻，都能毫无顾虑的竭尽所能提供顾客需要的服务去感动顾客。因此，企业文化与团队的支持可以說是实践感动服务强有力的后盾。加贺屋的管理者說到：

"加贺屋所有的管家基本上是一个 team，当任何一位管家有困难时，其他的姊姊就会尽力帮忙。我们还有一个客室中心，客室中心的工作就是在支持管家，管家有什么需要，只要跟客室中心讲，所有疑难杂症客室中心就要负责解决。管家是在现场服务顾客，而客室中心就是在后场服务管家的。所以当有一个 team 在背后当你的后台，生手也愿意去尝试一些东西。"

（四）奖勵、激勵制度

最后，服务人员执行工作时，适当的奖励可以支持、鼓勵员工持续执行正确的行为，企业也可透过奖励制度，清楚的向员工传达公司要求的服务态度与水平。因此，奖励与激勵制度一直以来都是企业要求员工工作绩效的重要、有效的工具。学校受访教授便指出：

"训練员工一定要有物质层面的提供，像是给员工奖勵，员工被顾客赞美就需要公开表扬。公开赞美反而比加薪或者是员工福利还來的重要，让员工觉得这样的付出有得到上司的赏識。顾客的赞赏、长官的赞赏，公开场所的表扬，会给员工带來工作上的鼓勵与成就感。"

加贺屋的管理者谈到加贺屋执行奖励、激勵措施的方式：

"加贺屋有指名制，比方說您觉得 A 管家服务很好，下次來就可以指名 A 管家为您服务。公司针对被多次指名的管家会给予特别的奖勵。"

因此，企业若希望服务人员能长期的执行感动的服务，就必须在企业的激勵制度中制定合理的奖赏机制，适时的奖勵与感谢员工的付出。

感动服务的效果

感动服务不仅能让顾客享受到超越满意的服务水平，让顾客留下美好的消费体验，丰富顾客的生活体验，相对的，受到感动的顾客给予服务人员的回馈，也同样能让服务提供商感受到相同程度的感动与激励，是一种心灵上的回馈。如此双向的互动关系便形成一个良性的循环，结果往往因为服务的提供，服务人员与顾客之间成为好朋友。而这种进阶的关系便会为企业建立起与顾客之间牢固的情感连结，也就是顾客忠诚度。加贺屋资深管理者分享他的经验：

〝顾客感动往往会转变成顾客感谢，我们就有好多客人回去之后还会寄感谢函过来给我们，感谢我们的款待。像这一个感谢板，就是一家日本公司來加贺屋做员工旅游，回去之后寄过來给我们的，每一位员工都在上面写下感谢我们的话。此外，也有好多客人只要有假期就会回來，除了想要轻松悠闲的度个假之外，还会想回來看看服务他的管家。〞

因此，感动服务能达到的效益不只限于因顾客忠诚为企业带来长期的利润，更是员工与顾客之间心灵层面的良性交流与互动。(来源：饭店业感动服务实践之研究，王怡洁、吴亭仪、张怡容，嘉南学报第 38 期）

第十一章
职能分析与应用案例

一、联发科技何以能成功

联发科技股份有限公司（MediaTek Inc.），简称联发科（MTK），成立于 1997 年，总公司设在台湾新竹科学工业园区，是一家 Fabless IC 设计公司，为联华电子自多媒体部门独立出来的子公司。公司初期以光驱芯片为主，其后发展了手机及数位电视与穿戴式装置解决方案芯片。2014 年营收新台币 213,062,916 仟元，较 2013 年成长 56.60%。

联发科技是全球 IC 设计领导厂商，本着「持续创新，提供最佳的 IC 产品及服务，满足人们潜在的娱乐、通讯及信息需求」的使命，以及提升、丰富大众生活的愿景，积极朝世界第一迈进。

「以人为本」的信念是联发科技成长的动力，联发科技期许每个优秀的联发人在人格特质上必需具备信任尊重、诚信正直；面对工作必须具备勇气接受挑战且对问题深思慎谋；在职场生涯中能不间断的持续学习，随时追求创新思维，而团队合作更是不可或缺的联发精神；联发科技提供了全球化的舞台，协助每位联发人发挥专长与潜能，与团队共同学习与成长，将其个人的理想凝聚为人类生活的创新，使个人的优越，化为成就团队使命的力量。（来源：维基百科与 104 人力银行网站）

提到联发科技何以能成功，网络上一篇报导重点摘录如下：

(1)、联发科技成功的秘诀为何➔选对产品，做对决策，找到好的人才

从 PC 周边的储存做到无线通信和 HDTV 数字电视，联发科技董事长蔡明介找新产品应用的先知先觉是成功关键之一。IC 设计产业成功之道无他，蔡明介说，就是「产品、产品、产品」。但是最好的产品组合怎么出来？就是回归到人，回归到最好的人才组合。

第一，公司的策略方向很重要；

第二，要有人可以执行出来。

如果公司的策略不对，过了今天就没有明天，再好的员工也没有用。如果策略很好，但是没有人去执行，也不会成功。要有好的人，才能执行出来。**联发科技会成功，人的因素占很大部分。**

(2)、找人策略➡ 高报酬、好福利、敢接受挑战

联发科技对人员的招募多年来有一个一致性的作法，就是希望雇用到最好的人。公司做的是 3C 产品，公司对待员工也是以 3C 在做。蔡明介看出未来一定是消费电子驱动下一波成长，消费电子正是联发科技积极布局的其中一 C（consumer），另外 2C—通讯（communication）和计算机（computer），联发科技已站稳脚步。对员工来讲，联发科技的用「3C」找人会和竞争者有何不同？联发科技对于员工的 3C 有自己的定义。

第一个 C 就是 compensation 报酬，联发科技给员工的待遇虽然不是最高的，我们相信相对来说是较高的；

第二个 C 是 care 照顾，我们给员工的福利和训练，完全不会吝啬；

第三个 C 是 challenge 挑战，好的员工进来，不能只做些 low end 的工作，而是要挑战，做最顶尖的技术。

联发科技的 package 好，但其实最能吸引好人才来联发科技，还是工作要有挑战性，要做世界领先、台湾第一。compensation 在最底部，上面有 care 和 challenge 两个支柱在撑着，才能让联发科找得到最优秀的人。

(3)、快速成功在于➡团队合作的 team work 精神

联发科技正加速内部文化的转化和建立，而「以人为本」的观念注入，就是要建立永续经营联发科技的第一步。联发科技的优势在于从底层到最上面，所有的技术都是自己研发的，而产品线也互相加乘（leverage），发生综效（synergy）。但如果各事业部没有团队合作的 team work 精神，联发科技不可能会快速成功。

但蔡明介认为更重要的是，公司成长到现在，需要有公司文化，这样整个公司才会有一种无形的凝聚力。

蔡明介对于公司的价值观与经营理念经常念兹在兹，也因此联发科技制作了一张和名片、识别证大小一样的小卡，上面就写着公司六大价值观，希望同仁和识别证放在一起，挂在胸前。同时，联发科技也做了非常可爱的「成功方程式」磁铁，这色彩缤纷、手绘漫画风的随手贴磁铁，其实也是联发科技六大价值观➡「勇气深思」、「诚信正直」、「持续学习」、「团队合作」、「信任尊重」、「创新思维」。这样的耳提面命，无非就是要联发科技的同仁能将价值观植入体内，有一致的做事方法和概念，形成公司文化。

(4)、联发科技的成功➡在于「落实」二字

就拿创新思维这件事来说，2005 年六月六日的工程师节，公司不是买个小礼物送给工程师而已，还举办了纸飞机掷远的比赛项目。纸飞机，人人会折，但怎样可以折得好且又可以飞得远，就不简单。运用创新的思维，考虑不同折法和丢掷方式，联发科技的纸飞机最远竟然可滑飞到二十四公尺，令人不可思议。除了工程师节外，公司每年的家庭日活动等，也都会有创意比赛，营造出创新思维的环境。气氛塑造外，在绩效考核评量上，创新思维等六大价值观都是考核项目之一，让员工的 DNA 里就要有落实公司二十四字箴言的价值观。

(5)、全人概念➡ 营造年轻朝气的校园气氛

2004 年时，前总经理卓志哲在年度评量会议里，表示要让每个人都参加一个社团，推动联发科校园观（campus）的公司气氛。2005 年联发科技内已有二十多个社团，社团的属性也不仅止于动态的球类社团，更鼓励同仁涉猎人文性的社团，也邀请蒋勋等美学大师到公司来演讲，并在公司内举办艺文展览。员工年龄平均才三十岁，其实整个联发科技本来就很有校园气氛，说是「各事业体」的划分，其实更像各「实验室」的格局。走道上听见学长、学弟互打招呼，实验室里学长分享工作成果给学弟，准备下一仗一起突破技术瓶颈。做了这么多「软性」的努力，现在走在联发科技的走廊，其实可以感受到一种紧张但是活泼年轻的气氛。人不是榨到干，然后丢掉，蔡介明强调「全人」的概念，落实了第一个 Care 的「C」。

(6)、挑人标准➡ 看人格特质更胜业内知识

有了「以人为本」的企业文化共识之后，接下来就是寻找更多的顶尖好手。人人都想进联发科，这是许多刚毕业理工科学生的向往。而联发科技也一直想找到「**对的人**」来执行「**对的事情**」，这是为什么联发科技对「找人」这件事情看得如此「慎重」，包括对人才「三个面向」的评估、内部人才训练、到训练主管找人等准备功课。在找人过程中，联发科技通常会从三个面向来看一个人：人格特质（character）、业内知识（domain knowledge）和软性技能（soft skill）。「人格特质大约在一个人十二、三岁就定了，业内知识则是工作上重要的资产，随着时间需要不断地增强补足。而这里所指的 soft skill，则是指➡**沟通、协调、计划、整合等能力。**

早期联发科技特别重视「业内知识」，**但公司发展规模日益扩大后，在「人格特质」和「软性技能」这方面也开始特别注意。**这个转折点，主要是蔡明介认为从「公司理念到价值观」和「未来会产生的变化」，两相对应，发展出公司应有的核心智能（competence），依据这些智能来培养人才、找寻人才。联发科技内部有不少必修课程，公司的价值观和经营理念就是其中之一。

（7）、怀抱热情➔求胜意志挑战世界第一

蔡明介不断强调如果不能做到世界第一，至少也要做到台湾第一。IC 设计是个压力很大的产业，要有 patient 耐心，追求完美，以求胜的意志才能完成任务。同时也要有 passion 热情，才能在压力之下耐住性子，达成任务。而蔡明介对联发科技员工的回报就是高额分红，包括了员工绩效奖金、突破奖金、项目奖金；在个人方面，另颁有研发金奖、特殊贡献奖等荣誉。相较于台积电十几个层级的组织架构，联发科技仅有六、七层，每一个员工的股票分红相差不会太大，蔡明介是一个非常舍得给工程师的老板，这就是报酬 compensation 的「C」。至于联发科技创始老臣离去、工程师无法忍受长期不放假而离职的事件，联发科技的离职率为4%，算是正常的淘汰率，比起同业 8% 或 10% 离职率，4% 并不高。但人数快速变多，复杂度变高，沟通的确是个大挑战，沟通方式需要持续加强。（来源：〈你想当联发科的员工吗？怎么做？〉，EET 电子工程专辑，职业生涯甘苦谈部落格，发表时间：2009-6-16）

在成功的果实背后，我们可以看到联发科技工程师的团队合作、创新能力、执行力、热情、耐心，追求完美，求胜的意志，以及沟通、协调、计划、整合等能力。事实上，这些特性也是多数企业对研发工程师职能模式的需求。

二、新竹货运的变革与人力发展

新竹物流（简称 HCT，原名为新竹货运股份有限公司）为台湾最大的物流业者，成立于1938 年，在物流产业发展上设立许多标准、创新及规范，例如：推动 HHT、条形码化、自动化、E 化、M 化、U 化、BPR、OCR 签单影像查询等创新经营模式。经七十余年来不断创新突破，由传统运输公司变革为现代化服务业，于 2011 年 8 月公司更名为「新竹物流股份有限公司」，正式由一般物流业，转型为营销通路物流业者。借着结合虚拟通路、实体通路、3,000 余位营业司机组成的移动通路，配合着物流、商流、金流、信息流的整合，打造出全方位综合型的物流服务集团。（来源：维基百科）

企业的转型或重新定位主要分析途径略示如下：

1、**经营策略的重新思考与定位**：分析企业内外在的环境变化、竞争对手及消费者认知、需求等等信息，进而重新评估经营策略与方向。

2、**组织定位的调整**：组织部门定位、精简、改变，或从新定义自己，划分的原则符合弹性与速度的需求。

3、**作业平台（含 IT）效能的解构与重新建置**：越来越多的公司显示能够利用信息科技替

公司创造竞争优势。

4、工作合理化与持续改善：所谓合理化（rationalization）就是以改善的手法，对人员、材料、机器与作业方法，等有效的运作与安排，使成本降低，速度加快、正确率提高、质量提升，进而提高利润的管理方法。

5、人力资源的提升：如何提升组织内部人力资源，使人力资本活性化、效率化、优质化是传统产业向上提升的重要关键因素。

6、角色、职能的转换与定位。

变革的启动

新竹货运重大变革在于 2000 年引进日本佐川急便的策略联盟与技术转移托运与物流管理技术，从货物运输业转型为物流、运筹服务业。佐川急便除技术转移托运与物流管理技术，其中最重要就是服务团队工作方式与态度的改善，将送货司机改造为「营业司机」（SD）。重视第一线人员接触顾客之服务能力，包括调整工作态度、建立作业标准、改善服装仪容、改良工作环境、提高薪资待遇、建立升迁管道、提供培训环境等，彻底改造公司的营运结构与业务流程。

2000 年新竹货运推动「企业流程再造」，公司的企业形象（LOGO）造型采用孙悟空图样，其意涵为：

孙悟空为中国乃至全世界均熟悉之中国文化代表性人物，老少皆知，可代表公司之知名度及永续发展精神。

孙悟空的每一个动作都是代表着新竹货运对客户的承诺：

迈步快跑代表新竹货运送货「迅速」；双手拿货以确保货物「安全」；

孙悟空西方取经不失约乃是新竹货运对客户的服务「确实」；面带微笑以显示新竹货运的服务「亲切」。

HCT 字体由来及意义：

以新竹货运三个英文字的首写字母，将企业独特的经营理念与精神文化，采用具像的组合，使之具体的传达出来，透过蕴含深意的视觉符号及色彩，唤起大众的共鸣与认同。

(1)、以稳重明朗的色彩表现新竹货运的前瞻与未来。

(2)、以 HCT 的群体组合表示货物进出绵延不绝。

(3)、25 度斜度是代表跨越世纪的稳健成长。

(4)、雄壮规律的线条是超越时代迎向未来的表征。

企业识别体系主要色彩：

在新竹货运的识别系统及车辆中均可看到明亮的绿、蓝结合的代表色彩，绿色代表「乡村」，蓝色代表「都市」，也就是意味着从乡村到都市到处都可以看到新竹货运。

e 化、M 化建置转型成功

e 化转型成功

新竹货运的 e 化包括二个部分：

订单管理 e 化： 在不影响客户的既有作业流程下，进行信息系统 e 化，使客户的需求能及时反应出，并能及时完成。

输配送管理系统： 这个系统的主要用途，就是可快速完成排车计划，同时可依照排车结果进行计价，使收费标准化。

e 化转型成功之成效： 货车空间浪费、多余的车趟、排车错误或排车不当所造成的配送延迟等问题大幅减少，使客户的订单能在指定时间内准时送达，同时提升 送货准确率。

新竹货运为何要 M 化？

营业所没有办法掌握司机的配送进度货件是否实时而顺利的送达，要在半天后才能知道。

无法临时性的配送、如果有客户临时委托送取件，营业所无法实时通知已在路上的司机，等于眼睁睁看着商机跑掉了。

M 化的好处

当客户签收后，营业司机会以掌上型终端机读取货物条形码，并透过行动数字车机，快速和企业网络系统链接，使客户能够掌握及时讯息。

收取退货服务是宅配业务延伸的需求，因此必须在最短的时间内，完成收取退货的派遣流程。

以上两点的成功，大幅提升了客户满意度，并明显提升了新竹货运的服务质量与企业竞争力。

2005 年，新竹货运超越货运业龙头大荣货运，成为台湾最大的运输公司，此一过程被誉为相当成功的转型案例 。2006 年，新竹货运年营业额达到新台币 72 亿元，市占率达 4 成，全年配送货件数量达到 7,200 万件，服务对象是以 60000 家企业客户为主，占其营收的 98%，其中八成为企业之间的货件运送，18%为企业委托送交消费客户的货件。2010 年年营业额达 80 多亿台币，居台湾物流服务业的领导品牌，并在产业发展扮演领头羊的角色。2013 年营业额已超过百亿台币，代收货款金额达 200 亿。

新竹货运集团信息长暨副总经理李正义提到，要建立有效的变革平台，企业必须同时整合组织的三个面向：操作系统、管理基础建设，以及人员的心态与行为。它们是平台的三大支柱，如果平台要稳固不倒，这三方面都必须要坚固且彼此支撑。

有了操作系统的 e 化、M 化，人员的心态与行为如何转型改变？

员工的转型与职能
从「司机」到→ SD 〈Sales Driver〉「营业司机」

2000 年新竹货运推动「企业流程再造」，成功扭转传统对货车司机的负面印象，将人力变人才。

新竹货运转型提升获利的关键之一，是强化员工的教育训练，因为天天在外头亲身接触客人的司机，才是为公司赚钱的主角，因此让司机成为获利主角。

转型前：以往运送货物常常都是用摔的，很多货物送到公司门口就算达成任务，若要搬上楼还要另外加钱。

转型后：现在要求员工将货物送到客户手中或是指定地点，做到让客户满意为止。

从观念的改变，将人力变人才

司机职务重新定义定位为「营业司机」，新竹货运赋予 SD 在收送货品服务之外，也担负业务推广与客户开发工作，透过公司提供的各项训练、设备，让只做些简单工作的司机转变为一个区域的经营者，以提升第一线服务人员的附加价值。且现场主管必须从司机出身。

→ **组长是最基层的主管，要从司机做起，因为这样才知道现场的辛苦，了解现场的需求或客户的需求。**

→ 组长上去是营业主任。公司会指派 7 位模范所长来个别带领这些被选出的营业主任，而模范所长可以观察出这些人到底跟我像不像。然后由公司内部设计一些评核表去做确认。

→ 从客户观点出发，思考第一线司机的定位与能力，建立以 SD 为发展培育主轴的人才提升制度。

→ 建制完整的训练与晋升计划，优化从业人员之素质与能力，从心改造，提升工作价值，具体呈现工作行为的转变。

李正义强调 → 员工的心态与行为亦即组织文化，会决定变革是否能够持久。在新竹货运将公司定位从运输业转型成服务业的改革过程中，公司让所有员工知道，唯有使客户满意才会有源源不断的商机，同时也才有满意的所得。因此，当 SD（Sales Driver）营业司机有改革的共识与认知后，从心里真正地了解并接纳，他的行为才会改变，也才会真正贴心地服务客户。有些营业司机的服务让客户真正地感动与感激，有的更受邀参加客户的周年庆接受表扬，还有的中秋节竟收到客户的礼物致谢，平日也会收到客户来电肯定。而第一线营业司机的用心，让自动化作业、e 化、行动商务等基础平台成效，得以在最后一刻充分展现出来。（来源：借镜精实，再造新竹货运，李正义）

以训练结合管理、晋升与营运绩效，以数据化指针具体呈现训练价值与成效，创造出营业佳绩。

教育训练

新竹货运最主要的训练方式有两种：讲授法以及师徒制训练。

讲授法：

新竹货运会在每月订定一个时间对于各据点的内勤人员以及营业司机请高阶主管对于公司的优缺点、新的技术等课题作出相关的课程，并于演讲完时当天立即进行测试，以此来评估该点的整体绩效，若测试结果未达到预期，则会对于该据点主管进行相关的惩处，新竹货运的高阶主管以及营业司机的训练大多以此种训练方法为主，且新竹货运每月还规定须回

训一次以检视上月有待改进的成果，而对于主管升迁的回训分发是新竹货运较为严格的部份。

师徒制训练：

师徒制的使用时机通常是对于新进人员这一部份，由有经验的司机来带领跑动线、与顾客联系等的业务，此方法的优点是除了可以加速新进人员社会化之外，对于老一辈司机在面临退休时，也不至于流失其所拥有的顾客名单。

严格的纪律：

新竹货运为屏除消费者对于司机总是服装不整、边开车边抽烟、嚼槟榔等不良形象实施了「萝卜与棒子齐下」的铁腕政策，只要司机发生此类状况，会先劝导再记点，若不改善就开除，司机如果一个月连续遭到客诉三次，上头主管要连坐。再犯者同样开除，在此改革的过程当中，有近三分之一的司机、主管因为无法适应改变而离开，新竹货运的营运长陈荣泉亦说到这个行业所缺乏的就是纪律，没有纪律则无法可施。

鼓励认真工作的员工：

新竹货运为了留住人才，于是祭出高薪政策，新竹货运的司机平均薪水每个月五万五，比业界水平多出一万两千块，员工只要比别人做的多、做的勤，薪水自然就高。新竹货运也有如麦当劳的优秀员工榜，新竹货运也透过优秀员工榜来鼓励员工。

同工不同酬：

新竹货运将其营运地区分为进攻区及防守区。防守区为工厂较少，货物多送少寄的的地区，司机比较不用去开发业务，只要负责把货送好，所以每月薪水固定式四万五。愿意积极开发客户之 SD，则有因业绩不同，不同额度的绩效奖金发放。

营业司机至少有 4 项基本工作：

第一就是配送，

第二是收／送货，

第三是客户开发经营，

第四是收钱。

过去的司机很单纯，就是收货、送货，不负责开发经营的工作，但现在就必须透过教育训练或演讲，不断灌输他们这样的观念：从客户观点出发，客户开发经营。

素质提升

现场 5S（整理、整顿、清扫、清洁、教养），与服务礼仪。

司机不能把车停在路边抽烟、也不能在车上抽➜**无烟职场**。

新竹货运陈荣泉营运长指出，除了纪律的要求之外，公司希望各营业所能够打破原有「脏乱与粗鲁」的货运既有印象，所以要求各营业所要通过 5S 认证（清理、整顿、清洁、规范及持续五大原则的认证）、礼仪认证、安全认证，在 2005 年所有营业所也都通过认证。货运司机多半属于社会较基层的人员，为何愿意接受比其他家货运公司更多的纪律和认证要求呢？陈荣泉指出除了公司待遇福利较其他公司优渥以外，公司更深入的体贴员工，愿意多花资金导入 e 化和 M 化的软硬件设备，增加员工在工作时的轻便性和灵活度，并减少员工搬运时的工作伤害，在货车后面加装后摄影机，希望减少车祸的发生率，所以员工也很乐意配合，和公司一起成长进步。（来源：我与新竹货运的故事－陈荣泉营运长的职涯经历，痞客邦）

用人先看特质

转型后的新竹货运「**不看学历，先看特质**」，从招募开始，就用一些评量来检视人格特质适不适合待在这个产业。虽然不强调学历，但原则上还是希望至少是高中职。

2011 年一项利用服务观察技巧，进行新竹货运司机服务实务的洞察分析之研究，将新竹货运 SD 分为三大类型如下表：

SD 类型	工作重心	追求目标	个人工作管理重点	正向心理驱动	服务实务	服务感动
A 型	用力（尽力）	追求效率	时间管理	经济诱因	使命必达	低
B 型	用心（尽心）	追求利益	关系管理	成就诱因	谋定后动	中
C 型	用情（尽性）	追求感动	人性管理	归属诱因	就甘心ㄟ	高

A 型是新竹货运目前绝大多数司机之写照，他们选择这份工作主要因为有财务上的需要，追求的是工作效率以领取较高额的奖金。通常顾客对此类司机之服务感受是基本的满足，较缺乏特别的感受。

此类 SD 的工作特征是「速度」、「使命必达」，是新竹货运确保顾客承诺的盘石，也是标竿 SD 首要达成的目标。研究者建议➜可加强此类 SD 的 Social skill，并设计一些顾客关怀活动，强化其人际互动能力，优化「服务力」，再逐步精进「业务力」。

B 型 SD 具有强烈的晋升企图心、对组织有极高度的归属感与组织承诺。此类 SD 希望有朝一日能晋升为主任以上的管理职位。他们追求的不仅是付出劳力的工作效率，同时兼顾投入－产出的报酬效益。此类 SD 的工作特征是「关系」取胜，对客户有特定的经营策略，也十分用心与组织内的人际经营，是新竹货运期待培养的标竿 SD。研究者建议➜可加强此类 SD 在组织内的「社会影响力」，提供成就诱因，精进「业务力」与「领导力」，成为团队领头羊，达成团队业务目标。

C 型 SD 是组织内较少数的一群人，他们较无意愿晋升为管理职，安于现有工作，坚守自己的收送区域，用心经营与顾客间关系，较不愿承受过重的工作压力。此类司机的工作目标在于追求安定，个性和善、不与人计较，对权力没有欲望，有高度的同理心。此类司机是公司的亲善大使，十分用心思考如何与客户建立更深厚的长期关系。研究者建议➜公司可以萃取此类 SD 的服务实务，鼓励他们在组织内分享，形成正向影响力。

此类 SD 缺乏在组织内挑战自我与升迁的「**正向力**」，组织可善用其优异服务力来影响周遭成员的工作实务，并激励其自我实现的成就动机。

服务性组织中，决定第一线人员绩效的长期动力，在于其**工作动机（正向力）**，其影响力更胜于激励/ 奖惩制度。不同员工有着不同的工作正向力，其决定不同程度的「服务力」与「业务力」；标竿 SD 的养成关键，在于如何打造 SD 的正向力，进而驱动「服务力」与「业务力」。

结论：问题不在于「服务力」与「业务力」的训练，更在于打造「正向力」。

（来源：新竹货运标竿营业司机，洞察与契机—2011 服务创新产学个案发表会，侯胜宗，逢甲大学科技管理研究所）

2012 年新竹物流响应联合报愿景工程「**公路正义**」报导，将「**礼让运动**」纳入年度教材，向两千五百名驾驶倡导，每辆车都将贴上「**我开车礼让**」贴纸。

新竹物流说，虽无法一夕改变，但「价值在于我们开始做了」。

货运业竞争激烈，为抢时效，加上车体庞大，大车有意无意间成为公路霸凌者。联合报提倡驾驶礼让文化，继台湾大车队、首都客运，新竹物流也宣布加入。

新竹物流人力资源处项目经理李家琳说，他们不只改变驾驶行为，更希望改变心态。还发挥创意，由五位主管「下海」拍内部教育倡导短片，以诙谐手法，传达「让是一种谦卑；慢是一种大气」观念。片中最后以感性诉求「道路成就我们的工作，拥有较多的路权，也就拥有较多的责任」，提醒驾驶要对路上的人有责任，「如同你的父母、孩子」，认真看待自己对这块土地的影响，拒绝公路霸凌。

李家琳说，这部短片在全台四十四个站所教育训练课程播放，再由主管讲解，让驾驶知道「为什么要让、为什么要慢」；之后，再请驾驶将「我开车礼让」贴上挡风玻璃右前方。两千多辆货车在十月分陆续贴上贴纸，穿街走巷、南来北往。

新竹物流营业处长杨永川说，很多刚进来的驾驶常会觉得「这是一家很奇怪的公司」，有些莫名其妙的坚持，例如规定在距离路口八公尺前就要踩煞车，但他们认为，只有从观念上改变，才会在看不见的地方也变得很好，最后内化成驾驶习惯。（来源：回响／新竹物流开车礼让当公路大象，联合报系愿景工程网站，2012-9-29）

三、美商台湾威务股份有限公司（ UE Managed Solutions Taiwan Ltd ）

台湾威务公司是在 1979 年，由新加坡「联合工程公司」取得美商 Service Master 的品牌代理权，在台成立的外商清洁公司。以强调提升清洁基层服务人员尊严与价值为宗旨，并在业界享有清洁大师之名。

2013 年威务公司全台主要客户共 66 家医疗院所客户、52 家工商科技客户、47 家金融机构及中小型企业客户、12 家交通运输及饭店旅馆客户、以及 6 家知名连锁企业客户。（来源：威务公司网站➜我们的客户）

威务公司前总经理王国隆（现任中国区营运长）表示，如何将真正的管理价值融入客户端，使其有所感受，是威务的职责与精神。

工作价值意义之诉求

工作价值意义之诉求 ➜ 威务的首要经营理念是，「个人的尊严并非天生，亦非来自头衔，而是辛苦赚来的，威务提供的不只是服务客户、让客户安心，更重要的是让清洁业者保有其尊严」。

王国隆强调，威务第一个阶段要卖的是**价值**，并重视**员工的尊严**。「从会计的角度来看，今天我们和客户签约，威务就必需去寻找清洁工、寻找对的设备、器材、正确的训练，然后将之组合。

所以，清洁员工基本上只是个原料，这并非威务所要贩卖东西，我们与其他品牌差异在于，威务能够提供相同的原料之外，然后整合得更有效率，因此，我们贩卖的是一系列的管理系统。但是今天客户需要的却不是管理系统，他们会购买的是末端的服务。

因而，如何将真正的管理价值，转换成为客户末端能感受到的价值，王国隆认为，这个过程还是要透过那些末端员工、设备器材才达成。相对的，使用这些材料的终究还是劳工，所以，**如何让客户看见这群人更具生产效率，就是威务汲汲所努力的。**

而开发出员工生产力，最要紧的还是回归到尊严的问题上。雇佣之间并非金钱就能长久，

尊严的永续经营才是不能忽略的。威务给员工的是人性、承诺、活跃，让大家明白为何而战，威务至目为止，一直将激励员工士气作为标准化作业。（来源：威务公司网站、商业时代第 105 期，2002-11）

威务公司的征才

基本上威务公司在征才管道上和其他公司没有太大差异，但是威务负责人事的主管会先对公司员工所需要具备的特质做一定程度上的了解，再去征才；接着就是面谈。

1. 所需要具备的特质

1-1 外在条件

威务公司所从事的是服务业，员工常常需要跟客户以及现场工作做互动。所以要进到公司当干部，除了最基本的要求是至少有大专以上学历，还要历练有两年的现场服务经验。

1-2 内在条件

对于威务公司来说最重要的是肯勤奋工作，乐于与人沟通，还要有高 EQ。因为从事服务业要有一颗乐于助人的心，才能从内心接受这份工作，而沟通的技巧在于主动找寻沟通管道，只有肯主动关怀别人才能做好服务。

2. 公司特质与个人的关系

要了解一家服务业公司，最直接的方法就是透过员工观察这间公司，对于一间拥有高绩效的公司，更要做到把公司文化和经营理念落实到员工身上。

因为不管一家公司内部做了多少努力，其成果都须要能显现在公司之外➔唯有顾客愿意购买公司的服务，公司才能把原先的努力和成本转化成营收及获利。员工就是代表公司的形象，所以员工一定要有**乐于沟通的特质**，才能使顾客对公司满意。

员工只是公司的原料，重点是「**工作的流程**」。当流动率产生的时候，**客户买的是公司的服务而不是公司的人头**，因为公司会自行补充流失掉的员工，而新进员工在试用期结束之后表现也会越来越好，客户的肯定也会越来越高，所以重点并不在于工作的人头。

如果基层员工常流动，公司就得一直重复灌输核心价值?关于这个问题，威务公司以他们的仆人式领导为例子：➔**在招募员工进公司的时候进行 EQ 测验，并评估员工愿不愿意与他人沟通等等。**

➔**在招募的时候就以公司的核心价值判断对方的个性适不适合。**

所以对于灌输公司基本核心价值这一点上面，由于在招募员工的时候已经对个性做了筛选，因此他们适应这个领域的时间也会相对缩短，灌输核心价值的时间成本也会降低。（备注：并不代表比较缺乏核心价值的人流动率就会高）

如何激励员工：

威务公司认为奖励员工有两种方式：

(1)、透过金钱的奖励。

(2)、透过公司环境的奖励。

威务公司认为，公司的环境对员工有两种意义：

A. 是不是员工可以成长的环境。

B. 是不是员工可以贡献的环境。

威务公司有个叫做「**价值所有**」的单位，会定期开办茶会为公司的员工庆生，切蛋糕的时候可以看出员工有多么的兴奋，因为他们从来没有这么被重视过，但是以公司来说一个生日蛋糕花不了什么钱，却可以制造出好的效果。

激励员工要注意的是有没有让员工感受到公司愿意让员工成长，以及在激励的过程和时间，让员工认为被这个团队所肯定，员工个人的因素被重视，会产生让员工愿意多做一些的热诚。这些就是威务公司激励员工的方法。

教育主管方面

(1)、仆人式领导

威务公司在教育训练里面非常强调从一般现场主管，一直到公司的经理，甚至是在美国公司的总裁，都要透过从「**实际的工作**」里头，教育训练里头，**以实做的方式去学习整个公司内部的标准作业流程。**

另外公司也是希望管理人员能够藉此更了解工作同仁他们的工作环境，以及他们工作时候是抱着什么心态。在管理人员了解部属的工作之后，往后在跟他们互动的时候也才能将心比心的对自己的部属，**这种「朴人式的领导」就是威务公司训练主管的第一重点。**

(2)、建立共同的沟通模式

第二个重点，就是在公司里建立一套共同的沟通模式。任何一家企业一定都要建立所谓的共同的沟通，也就是一个大家一起分享和说理的方式。而威务公司员工间共同的沟通模式也就是基于主管的仆人式领导，由年轻人带头去做，去以身作则。

每个主管都必须定期的去接受基层工作的训练，如此实地的去做，去将心比心，那么高层就可以站在员工的立场去思考，自然的就可以减少高层与员工间的隔阂，减少彼此沟通的障碍。

教育基层员工方面

方式：（透过内部流程）

威务公司认为员工是公司的原料，重点在于工作的流程。当流动率产生的时候，客户买的是公司的服务，而不是公司的人头，公司会自我搜寻流失掉的人力，而新进来的员工，磨合期结束的时候，表现会愈来愈好，客户的肯定会愈来愈高，所以重点不是工作的人头。

教育着重在：

(1)、给予工作上的肯定与鼓励。

(2)、工作是神圣的。

(3)、SOP 标准作业流程。

在威务公司，基层的员工大部分都是中高年龄层，学历也并不高，确实是有部分的员工会对自己的工作产生自卑感。因此威务公司在训练教育基层则是着重在加强他们的心理建设。现场监督的主管除了监督基层的工作情况外，还必须时时鼓励他们、告诉他们➡你们的工作非常神圣。尤其在一个环境里头，如果没有你们这群人，环境会变成什么样子。用这种方式去**改变、调整他们的心态。**

威务公司的核心价值是：提升人的产值

举例来说，同样是清洁公司，其他的清洁公司在指派清洁工去打扫时，只是给他们一块区域，一些清洁用品，就让他们自行去打扫。威务公司则不是这样，**威务公司让清洁工作变成一项标准化的作业流程。**

(1)、教员工做对的事。

(2)、到现场规划，让对的事更有效率。

(3)、有效率，产值自然提升。

(4)、产值提升，客户满意，员工有自信。

Service Master 四大宗旨：

1、**以我们所作所为荣耀上帝**（To Honor God In All We Do）：要求承诺事实并做到所承诺的事，提供遵从仆人式领导的基础。这并不是表达一个特定的宗教，或是以此来排除其他人。相反的，这是要包容，并时时提醒自己用对的方式作对的事情。

2、**帮助人们发展**(To Help People Develop)：在企业中每一个人都应该得到机会。Service Master 不只要使员工有能力，更要使他们能够成功。由于关心员工现在做的事以及未来会有什么发展，致力于每一个人专业及个人方面的发展。并提升每一个人的尊严、自尊和价值的重要方向，也强调要我们去了解进而尊重人们之间的不同。

3、**追求卓越**（To Pursue Excellence）：追求卓越是一个永不停息的过程。强调「质量」

不是一件要去完成的事情，而是一个持续的旅程。只有当客户觉得服务物有所值，甚至物超所值时，才算提供了卓越的服务，也才算创造了不同的价值。

4、**与伙伴共同获利成长（To Grow Profitable）**：获利是挑战自己的方法。获利能力、生产力与质量，反映带给客户的附加价值、带给员工更好的机会，以及带给股东公平的回馈。

一对一教学与 SOP

在清洁人员的教育训练上，威务的训练比别人还严格。实行的是现场主管一对一教学，非得逼新员工学会所有的工作不可。从一进到威务开始，不管是应征清洁人员或是传送人员，一定是老鸟带着菜鸟一起学习，学到一个程度后，现场主管就会要求新进资浅员工独立作业，自己则在一旁监督，看看有没有作错或是有不当的状况发生，加以修正；再来，就是菜鸟回馈工作心得给老鸟。

一对一的教育训练是威务独有的教育训练手法，透过此过程让新进资浅员工快速地融入新的工作环境、熟悉工作内容；也让现场主管得以了解员工，从中达成互相学习的效果。不过这只是基本的了解工作内容，「**礼貌**」、「**工作态度**」才是重点，每个月营运据点都会举办员工教育训练会，当中千叮咛、万叮咛的就是**要员工把工作礼仪，顾客至上的态度摆放在第一位**，每半年还有工作绩效复习，提醒员工尽好本分，为威务效力，为顾客打拼。

威务公司于成立之初，就朝建立标准化工时制度来努力，考虑工作时的疲劳因素，折算出「总有效工时」是多少。等于把工厂生产线的管理方式，转换应用在基层清洁服务员身上。把清洁工作制定标准作业流程，所有工作彻底分工，藉由制度化及标准流程控制，让清洁工作彻底又有效率。例如：

➡威务清洁 7 步骤，每一步骤 15 分钟。

步骤一：高处除尘。

步骤二：平面消毒。

步骤三：污点去除。

步骤四：卫浴清洁。

步骤五：湿拖。

步骤六：干拖。

步骤七：检查。

（来源：威务公司网站➡肯定的声音；原始资料➡威务公司－能弯下腰服务的都是 A 级人才，吴怡铭，能力杂志 2004 年 3 月号）

附录：GU 的整合人力资源与企业的策略性需求

GRAND UNION（GU）是一家大型零售商店。其供应的是低利润、选择性有限的商品。1980
年代中期，大型超级市场兴起，其供应低价及多样性的商品，严重影响 GU 的生存。

五年以后，GU 的管理当局决定采用新的策略来提升竞争能力。

➜ 新的策略性企业需求：

在考虑竞争对手及顾客的消费习惯后，GU 决定改变公司的定位，从一个提供日用品且无
产品区隔的公司，改为提供高质量产品及顾客导向的公司。

因此，公司的主要目标之一则是要提供最佳质量的产品。

另外，公司文化改变为强调顾客意见及提升服务质量。

(1)、在 HR 的哲学观方面：

GU 在 Bill Reffett（资深人力资源副总裁）的指导下组织开始建立新的 HR 哲学：

➜ 告诉员工是有价值的个体。

➜ 提供更有挑战性的工作。

➜ 提高升迁机会及再训练。

(2)、在 HR 政策方面：

积极地确保员工，使其更长久的留在公司。因为员工的年资越久，越可以了解公司运作，
及顾客需求。如此可提高服务质量。

(3)、在 HR 计划方面：

为了配合新的企业策略，管理当局修改传统上「命令➜控制」的领导方式。改为让员工自
我负责，自我管理的方式。此外，放弃个人导向，改为重视团队工作。

(4)、在 HR 实务方面：

　　A、主要确认组织成员新的角色行为，并强烈的要求员工参与。

　　B、这个工作首先要求组织成员去找出，身为一个「以顾客为导向」的零售商店的成
　　　　员其扮演的角色行为该具有何种特征。之后再比较目前的行为与理想行为的差距。

　　C、此外，员工还需分析，一个「以顾客为导向」的组织须具备何种特征。

　　　　例如：· 及时存货管理

　　　　　　　· 标准作业程序

　　　　　　　· 对顾客负责

　　　　　　　· 团队导向

　　　　　　　· 良好的沟通

　　D、最后的阶段，当员工的角色一经确认后 HR 实务则需加以强化，以配合组织的策
　　　　略性需求。

SUMMARY：

- 成功的 SHRM 始于确认「组织的策略性需求」。

- 由于员工深受 HR 管理的影响，所以让员工在策略制订及 HR 实施中参与是有帮助的。（例如前述：GU 公司由员工来分析自己应具何种行为）。但非强迫性的让员工自由参加，员工的反应较好。

- SHRM 的实施必须有系统性及分析性的思考，而且其效果必须经过正式的测量。

以上为个案的分享。

而就「职能分析」之发展与应用，存在着二种内涵与角度不同的观点：

1、以「个人」为基础的职能观点。

2、以「工作」为基础的观点。

●以「个人」为基础的职能观点探讨的是：

个人具备了哪些成就动机、自我概念、工作态度等人格特质与知识、技能，而能成为成功的高绩效表现者；也就是说，「潜在的特质」是重要影响因素。

●以「工作」为基础的观点探就的是：

在这个职务上，个人要具备哪些特质与能力，才能有高绩效表现；也就是说，不一定是「潜在的特质」导出高绩效表现；重要的是个人愿不愿意去培养、学习这些特质与知识、技能。例如台积电董事长经常提到台积电要找的人才，是要能「认同」台积电的企业文化与价值观的人才。

从而「认同」所强调的就不全然是「个人特质」，而更在于「价值观」与「工作态度」的可塑性。

（实务上，企业用人经常是此二种观点角度兼采）

职能与人力资源

—— • • ● • • ——

作者：杨晴辉

出版者：杨晴辉

地址：高雄市三民区正兴路 9 号 20 楼之 2

电话：07-3879099　　　　0921591870

　　　　886-7-3879099　　　886-9-21591870

e-mail：t2272@ms58.hinet.net

初版一刷　　2017 年 8 月 25 日

委托经销：白象文化事业有限公司

地址：台中市南区美村路二段 392 号

电话：04-22652939　　　传真：04-22651171

　　　　886-4-22652939　　　886-4-22651171

ISBN 978-957-43-4793-3　　（平装）

定价：新台币 500 元

职能与人力资源/ 杨晴辉作. -- 初版. -- 高雄市 ：
杨晴辉, 2017.08
面 ； 公分
ISBN 978-957-43-4793-3(平装)

1.人事管理 2.人力资源管理

494.3   106013027